零从开始

AutoCAD 2007 中文版

建筑制图

基础培训教程

■ 老虎工作室　姜勇 郭英文 编著

人民邮电出版社

北京

图书在版编目（CIP）数据

AutoCAD 2007 中文版建筑制图基础培训教程／姜勇，郭英文编著. —北京：人民邮电出版社，2007.12（2022.1重印）
（从零开始）
ISBN 978-7-115-16821-4

Ⅰ．A… Ⅱ．①姜…②郭… Ⅲ. 建筑制图—计算机辅助设计—应用软件，AutoCAD 2007—技术培训—教材 Ⅳ.TU204

中国版本图书馆 CIP 数据核字（2007）第 142551 号

内 容 提 要

本书从初学者的角度出发，系统地介绍了 AutoCAD 的基本操作方法，绘制二维、三维图形的方法以及作图的实用技巧等内容。

全书共 15 章，其中第 1 章至第 8 章主要介绍了 AutoCAD 的基本操作方法，用 AutoCAD 绘制一般建筑图形及书写文字和标注尺寸的方法；第 9 章至第 12 章通过具体实例讲解了绘制轴测图、建筑施工图、结构施工图以及打印图形的方法与技巧；第 13 章至第 15 章详细介绍了绘制和编辑三维图形的方法及生成渲染图像的主要过程。

本书颇具特色之处是将所有实例的绘制过程都录制成了动画，并配有全程语音讲解，收录在本书所附光盘中，可作为读者学习时的参考和向导。

本书内容系统、完整，实用性较强，可供各类建筑制图培训班作为教材使用，也可作为相关工程技术人员及高等院校相关专业学生的自学用书。

从零开始——AutoCAD 2007 中文版建筑制图基础培训教程

◆ 编　著　老虎工作室　姜　勇　郭英文
　　责任编辑　刘莎莎　李永涛

◆ 人民邮电出版社出版发行　　北京市丰台区成寿寺路 11 号
　　邮编　100164　　电子邮件　315@ptpress.com.cn
　　网址　http://www.ptpress.com.cn
　　三河市君旺印务有限公司印刷

◆ 开本：787×1092　1/16
　　印张：20　　　　　　　　　　2007 年 12 月第 1 版
　　字数：486 千字　　　　　　　2022 年 1 月河北第 54 次印刷

ISBN 978-7-115-16821-4/TP

定价：49.00 元 （附光盘）

读者服务热线：(010) 81055410　印装质量热线：(010) 81055316
反盗版热线：(010) 81055315

老虎工作室

主　编：沈精虎

编　委：　许曰滨　黄业清　姜　勇　宋一兵　高长铎
　　　　　田博文　谭雪松　杜俭业　向先波　毕丽蕴
　　　　　郭万军　宋雪岩　詹　翔　周　锦　冯　辉
　　　　　王海英　蔡汉明　李　仲　赵冶国　赵　晶
　　　　　张　伟　朱　凯　臧乐善　郭英文　计晓明
　　　　　尹志超　滕　玲　张艳花　董彩霞　郝庆文

关 于 本 书

内容和特点

随着计算机技术的进步，计算机辅助设计及绘图技术得到了前所未有的发展。目前，国内最大众化的 CAD 软件是 AutoCAD，其应用遍及机械、建筑、航天、轻工等设计领域。AutoCAD 的广泛使用彻底改变了传统的绘图模式，极大地提高了设计效率，把设计人员真正从爬图板时代解放了出来，从而将更多精力投入到提高设计质量上。

AutoCAD 是一款优秀的计算机辅助设计软件，初学者应在掌握其基本功能的基础上学会如何使用该工具设计并绘制建筑图形。本书就是围绕着这个中心点来组织、安排内容的。

本书作者长期从事 CAD 的应用、开发及教学工作，并且一直在跟踪 CAD 技术的发展，对 AutoCAD 的功能、特点及应用均有较为深入的理解和体会。本书的结构体系经过精心安排，力求系统、全面、清晰地介绍使用 AutoCAD 绘制建筑图形的方法及技巧。

全书分为 15 章，各章主要内容简要介绍如下。

- 第 1 章：介绍 AutoCAD 用户界面及一些基本操作。
- 第 2 章：介绍图层、颜色、线型和线宽的设置及图层状态的控制。
- 第 3 章：介绍画直线、圆及多线的方法。
- 第 4 章：介绍如何绘制椭圆、多边形及填充剖面图案。
- 第 5 章：介绍编辑及显示图形的方法及技巧。
- 第 6 章：介绍如何书写及编辑文本。
- 第 7 章：介绍怎样标注、编辑各种类型的尺寸及如何控制尺寸标注的外观等。
- 第 8 章：介绍如何查询图形信息及外部引用、设计中心和工具选项板的用法。
- 第 9 章：通过实例说明如何绘制轴测图。
- 第 10 章：通过实例说明用 AutoCAD 绘制建筑施工图的方法及技巧。
- 第 11 章：通过实例说明用 AutoCAD 绘制结构施工图的方法及技巧。
- 第 12 章：介绍怎样输出图形。
- 第 13 章：介绍怎样创建简单立体的表面和实心体模型。
- 第 14 章：介绍编辑三维模型的方法。
- 第 15 章：介绍如何渲染图像。

读者对象

本书将 AutoCAD 的基本命令与典型设计实例相结合，条理清晰，讲解透彻，易于掌握，可供各类建筑制图培训班作为教材使用，也可作为相关工程技术人员及高等院校相关专业学生的自学用书。

附盘内容及用法

本书所附光盘主要包括以下两部分内容。

1. ".dwg" 图形文件

本书所有练习用到的及典型实例完成后的 ".dwg" 图形文件都收录在附盘中的 "\dwg\第×章" 文件夹下，读者可以随时调用和参考这些文件。

2. ".avi" 动画文件

本书所有实例的绘制过程都录制成了 ".avi" 动画文件，并收录在附盘中的 "\avi\第×章" 文件夹下。观看动画时，推荐读者将系统屏幕的显示分辨率设置为 800×600 像素。

".avi" 是最常用的动画文件格式，读者用 Windows 系统提供的 "Windows Media Player" 就可以播放它，单击【开始】/【所有程序】/【附件】/【娱乐】/【Windows Media Player】选项即可打开。一般情况下，读者双击某个动画文件，即可观看该文件所录制的实例绘制过程。

注意：播放文件前先要安装光盘根目录下的 "avi_tscc" 插件，否则可能会导致播放失败。

感谢您选择了本书，也请您把对本书的意见和建议告诉我们。

老虎工作室网站 http://www.laohu.net，电子函件 postmaster@laohu.net。

老虎工作室

2007 年 10 月

目　　录

第1章 AutoCAD 用户界面及基本操作

　　手工作图就是用铅笔、丁字尺、三角板等工具在图纸上绘制出图形，非常直观，但用计算机绘图情况就不一样了。首先，用户要熟悉 AutoCAD 的窗口界面，了解 AutoCAD 窗口中每一部分的功能，其次要学习怎样与绘图程序对话，即如何下达命令及产生错误后如何处理等。

　　本章将详细介绍 AutoCAD 的用户界面及一些基本操作。

1.1 AutoCAD 工作界面详解

　　启动 AutoCAD 2007 后，其用户界面如图 1-1 所示。该界面主要由标题栏、绘图窗口、菜单栏、工具栏、命令提示窗口、滚动条和状态栏等部分组成，下面分别介绍各部分的功能。

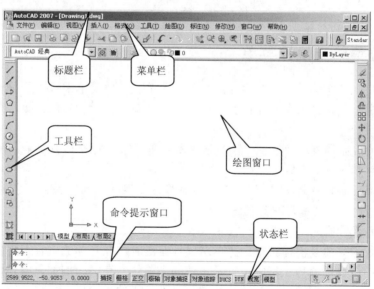

图1-1　AutoCAD 用户界面

1.1.1 标题栏

　　标题栏在程序窗口的最上方，它上面显示了 AutoCAD 的程序图标及当前操作的图形文件名称和路径。和一般的 Windows 应用程序相似，用户可通过标题栏最右边的 3 个按钮最小化、最大化和关闭 AutoCAD。

1.1.2 绘图窗口

绘图窗口是用户绘图的工作区域，图形将显示在窗口中，该区域左下方有一个表示坐标系的图标，它指示了绘图区的方位，图标中"X"、"Y"字母分别指示 x 轴和 y 轴的正方向。缺省情况下，AutoCAD 使用世界坐标系，如果有必要，用户也可通过 UCS 命令建立自己的坐标系。

当移动鼠标光标时，绘图区域中的十字形光标会跟随移动，与此同时在绘图区底部的状态栏中将显示出光标点的坐标读数。请读者观察坐标读数的变化，此时的显示方式是"x,y,z"形式。如果想让坐标读数不变动或以极坐标形式（距离<角度）显示，可连续按 F6 键来实现。注意，坐标的极坐标显示形式只有在系统提示"拾取一个点"时才能得到。

绘图窗口中包含了两种作图环境，一种称为模型空间，另一种称为图纸空间。在此窗口底部有 3 个选项卡 模型 布局1 布局2 。缺省情况下，【模型】选项卡是按下的，表明当前作图环境是模型空间，在这里一般要按实际尺寸绘制二维或三维图形；当单击【布局 1】或【布局 2】选项卡时，将会切换至图纸空间。可以将图纸空间想象成一张图纸（系统提供的模拟图纸），用户可在这张图纸上将模型空间的图样按不同缩放比例布置在图纸上，有关这方面的内容将在后续章节中介绍。

> **要点提示** 绘图窗口中的坐标系图标在图纸和模型空间中有不同的形状，请读者自行尝试。

1.1.3 下拉菜单及快捷菜单

选取菜单栏上的主菜单，将弹出对应的下拉菜单，下拉菜单中包含了 AutoCAD 的核心命令和功能，通过鼠标选取菜单中的某个选项，系统就会执行相应的命令，菜单选项有以下 3 种形式。

- 菜单项后面带有三角形标记。选取这种菜单项后，将弹出新菜单，用户可在该菜单中作进一步选择。
- 菜单项后面带有省略号标记"…"。选取这种菜单项后，系统将打开一个对话框，通过该对话框用户可作进一步设置。
- 单独的菜单项。

另一种形式的菜单是快捷菜单。当单击鼠标右键时，在光标的位置上将出现快捷菜单，快捷菜单提供的命令选项与光标的位置及系统的当前状态有关。例如，将光标放在作图区域或工具栏上再单击鼠标右键所打开的快捷菜单是不一样的。此外，如果系统正在执行某一命令或者用户事先选取了任意实体对象，也将显示不同的快捷菜单。

在以下区域中单击鼠标右键可显示快捷菜单：

- 绘图区域；
- 模型空间或图纸空间选项卡；
- 状态栏；
- 工具栏；
- 一些对话框。

1.1.4 工具栏

工具栏上提供了访问 AutoCAD 命令的快捷方式，它包含了许多命令按钮，用户只需单击某个按钮，AutoCAD 就会执行相应的命令。图 1-2 所示为【绘图】工具栏。

图1-2 【绘图】工具栏

AutoCAD 2007 提供了 35 个工具栏，缺省状态下，系统仅显示【标准】、【样式】、【图层】、【对象特性】、【绘图】和【修改】等 6 个工具栏。其中，前 4 个工具栏放在绘图区域的上边，后两个工具栏分别放在绘图区域的左边及右边。如果用户想将工具栏移动到窗口的其他位置，可移动光标箭头到工具栏边缘，然后按下鼠标左键，此时工具栏边缘将出现一个灰色矩形框，继续按住鼠标左键并移动鼠标光标，工具栏就会随鼠标光标移动。此外，用户也可以改变工具栏的形状，将光标放置在拖出的工具栏的上或下边缘，此时光标变成双面箭头，按住鼠标左键拖动鼠标光标，工具栏的形状就会发生变化。图 1-3 所示为移动并改变形状后的【绘图】工具栏。

除了移动工具栏及改变其形状外，用户还可根据需要打开或关闭工具栏，方法如下。

移动鼠标光标到任意一个工具栏上，然后单击鼠标右键，弹出快捷菜单。图 1-4 所示为弹出的部分快捷菜单，在此菜单上列出了工具栏的名称。若名称前带有"√"标记，则表示该工具栏已打开。选择菜单上的某一选项，就会打开或关闭相应的工具栏。

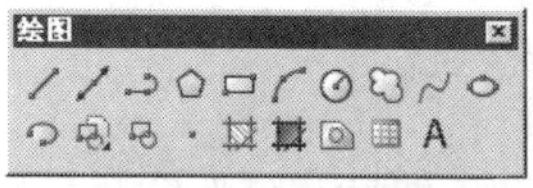

图1-3 移动并改变形状后的【绘图】工具栏

图1-4 工具栏快捷菜单

1.1.5 命令提示窗口

命令提示窗口位于 AutoCAD 程序窗口的底部，用户从键盘上输入的命令、系统的提示及相关信息都反映在此窗口中，该窗口是用户与系统进行命令交互的窗口。缺省情况下，命令提示窗口仅显示两行内容，但用户也可根据需要改变它的大小。将光标放在命令提示窗口的上边缘，使其变成双面箭头，然后按住鼠标左键向上拖动鼠标光标，就可以增加命令窗口的显示行数。

用户应特别注意命令提示窗口中显示的文字，因为这些文字是系统与用户的对话内容，这些信息记录了系统与用户的交流过程。如果要详细了解这些信息，可以通过窗口右边的滚动条进行阅读，或按 F2 键打开命令提示窗口，如图 1-5 所示，在此窗口中将显示出更多的命令记录，再次按 F2 键则可关闭此窗口。

图1-5　命令提示窗口

1.1.6　状态栏

绘图过程中的许多信息（例如十字形光标的坐标值和一些提示文字等）都将在状态栏中显示出来。状态栏上还有 10 个控制按钮，各按钮的功能如下。

- 捕捉：单击此按钮就能控制是否使用捕捉功能。当打开该模式时，光标只能沿 x 或 y 轴移动，每次位移的距离可在【草图设置】对话框中设定。用鼠标右键单击捕捉按钮，弹出快捷菜单，选取【设置】选项，打开【草图设置】对话框，如图 1-6 所示。在【捕捉和栅格】选项卡的【捕捉间距】分组框中可以设置光标位移的距离。

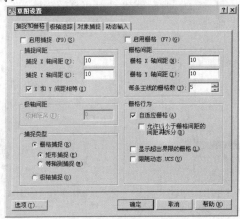

图1-6　【草图设置】对话框

- 栅格：通过此按钮可打开或关闭栅格显示。当显示栅格时，屏幕上的某个矩形区域内将出现一系列排列规则的小点，这些点的作用类似于手工作图时的方格纸，将有助于绘图定位。小点所在区域的大小由 LIMITS 命令设定，其沿 x、y 轴的间距可在【草图设置】对话框中【捕捉和栅格】选项卡里的【栅格间距】分组框中设置，如图 1-6 所示。

- 正交：利用此按钮可控制是否以正交方式绘图。打开此模式后，用户只能绘制出水平或竖直的直线。

- 极轴：用于打开或关闭极坐标捕捉模式，详细内容见第 3 章。

- 对象捕捉：用于打开或关闭自动捕捉实体模式。如果打开此模式，则在绘图过程中系统将自动捕捉圆心、端点及中点等几何点。用户可在【草图设置】对话框的【对象捕捉】选项卡中设定自动捕捉方式。

- 对象追踪: 通过此按钮可控制是否使用自动追踪功能，详细内容见第 3 章。
- DUCS: 打开或关闭动态 UCS 功能。当打开此项功能后，在命令执行过程中每当光标移动到实体表面时，UCS 的 xy 平面都会自动与实体面对齐。
- DYN: 用于打开或关闭动态输入和动态提示。当打开动态输入及动态提示并启动命令后，在光标附近就会显示出命令提示信息、点的坐标值、线段的长度及角度等。此时，用户可直接在命令提示信息中选取命令选项或输入坐标、长度及角度等参数。
- 线宽: 用于控制是否在图形中显示带宽度的线条。
- 模型: 当处于模型空间时，单击此按钮将切换到图纸空间，按钮也变为图纸，再次单击它就会进入浮动模型视口。浮动模型视口是指在图纸空间的模拟图纸上创建的可移动视口，通过该视口可观察到模型空间的图形，并能进行绘图及编辑操作。用户可以改变浮动模型视口的大小，还可将其复制到图纸的其他地方。进入图纸空间后，系统将自动创建一个浮动模型视口，若要激活它，可以单击图纸按钮。

一些控制按钮的打开或关闭可通过相应的快捷键来实现。控制按钮及其相应的快捷键参见表 1-1。

表 1-1　　　　　　　　　控制按钮及相应的快捷键

按　　钮	快捷键
捕捉	F9
栅格	F7
正交	F8
极轴	F10
对象捕捉	F3
对象追踪	F11
DYN	F12

 正交和极轴按钮是互斥的，若打开其中一个按钮，则另一个按钮将会自动关闭。

1.2　AutoCAD 的基本操作

本节将介绍用 AutoCAD 绘制图形的基本过程。

1.2.1　绘制一个简单图形

【练习1-1】: 安排本练习的目的是让读者了解用 AutoCAD 绘图的基本过程。

🐼 动画演示 —— 见光盘中的 "1-1.avi" 文件

1. 启动 AutoCAD 2007。
2. 选取菜单命令【文件】/【新建】，打开【选择样板】对话框，如图 1-7 所示。该对话框中列出了用于创建新图形的样板文件，缺省的样板文件名是"acadiso.dwt"，单击 打开(0) 按钮开始绘制新图形。

3. 按下程序窗口底部的 极轴 、 对象捕捉 及 对象追踪 按钮。注意，不要按下 DYN 按钮。若该按钮已处于按下状态，则单击它，使其弹起。

图1-7 【选择样板】对话框

4. 单击程序窗口左边工具栏上的 / 按钮，AutoCAD 提示如下。

命令: _line 指定第一点:	//单击 A 点，如图 1-8 所示
指定下一点或 [放弃(U)]: 520	//向下移动鼠标光标，输入线段长度并按 Enter 键
指定下一点或 [放弃(U)]: 300	//向右移动鼠标光标，输入线段长度并按 Enter 键
指定下一点或 [闭合(C)/放弃(U)]: 130	//向下移动鼠标光标，输入线段长度并按 Enter 键
指定下一点或 [闭合(C)/放弃(U)]: 800	//向右移动鼠标光标，输入线段长度并按 Enter 键
指定下一点或 [闭合(C)/放弃(U)]: c	//输入选项"C"，按 Enter 键结束命令

结果如图 1-8 所示。

5. 按 Enter 键重复画线命令，画出线段 BC，如图 1-9 所示。

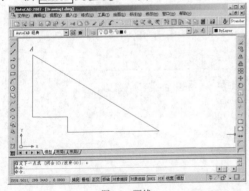

图1-8 画线

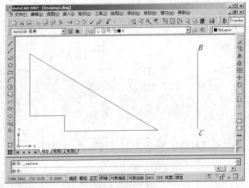

图1-9 画线段 BC

6. 单击程序窗口上部的 ⤺ 按钮，线段 BC 消失，再单击该按钮，连续折线也将消失。单击 ⤻ 按钮，连续折线将显示出来，继续单击该按钮，线段 BC 也会显示出来。

7. 输入画圆命令的全称 circle 或简称 c，AutoCAD 提示如下。

命令: circle	//输入命令，按 Enter 键确认
指定圆的圆心或 [三点(3P)/两点(2P)/相切、相切、半径(T)]:	
	//单击 D 点，指定圆心，如图 1-10 所示
指定圆的半径或 [直径(D)]: 100	//输入圆半径，按 Enter 键确认

结果如图 1-10 所示。

8. 单击程序窗口左边工具栏上的 ⊘ 按钮，AutoCAD 作如下提示。

命令：_circle 指定圆的圆心或 [三点(3P)/两点(2P)/相切、相切、半径(T)]：
　　　　//将光标移动到端点 E 处，系统自动捕捉该点，单击鼠标左键确认，如图 1-11 所示
指定圆的半径或 [直径(D)] <100.0000>：160　　　　　//输入圆半径，按 Enter 键
结果如图 1-11 所示。

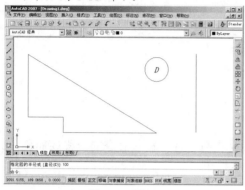

图1-10　画圆 D

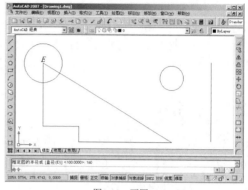

图1-11　画圆 E

9. 单击程序窗口上部的 按钮，光标变成手的形状 。按住鼠标左键向右拖动鼠标光标，直至图形不可见，按 Esc 键或 Enter 键退出。

10. 在程序窗口上部的 按钮上按下鼠标左键，弹出一个工具栏，继续按住鼠标左键并向下拖动至该工具栏上的 按钮上松开，图形又会全部显示在窗口中，如图 1-12 所示。

11. 单击程序窗口上部的 按钮，光标将变成放大镜形状 ，此时按住鼠标左键向下拖动，图形将会缩小，如图 1-13 所示。按 Esc 键或 Enter 键退出。

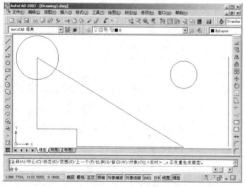

图1-12　显示全部图形

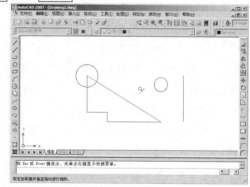

图1-13　缩小图形

12. 单击程序窗口右边的 （删除对象）按钮，AutoCAD 提示如下。

命令：_erase

选择对象：　　　　　　　　　　　　　　//单击 F 点，如图 1-14 左图所示

指定对角点：找到 4 个　　　　　　　　//向右下方移动鼠标光标，出现一个实线矩形窗口
　　　　　　　　　　　//在 G 点处单击一点，矩形窗口内的对象被选中，被选对象变为虚线

选择对象：　　　　　　　　　　　　　　//按 Enter 键删除对象

命令：ERASE　　　　　　　　　　　　　　//按 Enter 键重复命令

选择对象：　　　　　　　　　　　　　　//单击 H 点

指定对角点：找到 2 个　　　　　　　　//向左下方移动鼠标光标，出现一个虚线矩形窗口

　　　　　　　　　　　//在 *I* 点处单击一点，矩形窗口内及与该窗口相交的所有对象都被选中

选择对象：　　　　　　　　　　　　//按 Enter 键删除圆和直线

结果如图 1-14 右图所示。

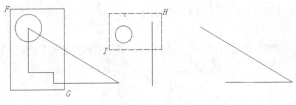

图1-14　删除对象

1.2.2 调用命令

启动 AutoCAD 命令的方法一般有两种，一种是在命令行中输入命令的全称或简称，另一种是用鼠标选择一个菜单项或单击工具栏上的命令按钮。

一、 使用键盘发出命令

在命令行中输入命令的全称或简称，即可使系统执行相应的命令。

一个典型的命令执行过程如下。

命令：circle　　　　　　　　　//输入命令全称 circle 或简称 c，按 Enter 键

指定圆的圆心或 [三点(3P)/两点(2P)/相切、相切、半径(T)]： 90,100

　　　　　　　　　　　　　　　//输入圆心的 x、y 坐标，按 Enter 键

指定圆的半径或 [直径(D)] <50.7720>：70　　//输入圆半径，按 Enter 键

(1) 方括弧"[]"中以"/"隔开的内容表示各种选项，若要选取某个选项，则需输入圆括号中的字母，可以是大写的，也可以是小写的。例如，想通过 3 点画圆，就输入"3P"。

(2) 尖括号"<>"中的内容是当前缺省值。

AutoCAD 的命令执行过程是交互式的，当用户输入命令后，需按 Enter 键确认，系统才会执行该命令。而执行命令的过程中，系统有时要等待用户输入必要的绘图参数，如输入命令选项、点的坐标或其他几何数据等，输入完成后也要按 Enter 键，系统才能继续进行下一步操作。

当使用某一命令时按 F1 键，系统将显示这个命令的帮助信息。

二、 利用鼠标发出命令

用鼠标选取一个菜单项或单击工具栏上的按钮，系统将会执行相应的命令。利用 AutoCAD 绘图时，在多数情况下是通过鼠标发出命令的，鼠标各按键定义如下。

- 左键：拾取键，用于单击工具栏按钮及选取菜单选项以发出命令，也可在绘图过程中指定点及选择图形对象等。
- 右键：一般作为回车键，执行完命令后，常单击鼠标右键来结束命令。在有些情况下，单击鼠标右键将弹出快捷菜单，该菜单上有【确认】选项。鼠标右键

的功能是可以设定的，选取菜单命令【工具】/【选项】，打开【选项】对话框，如图 1-15 所示，可以在该对话框中【用户系统配置】选项卡里的【 Windows 标准】分组框中自定义鼠标右键的功能。例如，可以设置鼠标右键仅仅相当于回车键。

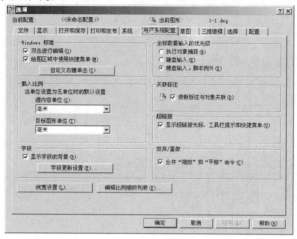

图1-15 【选项】对话框

1.2.3 选择对象的常用方法

使用编辑命令时选择的对象将构成一个选择集。系统提供了多种构造选集的方法，在缺省情况下，用户可以逐个拾取对象，或利用矩形、交叉窗口一次选取多个对象。

一、 用矩形窗口选择对象

当系统提示选择要编辑的对象时，在图形元素左上角或左下角单击一点，然后向右拖动鼠标光标，AutoCAD 将显示出一个实线矩形窗口。让此窗口完全包含要编辑的图形实体，再单击一点，矩形窗口中的所有对象（不包括与矩形边相交的对象）将被选中，被选中的对象将以虚线形式表示出来。

下面用 ERASE 命令演示这种选择方法。

【练习1-2】： 用矩形窗口选择对象。

打开附盘文件 "1-2.dwg"，如图 1-16 左图所示。用 ERASE 命令将左图修改为右图。

命令:_erase

选择对象: //在 A 点处单击一点，如图 1-16 左图所示

指定对角点: 找到 6 个   //在 B 点处单击一点

选择对象: //按 Enter 键结束命令

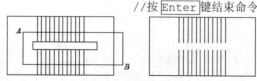

图1-16 用矩形窗口选择对象

 当 HIGHLIGHT 系统变量处于打开状态（等于 1）时，系统会以高亮度形式显示被选择的对象。

二、用交叉窗口选择对象

当 AutoCAD 提示"选择对象"时，在要编辑的图形元素右上角或右下角单击一点，然后向左拖动鼠标光标，会出现一个虚线矩形框，使该矩形框包含被编辑对象的一部分，而让其余部分与矩形框的边相交，再单击一点，则框内的对象及与框边相交的对象将全部被选中。

下面用 ERASE 命令演示这种选择方法。

【练习1-3】：用交叉窗口选择对象。

打开附盘文件"1-3.dwg"，如图 1-17 左图所示。用 ERASE 命令将左图修改为右图。

命令：_erase

选择对象：　　　　　　　　　　//在 C 点处单击一点，如图 1-17 左图所示

指定对角点：找到 31 个　　　　//在 D 点处单击一点

选择对象：　　　　　　　　　　//按 Enter 键结束命令

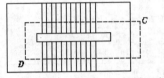

图1-17　用交叉窗口选择对象

三、给选择集添加或去除对象

在编辑过程中，用户往往不能一次性完成对选择集的创建，需给选择集添加或删除对象。在添加对象时，用户可直接选取或利用矩形窗口、交叉窗口选择要加入的图形元素，若要删除对象，则可先按住 Shift 键，再从选择集中选择要清除的图形元素。

下面用 ERASE 命令演示修改选择集的方法。

【练习1-4】：修改选择集。

打开附盘文件"1-4.dwg"，如图 1-18 左图所示。用 ERASE 命令将左图修改为右图。

命令：_erase

选择对象：指定对角点：找到 25 个　　　//在 A 点处单击一点，如图 1-18 左图所示

　　　　　　　　　　　　　　　　　　 //在 B 点处单击一点

选择对象：找到 1 个，删除 1 个，总计 24 个　//按住 Shift 键选线段 C，将该线段从选择集中去除

选择对象：找到 1 个，删除 1 个，总计 23 个　//按住 Shift 键取线段 D，将该线段从选择集中去除

选择对象：找到 1 个，删除 1 个，总计 22 个　//按住 Shift 键取线段 E，将该线段从选择集中去除

选择对象：　　　　　　　　　　　　　 //按 Enter 键结束命令

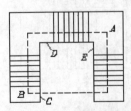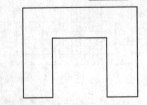

图1-18　修改选择集

1.2.4　删除对象

ERASE 命令用来删除图形对象，该命令没有任何选项。要删除一个对象，可以用光标先选择该对象，然后单击【修改】工具栏上的 ✐ 按钮，或键入命令 ERASE（该命令简称为 E），也可以先发出删除命令，再选择要删除的对象。

1.2.5　撤销和重复命令

当发出某个命令后，用户可随时按 Esc 键终止该命令。此时，系统又将返回到命令行。

一个经常遇到的情况是在图形区域内偶然选择了某个图形对象，该对象上将出现一些高亮显示的小框，这些小框被称为关键点，关键点可用于编辑对象（该内容将在第 5 章中详细介绍），要取消这些关键点，按 Esc 键即可。

在绘图过程中经常会重复使用某个命令，方法是直接按 Enter 键。

1.2.6　取消已执行的操作

在使用 AutoCAD 绘图的过程中不可避免地会出现各种各样的错误，要修正这些错误，可使用 UNDO 命令或单击【标准】工具栏上的 ↺ 按钮。如果想要取消前面执行的多个操作，可反复使用 UNDO 命令或反复单击 ↺ 按钮。此外，也可打开【标准】工具栏上的【放弃】下拉列表，然后选择要放弃的几个操作。

当取消一个或多个操作后，若又想恢复原来的效果，可使用 REDO 命令或单击【标准】工具栏上的 ↻ 按钮。此外，也可打开【标准】工具栏上的【重做】下拉列表，然后选择要恢复的几个操作。

1.2.7　快速缩放及移动图形

AutoCAD 的图形缩放及移动功能是很完备的，使用起来也很方便。绘图时，可通过【标准】工具栏上的 🔍 和 ✋ 按钮来完成这两项功能。

一、　通过 🔍 按钮缩放图形

单击 🔍 按钮，AutoCAD 将进入实时缩放状态，光标变成放大镜形状 🔍。此时按住鼠标左键向上拖动鼠标光标，就可以放大视图，向下拖动鼠标光标则可以缩小视图。要退出实时缩放状态，可按 Esc 键、Enter 键，或单击鼠标右键打开快捷菜单，选取【退出】选项。

二、　通过 ✋ 按钮平移图形

单击 ✋ 按钮，AutoCAD 将进入实时平移状态，光标变成手的形状 ✋。此时，按住鼠标左键并拖动鼠标光标，可以平移视图。要退出实时平移状态，可按 Esc 键、Enter 键，或单击鼠标右键打开快捷菜单，选取【退出】选项。

1.2.8　利用矩形窗口放大视图并返回上一次的显示

在绘图过程中，经常要将图形的局部区域放大以方便作图，绘制完成后，又要返回上一次的显示，以观察图形的整体效果。利用【标准】工具栏上的 🔍、🔍 按钮可实现这两项功能。

一、 通过 按钮放大局部区域

单击 按钮，系统提示"指定第一个角点:"，拾取 A 点，再根据提示拾取 B 点，如图 1-19 左图所示。矩形框 AB 是设定的放大区域，其中心是新显示的中心，系统将尽可能地将该矩形内的图形放大，以充满整个绘图窗口。图 1-19 右图所示为放大后的效果。

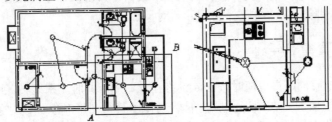

图1-19　缩放窗口

二、 通过 按钮返回上一次的显示

单击 按钮，系统将显示上一次的视图。若用户连续单击此按钮，则系统将恢复前几次显示过的图形（最多 10 次）。绘图时，常利用此功能返回到原来的某个视图。

1.2.9　将图形全部显示在窗口中

绘图过程中，有时需要将图形全部显示在程序窗口中。要实现这个目标，可选取菜单命令【视图】/【缩放】/【范围】，或单击【标准】工具栏上的 按钮（该按钮嵌套在 按钮中）。

> **要点提示**　工具栏上的按钮有些是单一型的，有些是嵌套型的。嵌套型按钮的右下角都带有小黑三角，按下此类按钮将弹出一些新按钮。

1.2.10　设定绘图区域的大小

AutoCAD 的绘图空间是无限大的，但用户可以设定程序窗口中要显示的绘图区域大小。绘图时，事先对绘图区大小进行设定将有助于用户了解图形分布的范围。当然，用户也可在绘图过程中随时缩放（使用 按钮）图形，以控制其在屏幕上的显示效果。

设定绘图区域大小的方法有以下两种。

- 将一个圆充满整个程序窗口显示出来，依据圆的尺寸就能轻易地估计出当前绘图区域的大小了。

【练习1-5】：　设定绘图区域的大小。

1. 单击程序窗口左边工具栏上的 按钮，AutoCAD 提示：

   命令: _circle 指定圆的圆心或 [三点(3P)/两点(2P)/相切、相切、半径(T)]:
   　　　　　　　　　　　　　　　　//在屏幕的适当位置单击一点
   指定圆的半径或 [直径(D)]: 50　　　　//输入圆半径

2. 选取菜单命令【视图】/【缩放】/【范围】，或单击【标准】工具栏上的 按钮，直径为 100 的圆将充满整个程序窗口显示出来，如图 1-20 所示。

- 用 LIMITS 命令设定绘图区域的大小，该命令可以改变栅格的长宽尺寸及位置。所谓栅格是指点在矩形区域中按行、列形式分布形成的图案，如图 1-21

所示。当栅格在程序窗口中显示出来后，用户就可以根据栅格分布的范围估算出当前绘图区的大小了。

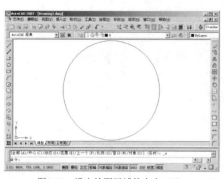

图1-20 设定绘图区域的大小（1）

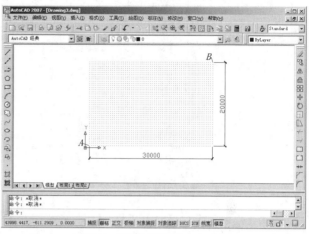

图1-21 设定绘图区域的大小（2）

【练习1-6】： 用 LIMITS 命令设定绘图区域的大小。

1. 选取菜单命令【格式】/【图形界限】，AutoCAD 提示：

   命令: '_limits
   指定左下角点或 [开(ON)/关(OFF)] <0.0000,0.0000>:   //单击 A 点，如图 1-21 所示
   指定右上角点 <420.0000,297.0000>: @30000,20000

   //输入 B 点相对于 A 点的坐标，按 Enter 键
   （关于相对坐标的知识将在 3.1.1 小节中介绍）

2. 选取菜单命令【视图】/【缩放】/【范围】，或单击【标准】工具栏上的 ⊕ 按钮，则当前绘图窗口的长宽尺寸近似为 30000×20000。

3. 若想查看已设定的绘图区域范围，可单击程序窗口下边的 栅格 按钮，打开栅格显示，该栅格的长宽尺寸为 30000×20000，如图 1-21 所示。

1.3 图形文件的管理

图形文件的管理一般包括创建新文件、打开已有文件、保存文件及浏览、搜索图形文件等，下面分别对其进行介绍。

1.3.1 建立新图形文件

命令启动方法

- 菜单命令：【文件】/【新建】。
- 工具栏：【标准】工具栏上的 □ 按钮。
- 命令：NEW。

启动新建图形命令，打开【选择样板】对话框，如图 1-22 所示。在该对话框中，用户可选择样板文件或基于公制、英制的测量系统，创建新图形。

图1-22 【选择样板】对话框

一、 使用样板文件

在具体的设计工作中，为使图纸统一，许多项目都需要设定相同标准，如字体、标注样式、图层和标题栏等。建立标准绘图环境的有效方法是使用样板文件，在样板文件中已经保存了各种标准设置，这样每当建立新图时，就以此文件为原型文件，将它的设置复制到当前图样中，使新图具有与样板图相同的作图环境。

AutoCAD 中有许多标准的样板文件，它们都保存在 AutoCAD 安装目录中的"Template"文件夹里，扩展名为".dwt"。用户也可根据需要建立自己的标准样板。

二、 使用缺省设置

在【选择样板】对话框的 打开⑩ 按钮旁边有一个 ▾ 按钮，单击此按钮，弹出下拉列表，该列表中包含以下两个选项。

- 无样板打开—英制：基于英制测量系统创建新图形。系统使用内部默认值控制文字、标注、默认线型和填充图案文件等。
- 无样板打开—公制：基于公制测量系统创建新图形。系统使用内部默认值控制文字、标注、默认线型和填充图案文件等。

1.3.2 打开图形文件

命令启动方法

- 菜单命令：【文件】/【打开】。
- 工具栏：【标准】工具栏上的 按钮。
- 命令：OPEN。

启动打开图形命令，弹出【选择文件】对话框，如图 1-23 所示，该对话框与微软公司 Office 2000 中相应对话框的样式及操作方式类似。用户可直接在对话框中选择要打开的一个或多个文件（按住 Ctrl 或 Shift 键选择多个文件），或在【文件名】文本框中输入要打开文件的名称（可以包含路径），此外，还可在文件列表框中通过双击文件名打开文件。该对话框顶部有【搜索】下拉列表，左边有文件位置列表，可利用它们确定要打开文件的位置，并打开它。

【选择文件】对话框还提供了图形文件预览功能，用鼠标左键单击某一图形文件名称，预览区域中将显示出该文件的小型图片，这样用户在未打开图形文件之前就可以查看文件内容了。

如果需要根据名称、位置或修改日期等条件来查找文件，可选取【选择文件】对话框【工具】下拉列表中的【查找】选项。在系统打开的【查找：】对话框中，用户可利用某种特定的过滤器在子目录、驱动器、服务器或局域网中搜索所需文件。

图1-23　【选择文件】对话框

1.3.3　保存图形文件

将图形文件存入磁盘时，一般采取两种方式，一种是以当前文件名保存图形，另一种是指定新文件名存储图形。

一、 快速保存

命令启动方法

- 菜单命令：【文件】/【保存】。
- 工具栏：【标准】工具栏上的 按钮。
- 命令：QSAVE。

发出快速保存命令后，系统将当前图形文件以原文件名直接存入磁盘，而不会给用户任何提示。若当前图形文件名是缺省名且是第一次存储文件，则弹出【图形另存为】对话框，如图 1-24 所示，在该对话框中用户可指定文件的存储位置、文件类型及输入新文件名。

二、 换名存盘

命令启动方法

- 菜单命令：【文件】/【另存为】。
- 命令：SAVEAS。

启动换名保存命令，将弹出【图形另存为】对话框，如图 1-24 所示。用户可在该对话框的【文件名】文本框中输入新文件名，并可在【保存于】及【文件类型】下拉列表中分别设定文件的存储路径和类型。

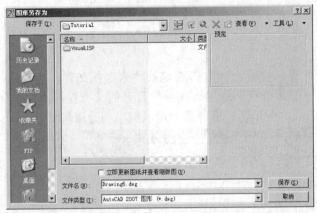

图1-24　【图形另存为】对话框

1.4　AutoCAD 多文档设计环境

　　AutoCAD 从 2000 版起开始支持多文档环境，在此环境下，用户可同时打开多个图形文件。图 1-25 所示是打开 4 个图形文件后的程序界面（窗口层叠）。

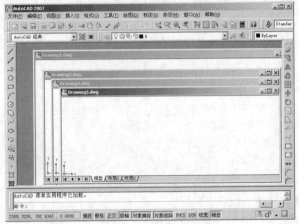

图1-25　多文档设计环境

　　虽然 AutoCAD 可以打开多个图形文件，但当前激活的文件只有一个。用户只需在某个文件窗口内单击一点就可激活该文件，此外，也可通过如图 1-25 所示的【窗口】菜单在各文件间进行切换。该菜单中列出了所有已打开的图形文件，文件名前带符号"√"的文件是当前文件，想激活其他文件，只需选择相应的文件名即可。

　　利用【窗口】菜单还可控制多个图形文件的显示方式，如可将它们以层叠、水平或竖直等排列形式布置在主窗口中。

> **要点提示**　连续按 Ctrl + F6 键，系统就会依次在所有图形文件间进行切换。

　　处于多文档设计环境时，用户可以在不同图形间执行无中断、多任务操作，从而使工作变得更加灵活、方便。例如，设计者正在图形 A 中进行操作，当需要进入另一图形 B 中作图时，无论系统当前是否正在执行命令，都可以激活另一个窗口进行绘制或编辑，在完成操作并返回图形文件 A 中时，系统将继续执行以前的操作命令。

多文档设计环境具有 Windows 的剪切、复制及粘贴等功能，因而用户可以快捷地在各个图形文件间拷贝、移动对象，此外，也可以直接选择图形实体，然后按住鼠标左键将它拖放到其他图形中去使用。

如果考虑到复制的对象需要在其他的图形中准确定位，则还可在复制对象的同时指定基准点，这样在执行粘贴操作时就可根据基准点将图元复制到正确的位置。

1.5 学习 AutoCAD 的方法

许多读者在学习 AutoCAD 时会有这样的经历，当掌握了软件的一些基本命令后上机绘图，但此时却发现绘图效率很低，有时甚至不知如何下手。出现这种情况的原因主要有两个，第一是对 AutoCAD 基本功能及操作了解得不透彻，第二是没有掌握用 AutoCAD 进行工程设计的一般方法和技巧。

下面就如何学习及深入掌握 AutoCAD 谈几点建议。

一、 熟悉 AutoCAD 的操作环境，切实掌握 AutoCAD 的基本命令

AutoCAD 的操作环境包括程序界面、多文档操作环境等，用户要顺利地和 AutoCAD 交流，首先必须熟悉其操作环境，其次是要掌握一些常用的命令。

常用的基本命令主要有【绘图】及【修改】工具栏上所包含的命令，如果用户要绘制三维图形，则还应掌握【建模】、【实体编辑】工具栏上的命令。由于工程设计中这些命令的使用频率非常高，因而熟练且灵活地使用这些命令是提高作图效率的基础。

二、 跟随实例上机演练，巩固所学知识，提高应用水平

在了解 AutoCAD 的基本功能和学习 AutoCAD 的基本命令之后，接下来应参照实例进行练习，在实战中发现问题、解决问题，掌握 AutoCAD 的精髓。本书第 3 章至第 9 章中提供了大量的练习题，并总结了许多绘图技巧，非常适合 AutoCAD 初学者学习。

三、 结合专业，学习 AutoCAD 实用技巧，提高解决实际问题的能力

AutoCAD 是一个高效的设计工具，在不同的工程领域中，人们使用 AutoCAD 进行设计的方法常常不同，并且还形成了一些特殊的绘图技巧。用户只有掌握了这方面的知识，才能在某个领域中充分发挥 AutoCAD 的强大功能。

本书第 9 章至第 12 章介绍了用 AutoCAD 绘制建筑图的方法与技巧，并提供了绘制建筑施工图、结构施工图、设备及电气施工图的实例。

1.6 小结

本章主要介绍了 AutoCAD 2007 的工作界面、多文档环境、图形文件的管理及如何发出、撤销命令等基本操作。

AutoCAD 工作界面主要由 6 个部分组成，这 6 个部分分别为标题栏、绘图窗口、下拉菜单、工具栏、状态栏和命令提示窗口。在进行工程设计时，用户通过工具栏、下拉菜单或命令提示窗口发出命令，在绘图区中画出图形，而状态栏则显示出绘图过程中的各种信息，并提供给用户各种辅助绘图工具。因此，要顺利地完成设计任务，就必须要完整地了解 AutoCAD 工作界面中各组成部分的功能。

AutoCAD 2007 是一个多文档设计环境，用户可以在同一个 AutoCAD 窗口中同时打开多

个图形文件。在这样的环境下，用户能在不同图形文件间复制几何元素、颜色、图层及线型等信息，这给设计工作带来了极大的便利。

1.7 习题

一、思考题

(1) AutoCAD 用户界面主要由哪几部分组成？

(2) 绘图窗口中包含哪几种作图环境？如何在它们之间进行切换？

(3) 可利用哪些方法启动 AutoCAD 命令？

(4) 怎样快速执行上一个命令？

(5) 如何取消正在执行的命令？

(6) 如果用户想了解命令执行的详细过程，应怎么办？

(7) 请介绍状态栏上 10 个控制按钮的主要功能，这些按钮可通过哪些快捷键来打开或关闭？

(8) 可以利用【标准】工具栏上的哪些按钮来快速缩放及移动图形？

(9) 如何打开、关闭及移动工具栏？

二、启动 AutoCAD 2007，将用户界面重新布置成如图 1-26 所示的界面

图1-26　重新布置用户界面

三、以下练习包括创建及存储图形文件、熟悉 AutoCAD 命令执行过程和快速查看图形等内容

1. 利用 AutoCAD 提供的样板文件 "acad.dwt" 创建新文件。

2. 用 LIMITS 命令设定绘图区大小为 10000 × 8000。

3. 单击状态栏上的 栅格 按钮，再单击【标准】工具栏上的 按钮，使栅格充满整个图形窗口。此栅格沿 x、y 轴的间距为 200。

4. 单击【绘图】工具栏上的 按钮，AutoCAD 提示：

   命令：_circle 指定圆的圆心或 [三点(3P)/两点(2P)/相切、相切、半径(T)]：

                  //在屏幕上单击一点

   指定圆的半径或 [直径(D)] <30.0000>：50　　　　//输入圆半径

命令：　　　　　　　　　　　　　　　　　　　　　　//按 Enter 键重复上一个命令

CIRCLE 指定圆的圆心或 [三点(3P)/两点(2P)/相切、相切、半径(T)]：

　　　　　　　　　　　　　　　　　　　　　　　　//在屏幕上单击一点

指定圆的半径或 [直径(D)] <50.0000>：100　　　　//输入圆半径

命令：　　　　　　　　　　　　　　　　　　　　　　//按 Enter 键重复上一个命令

CIRCLE 指定圆的圆心或 [三点(3P)/两点(2P)/相切、相切、半径(T)]：*取消*

　　　　　　　　　　　　　　　　　　　　　　　　//按 Esc 键取消命令

5.　单击【标准】工具栏上的⊕按钮，使圆充满整个绘图窗口。

6.　利用【标准】工具栏上的✋、🔍按钮移动和缩放图形。

7.　以文件名 "User-1.dwg" 保存图形。

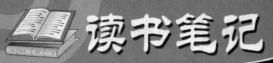

第2章 设置图层、颜色、线型及线宽

AutoCAD 图层是透明的电子图纸，用户把各种类型的图形元素画在这些电子图纸上，AutoCAD 将它们叠加在一起显示出来。如图 2-1 所示，在图层 *A* 上绘制了建筑物的墙壁，在图层 *B* 上绘制了室内家具，在图层 *C* 上放置了建筑物内的电器设施，最终显示的结果是各层叠加的效果。

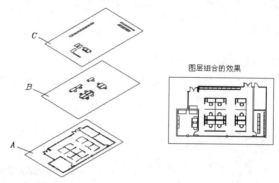

图2-1 图层

本章主要介绍图层、线型、线宽和颜色的设置及图层状态的控制。

2.1 创建及设置图层

用 AutoCAD 绘图时，图形元素处于某个图层上，缺省情况下，当前层是 0 层，若没有切换至其他图层，则所画图形在 0 层上。每个图层都有与其相关联的颜色、线型及线宽等属性信息，用户可以对这些信息进行设定或修改。当在某一层上作图时，所生成的图形元素的颜色、线型、线宽会与当前层的设置完全相同（缺省情况下）。对象的颜色将有助于辨别图样中的相似实体，而线型、线宽等特性可轻易地表示出不同类型的图形元素。

图层是用户管理图样的强有力工具。绘图时应考虑将图样划分为哪些图层以及按什么样的标准进行划分。如果图层的划分较为合理且采用了良好的命名，则会使图形信息更清晰、更有序，给以后修改、观察及打印图样带来极大的便利。例如，绘制建筑施工图时，常根据组成建筑物的结构元素划分图层，因而一般要创建以下几个图层：

- 建筑一轴线；
- 建筑一柱网；
- 建筑一墙线；
- 建筑一门窗；
- 建筑一楼梯；
- 建筑一阳台；

- 建筑—文字；
- 建筑—尺寸。

【练习2-1】： 在下面的练习中介绍如何创建及设置图层。

一、 创建图层

单击【图层】工具栏上的 ≋ 按钮，打开【图层特性管理器】对话框，再单击 ≋ 按钮，列表框中将显示出名为"图层 1"的图层，直接输入"建筑—轴线"，按 Enter 键结束。再次按 Enter 键则又开始创建新图层，结果如图 2-2 所示。

要点提示 图层"0"前有绿色标记"√"，表示该图层是当前层，其他图层的名称前有白色的图标"≋"，表明这些图层上没有任何图形对象，否则图标的颜色将变为蓝色。若在【图层特性管理器】对话框的列表框中事先选中一个图层，然后单击 ≋ 按钮或按 Enter 键，则新图层与被选中的图层具有相同的颜色、线型及线宽。

二、 指定图层颜色

1. 在【图层特性管理器】对话框中选中图层。
2. 单击图层列表中与所选图层关联的图标 ■白，此时系统将打开【选择颜色】对话框，如图 2-3 所示，用户可在该对话框中选择所需的颜色。

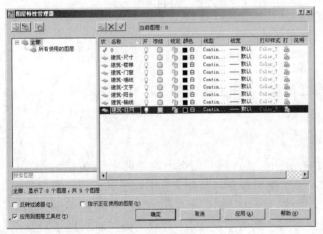

图2-2 创建图层

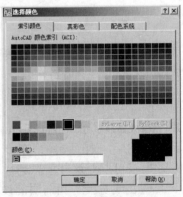

图2-3 【选择颜色】对话框

三、 给层分配线型

1. 在【图层特性管理器】对话框中选中图层。
2. 在该对话框图层列表框的【线型】列中显示了与图层相关联的线型，缺省情况下，图层线型是【Continuous】。单击【Continuous】，打开【选择线型】对话框，如图 2-4 所示，通过该对话框用户可以选择一种线型或从线型库文件中加载更多线型。
3. 单击 加载(L)... 按钮，打开【加载或重载线型】对话框，如图 2-5 所示。该对话框列出了线型文件中包含的所有线型，用户在列表框中选择一种或几种所需的线型，再单击 确定 按钮，这些线型就会被加载到 AutoCAD 中。当前线型文件是"acadiso.lin"，单击 文件(F)... 按钮，可选择其他的线型库文件。

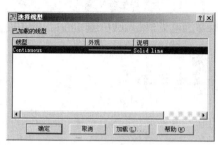

图2-4 【选择线型】对话框

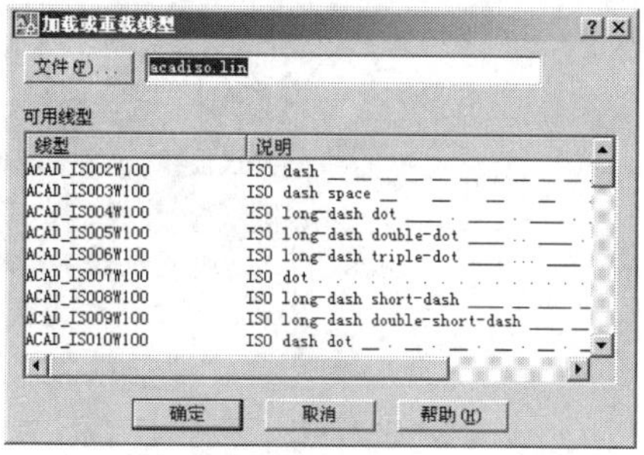

图2-5 【加载或重载线型】对话框

四、 设定线宽

1. 在【图层特性管理器】对话框中选中图层。

2. 单击图层列表里【线宽】列中的图标—— 默认，打开【线宽】对话框，如图 2-6 所示，通过该对话框用户可以设置线宽。

如果要使图形对象的线宽在模型空间中显示得更宽或更窄一些，可以调整线宽比例。在状态栏的线宽按钮上单击鼠标右键，弹出快捷菜单，然后选取【设置】选项，打开【线宽设置】对话框，如图 2-7 所示，在【调整显示比例】分组框中移动滑块来改变显示比例值。

图2-6 【线宽】对话框

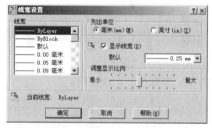

图2-7 【线宽设置】对话框

2.2 控制图层状态

如果工程图样包含大量信息且有很多图层，则用户可通过控制图层状态使编辑、绘制和观察等工作变得更方便一些。图层状态主要包括打开与关闭、冻结与解冻、锁定与解锁和打印与不打印等，系统用不同形式的图标表示这些状态，如图 2-8 所示。用户可通过【图层特性管理器】对话框对图层状态进行控制，单击【图层】工具栏上的 ≶ 按钮就可打开该对话框。

以下对图层状态作详细说明。

- 打开/关闭：单击 💡 图标关闭或打开某一图层。打开的图层是可见的，而关闭的图层不可见，也不能被打印。当重新生成图形时，被关闭的层也将一起被生成。

- 解冻/冻结：单击 ◎ 图标将冻结或解冻某一图层。解冻的图层是可见的，若冻结某个图层，则该层变为不可见，也不能被打印出来。当重新生成图形时，系统不再重新生成该层上的对象，因而冻结一些图层后，可以加快 ZOOM、PAN 等命令和许多其他操作的运行速度。

要点提示 解冻一个图层将引起整个图形重新生成，而打开一个图层则不会导致这种现象（只是重画这个图层上的对象）发生。因此，如果需要频繁地改变图层的可见性，则应关闭该图层而不应冻结该图层。

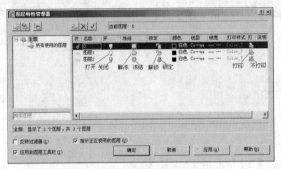

图2-8　【图层特性管理器】对话框

- 解锁/锁定：单击 图标将锁定或解锁图层。被锁定的图层是可见的，但图层上的对象不能被编辑。用户可以将锁定的图层设置为当前层，并能向它添加图形对象。
- 打印/不打印：单击 图标可设定图层是否打印。指定某层不打印后，该图层上的对象仍会显示出来。图层的不打印设置只对图样中的可见图层（图层是打开的并且是解冻的）有效。若图层设为可打印但该层是冻结的或关闭的，此时AutoCAD不会打印该层。

除了可以利用【图层特性管理器】对话框控制图层状态外，还可通过【图层】工具栏上的【图层控制】下拉列表控制图层状态，这方面内容详见2.3节。

2.3　有效地使用图层

绘制复杂图形时，常常需要从一个图层切换至另一个图层，频繁地改变图层状态或将某些对象修改到其他层上，如果这些操作不熟练，将会降低设计效率。控制图层的一种方法是单击【图层】工具栏上的 按钮，打开【图层特性管理器】对话框，通过该对话框完成上述任务。除此之外，还有另一种更简捷的方法——使用【图层】工具栏上的【图层控制】下拉列表，如图 2-9 所示，该下拉列表中包含了当前图形中的所有图层，并显示各层的状态图标。此列表主要包含以下 3 项功能：

- 切换当前图层；
- 设置图层状态；
- 修改已有对象所在的图层。

图2-9　【图层控制】下拉列表

【图层控制】下拉列表有 3 种显示模式：

- 若用户没有选择任何图形对象，则该下拉列表显示当前图层；

- 若选择了一个或多个对象，而这些对象又同属一个图层，则该下拉列表显示该层；
- 若选择了多个对象，而这些对象不属于同一层，则该下拉列表是空白的。

2.3.1 切换当前图层

若要在某个图层上绘图，必须先使该层成为当前层。通过【图层控制】下拉列表，用户可以快速地切换当前层，方法如下。

(1) 单击【图层控制】下拉列表右边的箭头，打开列表。

(2) 选择欲设置成当前层的图层名称，操作完成后，该下拉列表自动关闭。

要点提示 此种方法只能在当前没有对象被选择的情况下使用。

切换当前图层也可在【图层特性管理器】对话框中完成，在该对话框里选中某一图层，然后单击对话框左上角的 ✓ 按钮，则被选中的图层变为当前层。显然，该方法比前一种要繁琐一些。

要点提示 用鼠标右键单击【图层特性管理器】对话框中的某一图层，将弹出快捷菜单，如图 2-10 所示，利用此菜单用户可以设置当前层、新建图层或选择某些图层。

图2-10 弹出快捷菜单

2.3.2 修改图层状态

【图层控制】下拉列表中也显示了图层状态图标，单击这些图标就可以切换图层状态。在修改图层状态时，该下拉列表将保持打开，用户能一次在列表中修改多个图层的状态。修改完成后，单击列表框顶部将列表关闭。

2.3.3 将对象修改到其他图层上

如果用户想把某个图层上的对象修改到其他图层上，可先选择该对象，然后在【图层控制】下拉列表中选取要放置的图层名称，操作结束后，列表框自动关闭，被选择的图形对象将转移到新的图层上。

2.4 改变对象的颜色、线型及线宽

　　用户通过【特性】工具栏可以方便地设置对象的颜色、线型及线宽等信息。缺省情况下，该工具栏上的【颜色控制】、【线型控制】和【线宽控制】这 3 个下拉列表中将显示【ByLayer】，如图 2-11 所示。【ByLayer】的意思是所绘对象的颜色、线型、线宽等属性与当前层所设定的完全相同。本节将探讨怎样临时设置即将创建的图形对象及如何修改已有对象的这些特性。

图2-11　【颜色控制】、【线型控制】、【线宽控制】下拉列表

2.4.1 修改对象颜色

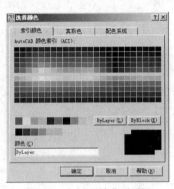

图2-12　【选择颜色】对话框

　　可通过【特性】工具栏上的【颜色控制】下拉列表改变已有对象的颜色，具体步骤如下。

1. 选择要改变颜色的图形对象。
2. 在【特性】工具栏上打开【颜色控制】下拉列表，然后从列表中选择所需颜色。
3. 如果选取【选择颜色】选项，则弹出【选择颜色】对话框，如图 2-12 所示，通过该对话框用户可以选择更多颜色。

2.4.2 设置当前颜色

　　缺省情况下，在某一图层上创建的图形对象都将使用图层所设置的颜色。若想改变当前的颜色设置，可使用【特性】工具栏上的【颜色控制】下拉列表，具体步骤如下。

1. 打开【特性】工具栏上的【颜色控制】下拉列表，从列表中选择一种颜色。
2. 当选取【选择颜色】选项时，系统将打开【选择颜色】对话框，如图 2-12 所示，在该对话框中用户可做更多选择。

2.4.3 修改已有对象的线型或线宽

　　修改已有对象线型、线宽的方法与改变对象颜色的方法类似，具体步骤如下。

1. 选择要改变线型的图形对象。
2. 在【特性】工具栏上打开【线型控制】下拉列表，从列表中选择所需线型。
3. 在该列表中选取【其他】选项，则弹出【线型管理器】对话框，如图 2-13 所示，用户可选择一种线型或加载更多种类的线型。

> **要点提示** 可以利用【线型管理器】对话框中的 ▢删除 按钮删除未被使用的线型。

4. 单击【线型管理器】对话框右上角的 加载(L)... 按钮，打开【加载或重载线型】对话框，如图 2-5 所示，该对话框中列出了当前线型库文件中包含的所有线型，用户在列表框中选择所需的一种或几种线型，再单击 确定 按钮，这些线型就会被加载到系统中去。

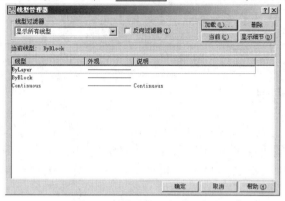

图2-13　【线型管理器】对话框

修改线宽需要利用【线宽控制】下拉列表，具体步骤与上述类似，这里不再重复。

2.4.4　设置当前线型或线宽

缺省情况下，绘制的对象采用当前图层所设置的线型、线宽。若要使用其他种类的线型、线宽，则必须改变当前的线型、线宽设置。设置当前线型的具体步骤如下。

1.　打开【特性】工具栏上的【线型控制】下拉列表，从列表中选择一种线型。
2.　若选取【其他】选项，则弹出【线型管理器】对话框，如图 2-13 所示，用户可以在该对话框中选择所需线型或加载更多种类的线型。

在【线宽控制】下拉列表中可以方便地改变当前线宽的设置，具体步骤与上述类似，这里不再重复。

2.5　管理图层

管理图层主要包括排序图层、显示所需的一组图层、删除不再使用的图层及重新命名图层等操作，下面分别对这些操作进行介绍。

2.5.1　排序图层及按名称搜索图层

在【图层特性管理器】对话框的列表框中可以很方便地对图层进行排序，单击列表框顶部的【名称】标题，系统就会将所有图层以字母顺序排列出来，再次单击此标题，排列顺序就会颠倒过来。单击列表框顶部的其他标题，也有类似的作用。例如单击【开】标题，则图层按关闭、打开状态进行排列，请读者自行尝试。

假设有几个图层名称均以某一字母开头，如 D-wall、D-door、D-window 等，若想很快地从【图层特性管理器】对话框的列表中找出它们，可在【搜索图层】文本框中输入要寻找的图层名称，名称中可包含通配符 "*" 和 "?"。其中 "*" 可用来代替任意数目的字符，"?" 用来代替任意一个字符。例如输入 "D*"，则列表框中将会立刻显示出所有以字母 "D" 开头的图层。

2.5.2 删除图层

删除不用图层的方法是在【图层特性管理器】对话框中选择图层名称，单击 ✕ 按钮，系统会标记出要删除的图层，再单击 ██确定██ 或 ██应用(A)██ 按钮即将此图层删除。但当前层、0 层、定义点层（Defpoints）及包含图形对象的层不能被删除。

2.5.3 重新命名图层

良好的图层命名将有助于用户对图样进行管理。要重新命名一个图层，可打开【图层特性管理器】对话框，选中要修改的图层名称，该名称周围将出现一个白色矩形框，在矩形框内单击一点，图层名称将会高亮显示，此时即可输入新的图层名称了。输入完成后，按 Enter 键结束操作。

2.6 修改非连续线型的外观

非连续线型是由短横线、空格等构成的重复图案，图案中短线长度、空格大小是由线型比例来控制的。用户在绘图时常会遇到这样一种情况，本来想画虚线或点划线，但最终绘制出的线型看上去却和连续线一样，出现这种现象的原因是线型比例设置得太大或太小。

2.6.1 改变全局线型比例因子以修改线型外观

LTSCALE 是控制线型的全局比例因子，它将影响图样中所有非连续线型的外观，其值增加时，将使非连续线型中的短横线及空格加长，反之则会使它们缩短。当修改全局比例因子后，系统将重新生成图形，并使所有非连续线型发生变化。图 2-14 所示为使用不同比例因子时点划线的外观。

图2-14　全局线型比例因子对非连续线型外观的影响

改变全局比例因子的步骤如下。

1. 打开【特性】工具栏上的【线型控制】下拉列表，如图 2-15 所示。

图2-15　【线型控制】下拉列表

2. 在此下拉列表中选取【其他】选项，打开【线型管理器】对话框，再单击 ██显示细节(D)██ 按钮，该对话框底部将出现【详细信息】分组框，如图 2-16 所示。

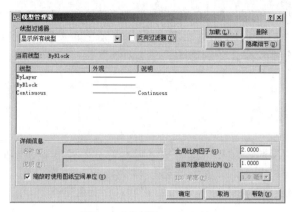

图2-16 【线型管理器】对话框

3. 在【详细信息】分组框的【全局比例因子】文本框中输入新的比例值。

2.6.2 改变当前对象的线型比例

有时需要为不同对象设置不同的线型比例，此时，就需单独控制对象的比例因子。当前对象的线型比例是由系统变量 CELTSCALE 来设定的，调整该值后，所有新绘制的非连续线均会受到影响。

缺省情况下，CELTSCALE=1，该因子与 LTSCALE 同时作用在线型对象上。例如，将 CELTSCALE 设置为 4，LTSCALE 设置为 0.5，则系统在最终显示线型时采用的缩放比例将为 2，即最终显示比例=CELTSCALE×LTSCALE。图 2-17 所示为 CELTSCALE 分别为 1 和 1.5 时的点划线外观。

LTSCALE=100　　　　　　LTSCALE=100
CELTSCALE=1　　　　　　CELTSCALE=1.5

图2-17 设置当前对象的线型比例因子

设置当前线型比例因子的方法与设置全局比例因子类似，具体步骤请参见 2.6.1 小节。该比例因子也需在【线型管理器】对话框中设定，如图 2-16 所示，用户可在该对话框的【当前对象缩放比例】文本框中输入新比例值。

2.7 小结

本章主要介绍了图层、颜色、线型及线宽等的设置，讲解了管理图层的一些方法，具体内容如下。

(1) 通过【图层特性管理器】对话框创建图层、控制图层状态、设置对象颜色和线型等。

(2) 利用【图层】工具栏上的【图层控制】下拉列表切换当前层、控制图层状态及改变图形对象所在图层。

(3) 利用【特性】工具栏上的【颜色控制】、【线型控制】及【线宽控制】下拉列表设置或修改对象的颜色、线型及线宽。

(4) 排序图层，显示所需的一组图层，删除不再使用的图层，重新命名图层。

(5) 控制非连续线的外观。LTSCALE 是控制线型的全局比例因子，它将影响图样中所有非连续线的外观。当前对象的线型比例因子由系统变量 CELTSCALE 来设定，调整该值后，所有新绘制的非连续线都会受到影响。

2.8 习题

一、思考题

(1) "图层"给图形的绘制和管理带来了哪些好处？绘制建筑图时需创建哪些图层？

(2) 与图层相关联的属性项目有哪些？

(3) 试说明以下图层的状态。

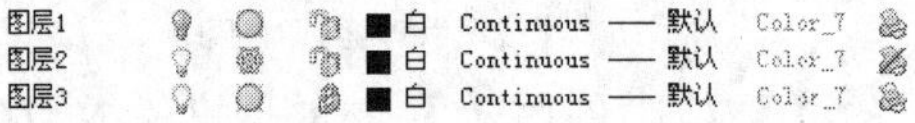

图层1	💡	○	🗐	■白	Continuous —— 默认	Color_7	🖨
图层2	💡	○	🗐	■白	Continuous —— 默认	Color_7	🖨
图层3	💡	○	🗐	■白	Continuous —— 默认	Color_7	🖨

(4) 如果想知道图形对象在哪个图层上，应如何操作？

(5) 怎样快速地在图层间进行切换？

(6) 如何将某一图形对象修改到其他图层上？

(7) 怎样快速修改对象的颜色、线型和线宽等属性？

(8) 试说明系统变量 LTSCALE 及 CELTSCALE 的作用。

二、下面这个练习包括创建图层、将图形对象修改到其他图层上、改变对象的颜色和控制图层状态等内容

1. 打开附盘文件 "xt-1.dwg"。

2. 创建以下图层。

名称	颜色	线型	线宽
建筑-轴线	红色	Center	默认
建筑-墙线	白色	Continuous	0.7
建筑-门窗	黄色	Continuous	默认
建筑-阳台	黄色	Continuous	默认
建筑-尺寸	绿色	Continuous	默认

3. 将建筑平面图中的墙体线、轴线、门窗线、阳台线及尺寸标注分别修改到对应的图层上。

4. 将"建筑—尺寸"及"建筑—轴线"层修改为蓝色。

5. 关闭或冻结"建筑—尺寸"层。

第3章 绘制直线、圆及多线

设计中的主要工作都是围绕几何图形展开的，因而熟练地绘制平面图形是顺利工作的一个重要条件。多数平面图形都是由直线、圆和圆弧等基本图形元素组成的。手工绘图时，人们使用丁字尺、三角板、分规和圆规等辅助工具画出这些基本对象，并以此为基础完成更为复杂的设计任务。使用 AutoCAD 作图也与此类似，用户应首先掌握 AutoCAD 中基本的作图命令，如 LINE、CIRCLE、OFFSET 和 TRIM 等，并能够使用它们绘制简单的图形及形成常见的几何关系，然后才有可能不断提高作图技能和作图效率。

本章主要讨论绘制直线、多线、多段线、圆及圆弧的方法，并介绍如何复制、旋转、阵列及镜像对象，另外还给出了一些简单图形的绘制实例让读者参照练习。

3.1 绘制线段

使用 LINE 命令可在二维或三维空间中创建线段，发出命令后，用户通过鼠标指定线的端点或利用键盘输入端点坐标，AutoCAD 就会将这些点连接成线段。LINE 命令可生成单条线段，也可生成连续折线。不过，由该命令生成的连续折线并非单独一个对象，折线中的每条线段都是独立对象，用户可以对其进行编辑操作。

一、命令启动方法

- 菜单命令:【绘图】/【直线】。
- 工具栏:【绘图】工具栏上的 ╱ 按钮。
- 命令: LINE 或简写 L。

【练习3-1】: 练习使用 LINE 命令。

```
命令: _line 指定第一点:          //单击 A 点，如图 3-1 所示
指定下一点或 [放弃(U)]:          //单击 B 点
指定下一点或 [放弃(U)]:          //单击 C 点
指定下一点或 [闭合(C)/放弃(U)]://单击 D 点
指定下一点或 [闭合(C)/放弃(U)]: U  //放弃 D 点
指定下一点或 [闭合(C)/放弃(U)]://单击 E 点
指定下一点或 [闭合(C)/放弃(U)]: C   //使线框闭合
```

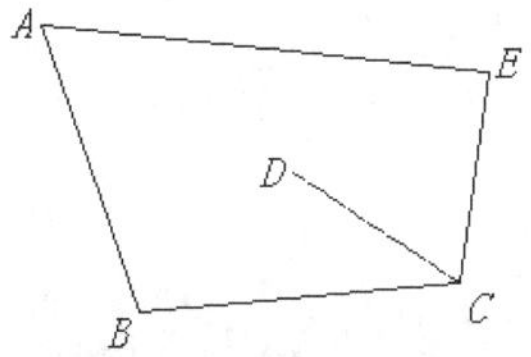

结果如图 3-1 所示。

图3-1 画线段

二、命令选项

- 指定第一点: 在此提示下用户需指定线段的起始点，若此时按 Enter 键，则 AutoCAD 将以上一次所画线段或圆弧的终点作为新线段的起点。
- 指定下一点: 在此提示下输入线段的端点，按 Enter 键后，AutoCAD 继续提示

"指定下一点"，用户可输入下一个端点。若在"指定下一点"提示下按 Enter 键，则命令结束。

- 放弃(U)：在"指定下一点"提示下输入字母 U，将删除上一条线段，多次输入 U，则会删除多条线段，该选项可以及时纠正绘图过程中的错误。
- 闭合(C)：在"指定下一点"提示下输入字母 C，AutoCAD 将使连续折线自动封闭。

3.1.1 输入点的坐标画线

启动画线命令后，AutoCAD 提示用户指定线段的端点，方法之一是输入点的坐标值。

缺省情况下，绘图窗口的坐标系统是世界坐标系，用户在屏幕左下角可以看到表示世界坐标系的图标。该坐标系的 x 轴是水平的，y 轴是竖直的，z 轴则垂直于屏幕，正方向指向屏幕外。

当进行二维绘图时，只需在 xy 平面内指定点的位置。点位置的坐标表示方式有绝对直角坐标、绝对极坐标、相对直角坐标和相对极坐标等。绝对坐标值是相对于原点的坐标值，而相对坐标值则是相对于另一个几何点的坐标值。下面说明如何输入点的绝对或相对坐标。

一、 输入点的绝对直角坐标、绝对极坐标

绝对直角坐标的输入格式为"x,y"。两坐标值之间用","号分隔开。例如（-50,20）、（40,60）分别表示图 3-2 中所示的 A、B 点。

绝对极坐标的输入格式为"$R<\alpha$"。R 表示点到原点的距离，α 表示极轴方向与 x 轴正向间的夹角。若从 x 轴正向逆时针旋转到极轴方向，则 α 角为正，反之 α 角为负。例如（60<120）、（45<-30）分别表示图 3-2 中所示的 C、D 点。

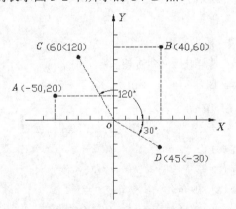

图3-2　点的绝对直角坐标和绝对极坐标

二、 输入点的相对直角坐标、相对极坐标

当知道某点与其他点的相对位置关系时可使用相对坐标。相对坐标与绝对坐标相比，仅仅是在坐标值前增加了一个符号"@"。

相对直角坐标的输入形式为"$@x,y$"，相对极坐标的输入形式为"$@R<\alpha$"。

【练习3-2】： 已知点 A 的绝对坐标及图形尺寸，如图 3-3 所示，现用 LINE 命令绘制此图形。

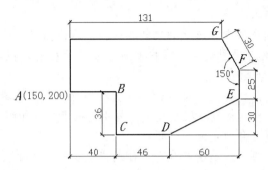

图3-3 通过输入点的坐标画线

命令: _line 指定第一点: 150,200　　　　　　　//输入 A 点的绝对直角坐标，如图 3-3 所示

指定下一点或 [放弃(U)]: @40,0　　　　　　　//输入 B 点的相对直角坐标

指定下一点或 [放弃(U)]: @0,-36　　　　　　//输入 C 点的相对直角坐标

指定下一点或 [闭合(C)/放弃(U)]: @46,0　　　//输入 D 点的相对直角坐标

指定下一点或 [闭合(C)/放弃(U)]: @60,30　　//输入 E 点的相对直角坐标

指定下一点或 [闭合(C)/放弃(U)]: @0,25　　　//输入 F 点的相对直角坐标

指定下一点或 [闭合(C)/放弃(U)]: @30<120　　//输入 G 点的相对极坐标

指定下一点或 [闭合(C)/放弃(U)]: @-131,0　　//输入 H 点的相对直角坐标

指定下一点或 [闭合(C)/放弃(U)]: c　　　　　　//使线框闭合

3.1.2 使用对象捕捉精确画线

在绘图过程中，常常需要在一些特殊几何点间连线，例如过圆心和线段的中点或端点画线等。在这种情况下，若不借助辅助工具，是很难直接、准确地拾取这些点的。当然，用户可以在命令行中输入点的坐标值来精确定位点，但有些点的坐标值是很难计算出来的。为帮助用户快速、准确地拾取特殊几何点，系统提供了一系列的对象捕捉工具，这些工具包含在如图 3-4 所示的【对象捕捉】工具栏上。

图3-4 【对象捕捉】工具栏

一、 常用的对象捕捉方式

- ✏: 捕捉线段、圆弧等几何对象的端点，捕捉代号为 END。启动端点捕捉后，将鼠标光标移动到目标点附近，系统就会自动捕捉该点，然后再单击鼠标左键确认。

- ✏: 捕捉线段、圆弧等几何对象的中点，捕捉代号为 MID。启动中点捕捉后，将鼠标光标的拾取框与线段、圆弧等几何对象相交，系统就会自动捕捉这些对象的中点，然后再单击鼠标左键确认。

- ✕: 捕捉几何对象间真实的或延伸的交点，捕捉代号为 INT。启动交点捕捉后，将鼠标光标移动到目标点附近，系统就会自动捕捉该点，单击鼠标左键确认。若两个对象没有直接相交，可先将光标的拾取框放在其中一个对象上，单击鼠标左键，然后再把拾取框移动到另一个对象上，再单击鼠标左键，系统就会自动捕捉到交点。

- ⊠：在二维空间中该方式与⊠的功能相同。使用该捕捉方式还可以在三维空间中捕捉两个对象的视图交点（在投影视图中显示相交，但实际上并不一定相交），捕捉代号为 APP。

- ⋯：捕捉延伸点，捕捉代号为 EXT。将光标由几何对象的端点开始移动，此时将沿该对象显示出捕捉辅助线及捕捉点的相对极坐标，如图 3-5 所示。输入捕捉距离后，系统会自动定位一个新点。

- ⌐：正交偏移捕捉，该捕捉方式可以使用户根据一个已知点定位另一个点，捕捉代号为 FRO。下面通过实例说明偏移捕捉的用法。已经绘制出了一个矩形，现在想从 B 点开始画线，B 点与 A 点的关系如图 3-6 所示。

  命令：_line 指定第一点：_from 基点：_int 于　　　　//启动画线命令，再单击⌐按钮
  　　　　　　　　　　　　　　　　　//单击⊠按钮，移动鼠标光标到 A 点处，单击鼠标左键
  <偏移>：@40,30　　　　　　　　　　　　//输入 B 点相对于 A 点的坐标
  指定下一点或 [放弃(U)]：　　　　　　　　//拾取下一个端点
  指定下一点或 [放弃(U)]：　　　　　　　　//拾取下一个端点
  指定下一点或 [闭合(C)/放弃(U)]：　　　　//拾取下一个端点
  指定下一点或 [闭合(C)/放弃(U)]：C　　　//闭合曲线

- ◎：捕捉圆、圆弧及椭圆的中心，捕捉代号为 CEN。启动中心点捕捉后，将光标的拾取框与圆弧、椭圆等几何对象相交，系统就会自动捕捉这些对象的中心点，单击鼠标左键确认。

> **要点提示**　捕捉圆心时，只有当十字光标与圆、圆弧相交时才有效。

- ◈：捕捉圆、圆弧和椭圆在 0°、90°、180° 或 270° 处的点（象限点），捕捉代号为 QUA。启动象限点捕捉后，将光标的拾取框与圆弧、椭圆等几何对象相交，系统就会自动显示出距拾取框最近的象限点，单击鼠标左键确认。

- ○：在绘制相切的几何关系时，使用该捕捉方式可以捕捉切点，捕捉代号为 TAN。启动切点捕捉后，将光标的拾取框与圆弧、椭圆等几何对象相交，系统就会自动显示出相切点，单击鼠标左键确认。

- ⊥：在绘制垂直的几何关系时，使用该捕捉方式可以捕捉垂足，捕捉代号为 PER。启动垂足捕捉后，将光标的拾取框与线段、圆弧等几何对象相交，系统将会自动捕捉垂足点，单击鼠标左键确认。

- ⫽：平行捕捉，可用于绘制平行线，捕捉代号为 PAR。如图 3-7 所示，用 LINE 命令绘制线段 AB 的平行线 CD。发出 LINE 命令后，首先指定线段起点 C，然后单击⫽，移动鼠标光标到线段 AB 上，此时该线段上将出现小的平行线符号，表示线段 AB 已被选定，再移动鼠标光标到即将创建平行线的位置，此时将显示出平行线，输入该线长度或单击一点，即可绘制出平行线。

- ▫：捕捉 POINT 命令创建的点对象，捕捉代号为 NOD，操作方法与端点捕捉类似。

- ⊠：捕捉距离光标中心最近的几何对象上的点，捕捉代号为 NEA，操作方法

与端点捕捉类似。

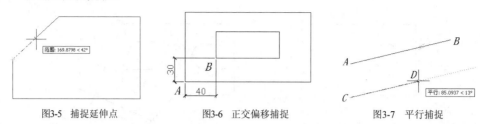

图3-5 捕捉延伸点　　　　　图3-6 正交偏移捕捉　　　　　图3-7 平行捕捉

- 捕捉两点间连线的中点，捕捉代号为 M2P，使用这种捕捉方式时，先指定两个点，系统将会自动捕捉到这两点间连线的中点。

二、 3 种调用对象捕捉功能的方法

(1) 绘图过程中，当系统提示输入一个点时，可单击捕捉按钮或输入捕捉命令的简称来启动对象捕捉功能，然后将鼠标光标移动到要捕捉的特征点附近，系统就会自动捕捉该点。

(2) 启动对象捕捉功能的另一种方法是利用快捷菜单。发出命令后，按下 Shift 键并单击鼠标右键，弹出快捷菜单，如图 3-8 所示，通过此菜单可选择捕捉何种类型的点。

(3) 前面所述的捕捉方式仅对当前操作有效，命令结束后，捕捉模式自动关闭，这种捕捉方式称为覆盖捕捉方式。除此之外，用户还可以采用自动捕捉方式来定位点，当打开此方式时，系统将根据事先设定的捕捉类型自动寻找几何对象上相应的点。

图3-8 快捷菜单

【练习3-3】： 设置自动捕捉方式。

1. 用鼠标右键单击状态栏上的 对象捕捉 按钮，弹出快捷菜单，选取【设置】选项，打开【草图设置】对话框，在该对话框的【对象捕捉】选项卡中设置捕捉点的类型，如图3-9 所示。
2. 单击 确定 按钮，关闭对话框，然后用鼠标左键单击 对象捕捉 按钮，打开自动捕捉方式。

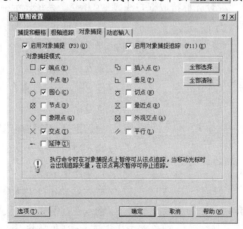

图3-9 设置捕捉点的类型

【练习3-4】： 打开附盘文件 "3-4.dwg"，如图 3-10 左图所示，使用 LINE 命令将左图修改为右图。本题练习对象捕捉功能的运用。

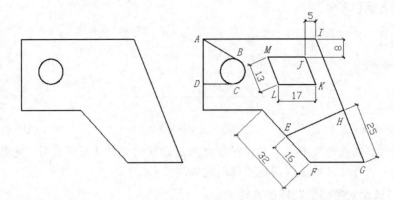

图3-10　利用对象捕捉精确画线

命令: _line 指定第一点: int 于	//输入交点代号"INT"并按 Enter 键
	//将光标移动到 A 点处单击鼠标左键
指定下一点或 [放弃(U)]: tan 到	//输入切点代号"TAN"并按 Enter 键
	//将光标移动到 B 点附近单击鼠标左键
指定下一点或 [放弃(U)]:	//按 Enter 键结束命令
命令:	//重复命令
LINE 指定第一点: qua 于	//输入象限点代号"QUA"并按 Enter 键
	//将光标移动到 C 点附近单击鼠标左键
指定下一点或 [放弃(U)]: per 到	//输入垂足代号"PER"并按 Enter 键
	//使光标拾取框与线段 AD 相交，系统显示垂足 D，单击鼠标左键
指定下一点或 [放弃(U)]:	//按 Enter 键结束命令
命令:	//重复命令
LINE 指定第一点: mid 于	//输入中点代号"MID"并按 Enter 键
	//使光标拾取框与线段 EF 相交，系统显示中点 E，单击鼠标左键
指定下一点或 [放弃(U)]: ext 于	//输入延伸点代号"EXT"并按 Enter 键
25	//将光标移动到 G 点附近，系统自动沿线段进行追踪
	//输入 H 点与 G 点的距离并按 Enter 键
指定下一点或 [放弃(U)]:	//按 Enter 键结束命令
命令:	//重复命令
LINE 指定第一点: from 基点:	//输入正交偏移捕捉代号"FROM"并按 Enter 键
end 于	//输入端点代号"END"并按 Enter 键
	//将光标移动到 I 点处，单击鼠标左键
<偏移>: @-5,-8	//输入 J 点相对于 I 点的坐标
指定下一点或 [放弃(U)]: par 到	//输入平行偏移捕捉代号"PAR"并按 Enter 键
13	//将光标从线段 HG 处移动到 JK 处，再输入 JK 线段的长度
指定下一点或 [放弃(U)]: par 到	//输入平行偏移捕捉代号"PAR"并按 Enter 键
17	//将光标从线段 AI 处移动到 KL 处，再输入 KL 线段的长度
指定下一点或或 [闭合(C)/放弃(U)]: par 到	
	//输入平行偏移捕捉代号"PAR"并按 Enter 键

13   //将光标从线段 JK 处移动到 LM 处，再输入 LM 线段的长度
指定下一点或 [闭合(C)/放弃(U)]：c   //使线框闭合

3.1.3 利用正交模式辅助画线

单击状态栏上的 正交 按钮打开正交模式，在正交模式下光标只能沿水平或竖直方向移动。画线时若同时打开该模式，则只需输入线段的长度值，系统就会自动画出水平或竖直的线段。

【练习3-5】：   使用 LINE 命令并结合正交模式画线，如图 3-11 所示。

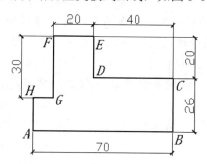

图3-11 打开正交模式画线

命令：_line 指定第一点:<正交 开>//拾取点 A 并打开正交模式，将光标向右移动一定距离
指定下一点或 [放弃(U)]：70   //输入线段 AB 的长度
指定下一点或 [放弃(U)]：26   //输入线段 BC 的长度
指定下一点或 [闭合(C)/放弃(U)]：40   //输入线段 CD 的长度
指定下一点或 [闭合(C)/放弃(U)]：20   //输入线段 DE 的长度
指定下一点或 [闭合(C)/放弃(U)]：20   //输入线段 EF 的长度
指定下一点或 [闭合(C)/放弃(U)]：30   //输入线段 FG 的长度
指定下一点或 [闭合(C)/放弃(U)]：10   //输入线段 GH 的长度
指定下一点或 [闭合(C)/放弃(U)]：C   //使线框闭合

3.1.4 结合极轴追踪、自动追踪功能画线

首先说明极轴追踪及自动追踪功能的使用方法。

一、 极轴追踪

打开极轴追踪功能后，光标将按用户设定的极轴方向移动，系统将在该方向上显示一条追踪辅助线及光标点的极坐标值，如图 3-12 所示。

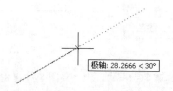

图3-12 极轴追踪

【练习3-6】： 练习如何使用极轴追踪功能。

1. 用鼠标右键单击状态栏上的 极轴 按钮，弹出快捷菜单，选取【设置】选项，打开【草图设置】对话框，如图 3-13 所示。

   【极轴追踪】选项卡中与极轴追踪有关的选项如下。

   - 【增量角】： 在此下拉列表中用户可选择极轴角变化的增量值，也可以输入新的增量值。
   - 【附加角】： 除了根据极轴增量角进行追踪外，用户还可以通过该选项添加其他的追踪角度。
   - 【绝对】： 以当前坐标系的 x 轴作为计算极轴角的基准线。
   - 【相对上一段】： 以最后创建的对象为基准线计算极轴角度。

2. 在【极轴追踪】选项卡的【增量角】下拉列表中设定极轴角增量为【30】。此后，若用户打开极轴追踪画线，则光标将自动沿 0°、30°、60°、90° 和 120° 等方向进行追踪，再输入线段长度值，系统就会在该方向上画出线段。单击 确定 按钮，关闭【草图设置】对话框。

3. 单击 极轴 按钮打开极轴追踪，键入 LINE 命令，AutoCAD 提示：

   命令: _line 指定第一点：   //拾取点 A，如图 3-14 所示

   指定下一点或 [放弃(U)]: 100   //沿 0° 方向追踪，并输入 AB 长度

   指定下一点或 [放弃(U)]: 30   //沿 120° 方向追踪，并输入 BC 长度

   指定下一点或 [闭合(C)/放弃(U)]: 60   //沿 30° 方向追踪，并输入 CD 长度

   指定下一点或 [闭合(C)/放弃(U)]: 45   //沿 300° 方向追踪，并输入 DE 长度

   指定下一点或 [闭合(C)/放弃(U)]: 20   //沿 0° 方向追踪，并输入 EF 长度

   指定下一点或 [闭合(C)/放弃(U)]: 70   //沿 90° 方向追踪，并输入 FG 长度

   指定下一点或 [闭合(C)/放弃(U)]: 179   //沿 180° 方向追踪，并输入 GH 长度

   指定下一点或 [闭合(C)/放弃(U)]: c   //使线框闭合

   结果如图 3-14 所示。

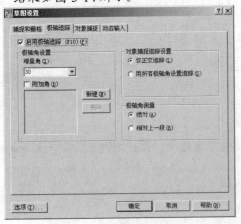

图3-13 【草图设置】对话框

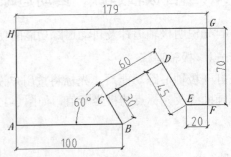

图3-14 使用极轴追踪画线

 如果线段的倾斜角度不在极轴追踪的范围内，则可使用角度覆盖方式画线。方法是当系统提示"指定下一点："时，按照"<角度"形式输入线段的倾角，这样系统将暂时沿设置的角度画线。

二、　自动追踪

在使用自动追踪功能时，必须打开对象捕捉。系统首先捕捉一个几何点作为追踪参考点，然后按水平、竖直或设定的极轴方向进行追踪，如图3-15所示。

图3-15　自动追踪

用户可以通过【极轴追踪】选项卡中的【仅正交追踪】和【用所有极轴角设置追踪】选项设置追踪方向，如图3-13所示，它们的功能如下。

- 【仅正交追踪】：当打开自动追踪后，仅在追踪参考点处显示水平或竖直的追踪路径。
- 【用所有极轴角设置追踪】：如果自动追踪功能打开，则当指定点后，系统将在追踪参考点处沿任何极轴角方向显示追踪路径。

【练习3-7】：　练习如何使用自动追踪功能。

1. 打开附盘文件"3-7.dwg"，如图3-16所示。
2. 在【草图设置】对话框中设置对象捕捉方式为【交点】、【中点】。
3. 单击状态栏上的 对象捕捉 、 对象追踪 按钮，打开对象捕捉及自动追踪功能。
4. 输入 LINE 命令。
5. 将光标放置在 A 点附近，系统将会自动捕捉 A 点（注意不要单击鼠标左键），并在此建立追踪参考点，同时显示出追踪辅助线，如图3-16所示。

要点提示　系统将追踪参考点用符号"+"标记出来，当再次移动鼠标光标到这个符号的位置时，符号"+"将消失。

6. 向上移动鼠标光标，光标将沿竖直辅助线运动，输入距离值10，按 Enter 键，则追踪到 B 点，该点是线段的起始点。
7. 再次在 A 点建立追踪参考点，并向右追踪，然后输入距离值15，按 Enter 键，此时系统将追踪到 C 点，如图3-17所示。

图3-16　沿竖直辅助线追踪

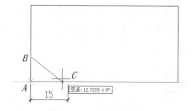

图3-17　沿水平辅助线追踪

8. 将鼠标光标移动到中点 M 处，系统会自动捕捉该点（注意不要单击鼠标左键），并在此建立追踪参考点，如图3-18所示。用同样的方法在中点 N 处建立另一个追踪参考点。
9. 将鼠标光标移动到 D 点附近，系统将显示出两条追踪辅助线，如图3-18所示。在两条辅助线的交点处单击鼠标左键，系统将绘制出线段 CD。
10. 以 F 点为追踪参考点向左或向上追踪，就可以确定 E、G 点，结果如图3-19所示。

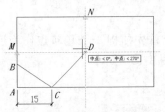

图3-18 利用两条追踪辅助线定位点

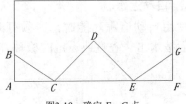

图3-19 确定 E、G 点

上述例子中系统仅沿水平或竖直方向追踪，若想沿所有极轴角方向追踪，可在【草图设置】对话框的【对象捕捉追踪设置】分组框中选取【用所有极轴角设置追踪】单选项，如图3-13 所示。

以上通过两个例子说明了极轴追踪及自动追踪功能的用法。在实际绘图过程中，常将这两项功能结合起来使用，这样既能方便地沿极轴方向画线，又能轻易地沿极轴方向定位点。

【练习3-8】： 使用 LINE 命令并结合极轴追踪、自动追踪功能画线，将图 3-20 中所示的左图修改为右图。

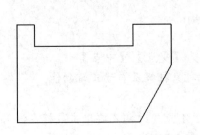
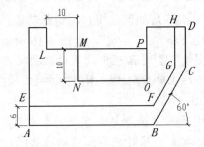

图3-20 结合极轴追踪、自动追踪功能绘制图形

1. 打开附盘文件 "3-8.dwg"。
2. 打开极轴追踪、对象捕捉及自动追踪功能。设置极轴追踪角度增量为【30】，设定对象捕捉方式为【端点】、【交点】，设置沿所有极轴角进行自动追踪。
3. 键入 LINE 命令，AutoCAD 提示：

命令: line 指定第一点: 6
　　　　　　　　//以 A 点为追踪参考点向上追踪，输入追踪距离并按 Enter 键
指定下一点或 [放弃(U)]: 　　//从 E 点向右追踪，再在 B 点建立追踪参考点以确定 F 点
指定下一点或 [放弃(U)]: 　　//从 F 点沿 60° 方向追踪，再在 C 点建立参考点以确定 G 点
指定下一点或 [闭合(C)/放弃(U)]: 　　//从 G 点向上追踪并捕捉交点 H
指定下一点或 [闭合(C)/放弃(U)]: 　　//按 Enter 键结束命令
命令: 　　　　　　//按 Enter 键重复命令
LINE 指定第一点: 10 　　//从基点 L 向右追踪，输入追踪距离并按 Enter 键
指定下一点或 [放弃(U)]: 10 　　//从 M 点向下追踪，输入追踪距离并按 Enter 键
指定下一点或 [放弃(U)]: 　　//从 N 点向右追踪，再在 P 点建立追踪参考点以确定 O 点
指定下一点或 [闭合(C)/放弃(U)]: 　　//从 O 点向上追踪并捕捉交点 P
指定下一点或 [闭合(C)/放弃(U)]: 　　//按 Enter 键结束命令

结果如图 3-20 右图所示。

3.1.5 利用动态输入及动态提示功能画线

单击状态栏上的 **DYN** 按钮，打开动态输入及动态提示功能，此时若启动 AutoCAD 命令，则系统将在十字光标附近显示命令提示信息、光标点的坐标值及线段的长度和角度等，用户可直接在信息提示栏中选择命令选项或输入新坐标值、线段的长度和角度等参数。

一、 动态输入

动态输入包含两项功能。

* 指针输入：在光标附近的信息提示栏中显示点的坐标值，缺省情况下，第一点显示为绝对直角坐标，第二点及后续点显示为相对极坐标值。用户可在信息栏中输入新坐标值以定位点，输入坐标时，先在第一个框中输入数值，再按 Tab 键进入下一框中继续输入数值。每次切换坐标框时，前一框中的数值将被锁定，框中显示 🔒 图标。

* 标注输入：在光标附近显示线段的长度和角度，按 Tab 键可在长度和角度值之间进行切换，并可输入新的长度和角度值。

二、 动态提示

在光标附近显示命令提示信息，可直接在信息栏（而不是在命令行）中输入所需的命令参数。若命令有多个选项，信息栏中将出现 🔽 图标，按向下的箭头键弹出菜单，菜单上显示出命令所包含的选项，选取其中一个选项，就会执行相应的功能。

【练习3-9】： 打开动态输入及动态提示功能，用 LINE 命令绘制如图 3-21 所示的图形。

1. 用鼠标右键单击状态栏上的 **DYN** 按钮，弹出快捷菜单，选取【设置】选项，打开【草图设置】对话框，进入【动态输入】选项卡，选取【启用指针输入】、【可能时启用标注输入】及【在十字光标附近显示命令提示和命令输入】复选项，如图 3-22 所示。

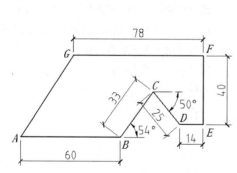

图3-21 利用动态输入及动态提示功能画线

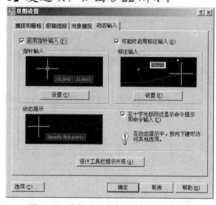

图3-22 【草图设置】对话框选项设置

2. 单击 **DYN** 按钮打开动态输入及动态提示功能，键入 LINE 命令，AutoCAD 提示：

命令：_line 指定第一点：260,120 //输入 A 点的 x 坐标值

//按 Tab 键，输入 A 点的 y 坐标值，按 Enter 键

指定下一点或 [放弃(U)]：0 //输入线段 AB 的长度为 60

//按 Tab 键，输入线段 AB 的角度为 0°，按 Enter 键

指定下一点或 [放弃(U)]：54 //输入线段 BC 的长度为 33

//按 Tab 键，输入线段 BC 的角度为 54°，按 Enter 键

指定下一点或 [闭合(C)/放弃(U)]: 50 　　　　//输入线段 CD 的长度为 25

//按 Tab 键，输入线段 CD 的角度为 50°，按 Enter 键

指定下一点或 [闭合(C)/放弃(U)]: 0 　　　　//输入线段 DE 的长度为 14

//按 Tab 键，输入线段 DE 的角度为 0°，按 Enter 键

指定下一点或 [闭合(C)/放弃(U)]: 90 　　　　//输入线段 EF 的长度为 40

//按 Tab 键，输入线段 EF 的角度为 90°，按 Enter 键

指定下一点或 [闭合(C)/放弃(U)]: 180 　　　　//输入线段 FG 的长度为 78

//按 Tab 键，输入线段 FG 的角度为 180°，按 Enter 键

指定下一点或 [闭合(C)/放弃(U)]: c 　　　　//按 ↓ 键，选择"闭合"选项

结果如图 3-21 所示。

3.1.6 调整线条长度

使用 LENGTHEN 命令可以改变线段、圆弧和椭圆弧等对象的长度，使用此命令时，经常采用的选项是"动态"，即直观地拖动对象来改变其长度。

一、 命令启动方法

- 菜单命令：【修改】/【拉长】。
- 命令：LENGTHEN 或简写 LEN。

【练习3-10】： 练习使用 LENGTHEN 命令。

打开附盘文件"3-10.dwg"，如图 3-23 左图所示。下面使用 LENGTHEN 命令将左图修改为右图。

命令：lengthen

选择对象或 [增量(DE)/百分数(P)/全部(T)/动态(DY)]: dy

　　　　　　　　　　　　　　　//选择"动态(DY)"选项

选择要修改的对象或 [放弃(U)]: 　　　　//选择线段 A 的右端点，如图 3-23 左图所示

指定新端点： 　　　　//调整线段端点到适当位置

选择要修改的对象或 [放弃(U)]: 　　　　//选择线段 B 的右端点

指定新端点： 　　　　//调整线段端点到适当位置

选择要修改的对象或 [放弃(U)]: 　　　　//按 Enter 键结束命令

结果如图 3-23 右图所示。

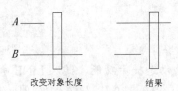

图3-23　改变对象长度

二、 命令选项

- 增量(DE)：以指定的增量值改变线段或圆弧的长度。对于圆弧来说，还可以通过设定角度增量改变其长度。

- 百分数(P)：以对象总长度的百分比形式改变对象长度。
- 全部(T)：通过指定线段或圆弧的新长度来改变对象总长度。
- 动态(DY)：拖动鼠标光标可以动态改变对象长度。

3.1.7 打断线条

使用 BREAK 命令可以删除对象的一部分，常用于打断线段、圆、圆弧和椭圆等。使用此命令既可以在一个点处打断对象，也可以在指定的两个点间打断对象。

一、 命令启动方法

- 菜单命令：【修改】/【打断】。
- 工具栏：【修改】工具栏上的 按钮。
- 命令：BREAK 或简写 BR。

【练习3-11】：练习使用 BREAK 命令。

打开附盘文件 "3-11.dwg"，如图 3-24 左图所示。使用 BREAK 命令将左图修改为右图。

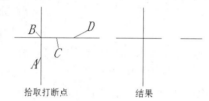

拾取打断点　　　　　　结果

图3-24　打断线段

```
命令：_break 选择对象：
              //在 C 点处选择对象，如图 3-24 左图所示，AutoCAD 会将该点作为第一个打断点
指定第二个打断点或 [第一点(F)]：        //在 D 点处选择对象
命令：                       //重复命令
BREAK 选择对象：                 //选择线段 A
指定第二个打断点或 [第一点(F)]：f    //选择"第一点(F)"选项
指定第一个打断点：int 于           //捕捉交点 B
指定第二个打断点：@     //第二个打断点与第一个打断点重合，线段 A 将在 B 点处断开
```

结果如图 3-24 右图所示。

要点提示 在圆上选择两个打断点后，系统将沿逆时针方向将第一个打断点与第二个打断点间的那部分圆弧删除。

二、 命令选项

- 指定第二个打断点：在图形对象上选取第二个打断点后，系统会将第一个打断点与第二个打断点间的部分删除。
- 第一点(F)：通过该选项可以重新指定第一个打断点。

BREAK 命令还有以下几种操作方式：

- 如果要删除线段或圆弧的一端，可在选择好被打断的对象后，将第二个打断点指定在要删除那端的外面；
- 当提示输入第二个打断点时键入 "@"，则系统会将第一个打断点和第二个打断点视为同一点，从而将一个对象拆分为二而没有删除其中的任何一部分。

3.1.8 延伸线条

利用 EXTEND 命令可以将线段、曲线等对象延伸到一个边界对象上，使其与边界对象相交。有时边界对象可能是隐含边界，即延伸对象而形成的边界，这时对象延伸后并不与实体直接相交，而是与边界的隐含部分（延长线）相交。

一、 命令启动方法

- 菜单命令：【修改】/【延伸】。
- 工具栏：【修改】工具栏上的 ⊣ 按钮。
- 命令：EXTEND 或简写 EX。

【练习3-12】： 练习使用 EXTEND 命令。

打开附盘文件 "3-12.dwg"，如图 3-25 左图所示。用 EXTEND 命令将左图修改为右图。

命令：_extend	
选择对象或 <全部选择>：找到 1 个	//选择边界线段 C，如图3-25 左图所示
选择对象：	//按 Enter 键
选择要延伸的对象，或按住 Shift 键选择要修剪的对象，或	
[栏选(F)/窗交(C)/投影(P)/边(E)/放弃(U)]：	//选择要延伸的线段 A
选择要延伸的对象，或按住 Shift 键选择要修剪的对象，或	
[栏选(F)/窗交(C)/投影(P)/边(E)/放弃(U)]：e	//利用 "边(E)" 选项将线段 B 延伸到隐含边界
输入隐含边延伸模式 [延伸(E)/不延伸(N)] <不延伸>：e	//选择 "延伸(E)" 选项
选择要延伸的对象，或按住 Shift 键选择要修剪的对象，或	
[栏选(F)/窗交(C)/投影(P)/边(E)/放弃(U)]：	//选择线段 B
选择要延伸的对象，或按住 Shift 键选择要修剪的对象，或	
[栏选(F)/窗交(C)/投影(P)/边(E)/放弃(U)]：	//按 Enter 键结束命令

结果如图 3-25 右图所示。

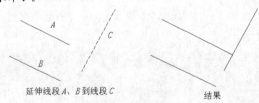

延伸线段 A、B 到线段 C   结果

图3-25　延伸线段

要点提示 在延伸操作中，一个对象可同时被用作边界边及延伸对象。

二、 命令选项

- 按住 Shift 键选择要修剪的对象：将选择的对象修剪到边界而不是将其延伸。
- 栏选(F)：绘制连续折线，与折线相交的对象将被延伸。
- 窗交(C)：利用交叉窗口选择对象。

- 投影(P): 通过该选项指定延伸操作的空间。对于二维绘图来说，延伸操作是在当前用户坐标平面（xy 平面）内进行的。在三维空间作图时，可通过单击该选项将两个交叉对象投影到 xy 平面或当前视图平面内执行延伸操作。
- 边(E): 通过该选项控制是否把对象延伸到隐含边界。当边界边太短，延伸对象后不能与其直接相交（如图 3-25 中所示的边界边 C）时，打开该选项，此时系统假想将边界边延长，然后使延伸边伸长到与边界边相交的位置。
- 放弃(U): 取消上一次的操作。

3.1.9 剪断线段

绘图过程中常有许多线条交织在一起，若想将线条的某一部分修剪掉，可使用 TRIM 命令。启动该命令后，系统提示用户指定一个或几个对象作为剪切边（可以想象为剪刀），然后选择被剪掉的部分。剪切边可以是线段、圆弧和样条曲线等对象，剪切边本身也可作为被修剪的对象。

一、 命令启动方法
- 菜单命令: 【修改】/【修剪】。
- 工具栏: 【修改】工具栏上的 ✦ 按钮。
- 命令: TRIM 或简写 TR。

【练习3-13】： 练习使用 TRIM 命令。

打开附盘文件 "3-13.dwg"，如图 3-26 左图所示。下面使用 TRIM 命令将左图修改为右图。

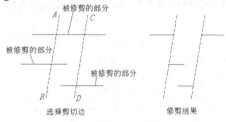

图3-26　修剪线段

```
命令: _trim
选择对象或 <全部选择>: 找到 1 个          //选择剪切边 AB，如图 3-26 左图所示
选择对象: 找到 1 个，总计 2 个            //选择剪切边 CD
选择对象:                                //按 Enter 键确认
选择要修剪的对象，或按住 Shift 键选择要延伸的对象，或
[栏选(F)/窗交(C)/投影(P)/边(E)/删除(R)/放弃(U)]:      //选择被修剪的对象
选择要修剪的对象，或按住 Shift 键选择要延伸的对象，或
[栏选(F)/窗交(C)/投影(P)/边(E)/删除(R)/放弃(U)]:      //选择其他被修剪的对象
选择要修剪的对象，或按住 Shift 键选择要延伸的对象，或
[栏选(F)/窗交(C)/投影(P)/边(E)/删除(R)/放弃(U)]:      //选择其他被修剪的对象
选择要修剪的对象，或按住 Shift 键选择要延伸的对象，或
[栏选(F)/窗交(C)/投影(P)/边(E)/删除(R)/放弃(U)]:      //按 Enter 键结束命令
```
结果如图 3-26 右图所示。

当修剪图形中某一区域的线条时，可直接把这部分的所有图元都选中，这样可以使图元之间能够相互修剪，接下来的任务是仔细选择被剪切的对象。

二、 命令选项

(1) 按住 Shift 键选择要延伸的对象：将选定的对象延伸至剪切边。

(2) 栏选(F)：绘制连续折线，与折线相交的对象将被修剪。

(3) 窗交(C)：利用交叉窗口选择对象。

(4) 投影(P)：通过该选项指定执行修剪的空间。例如，如果三维空间中的两条线段呈交叉关系，那么可以利用该选项假想将其投影到某一平面上进行修剪操作。

(5) 边(E)：选取此选项，AutoCAD 提示：

输入隐含边延伸模式 [延伸(E)/不延伸(N)] <不延伸>：

- 延伸(E)：如果剪切边太短，没有与被修剪对象相交，那么系统会假想将剪切边延长，然后执行修剪操作，如图 3-27 所示。

- 不延伸(N)：只有当剪切边与被剪切对象实际相交时才进行修剪。

图3-27 使用"延伸(E)"选项完成修剪操作

(6) 删除(R)：不退出 TRIM 命令就能删除选定的对象。

(7) 放弃(U)：若修剪有误，可输入字母"U"撤销操作。

3.1.10 例题——使用 LINE 命令绘制小住宅立面图主要轮廓线

【练习3-14】： 下面绘制如图 3-28 所示的小住宅立面图，目的是使读者掌握 LINE 命令的用法，学会如何输入点的坐标及怎样利用对象捕捉、极轴追踪和自动追踪等工具快速画线。

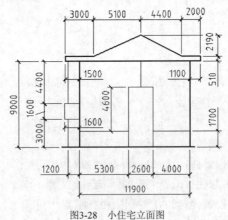

图3-28 小住宅立面图

动画演示 —— 见光盘中的"3-14.avi"文件

1. 设定绘图区域的大小为 20000 × 20000。

2. 打开极轴追踪、对象捕捉及自动追踪功能。指定极轴追踪角度增量为【90】，设定对象捕捉方式为【端点】、【交点】，设置仅沿正交方向自动追踪。

3. 使用 LINE 命令，通过输入线段长度绘制出线段 AB、CD 等，如图 3-29 所示。

命令：_line 指定第一点：	//单击 X 点，如图 3-29 所示
指定下一点或 [放弃(U)]：16000	//从 X 点向右追踪并输入追踪距离
指定下一点或 [放弃(U)]：	//按 Enter 键结束命令
命令：	//重复命令
LINE 指定第一点：	//从 X 点向右追踪并单击 A 点
指定下一点或 [放弃(U)]：9000	//从 A 点向上追踪并输入追踪距离
指定下一点或 [放弃(U)]：11900	//从 B 点向右追踪并输入追踪距离
指定下一点或 [闭合(C)/放弃(U)]：	//从 C 点向下追踪并捕捉交点 D
指定下一点或 [闭合(C)/放弃(U)]：	//按 Enter 键结束命令
命令：	//重复命令
LINE 指定第一点：	//捕捉 B 点
指定下一点或 [放弃(U)]：1500	//从 B 点向左追踪并输入追踪距离
指定下一点或 [放弃(U)]：510	//从 E 点向上追踪并输入追踪距离
指定下一点或 [闭合(C)/放弃(U)]：3000	//从 F 点向右追踪并输入追踪距离
指定下一点或 [闭合(C)/放弃(U)]：@5100,2190	//输入 G 点的相对坐标
指定下一点或 [闭合(C)/放弃(U)]：@4400,-2190	//输入 H 点的相对坐标
指定下一点或 [闭合(C)/放弃(U)]：2000	//从 H 点向右追踪并输入追踪距离
指定下一点或 [闭合(C)/放弃(U)]：510	//从 I 点向下追踪并输入追踪距离
指定下一点或 [闭合(C)/放弃(U)]：	//捕捉 C 点
指定下一点或 [闭合(C)/放弃(U)]：	//按 Enter 键结束命令

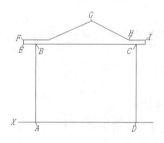

图3-29 通过输入线段长度绘制线段

4. 绘制线段 KL、LM 等，如图 3-30 所示。

命令：_line 指定第一点：5300	//从 J 点向右追踪并输入追踪距离
指定下一点或 [放弃(U)]：6300	//从 K 点向上追踪并输入追踪距离
指定下一点或 [放弃(U)]：2600	//从 L 点向右追踪并输入追踪距离
指定下一点或 [闭合(C)/放弃(U)]：	//从 M 点向下追踪并捕捉交点 N
指定下一点或 [闭合(C)/放弃(U)]：	//按 Enter 键结束命令
命令：	//重复命令
LINE 指定第一点：1700	//从 J 点向上追踪并输入追踪距离
指定下一点或 [放弃(U)]：	//从 O 点向右追踪并捕捉交点 P
指定下一点或 [放弃(U)]：	//按 Enter 键结束命令

命令:LINE 指定第一点: MID 于   //捕捉中点 Q

指定下一点或 [放弃(U)]:   //从 Q 点向上追踪并捕捉交点 R

指定下一点或 [放弃(U)]:   //按 Enter 键结束命令

继续绘制线段 ST，结果如图 3-30 所示。

5. 用类似的方法绘制出其余线段，如图 3-31 所示。

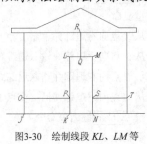

图3-30   绘制线段 KL、LM 等

图3-31   绘制其余线段

3.2 绘制平行线、垂线及斜线

工程图中的线段主要分为 3 类，即平行线、斜线和垂线，本节分别介绍这 3 类线段的绘制方法。

3.2.1 使用 OFFSET 命令绘制平行线

使用 OFFSET 命令可将对象偏移指定的距离，创建一个与原对象类似的新对象，其操作对象包括线段、圆、圆弧、多段线、椭圆、构造线和样条曲线等。当偏移一个圆时，可创建同心圆，当偏移一条闭合的多段线（具体内容将在 3.3 节中介绍）时，也可建立一个与原对象形状相同的闭合图形。

使用 OFFSET 命令时，可以通过两种方式创建新线段，一种是输入平行线间的距离，另一种是指定新平行线通过的点。

一、命令启动方法

- 菜单命令:【修改】/【偏移】。
- 工具栏:【修改】工具栏上的 按钮。
- 命令: OFFSET 或简写 O。

【练习3-15】: 练习使用 OFFSET 命令。

打开附盘文件 "3-15.dwg"，如图 3-32 左图所示。下面使用 OFFSET 命令将左图修改为右图。

命令: _offset   //绘制与 AB 平行的线段 CD，如图 3-32 所示

指定偏移距离或 [通过(T)/删除(E)/图层(L)] <通过>: 20 //输入平行线间的距离

选择要偏移的对象，或 [退出(E)/放弃(U)] <退出>:   //选择线段 AB

指定要偏移的那一侧上的点，或 [退出(E)/多个(M)/放弃(U)] <退出>:

        //在线段 AB 的右边单击一点

选择要偏移的对象，或 [退出(E)/放弃(U)] <退出>:   //按 Enter 键结束命令

命令:OFFSET   //过 K 点画线段 EF 的平行线 GH

指定偏移距离或 [通过(T)/删除(E)/图层(L)] <10.0000>: t　　//选取"通过(T)"选项

选择要偏移的对象，或 [退出(E)/放弃(U)] <退出>:　　　　//选择线段 EF

指定通过点或 [退出(E)/多个(M)/放弃(U)] <退出>: end 于　//捕捉平行线通过的点 K

选择要偏移的对象，或 [退出(E)/放弃(U)] <退出>:　　　//按 Enter 键结束命令

结果如图 3-32 右图所示。

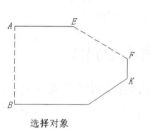 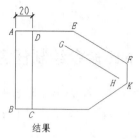

选择对象　　　　　　　　　　　　　　结果

图3-32　绘制平行线

二、命令选项

- 指定偏移距离：输入偏移距离值，系统将根据此数值偏移原始对象，产生新对象。
- 通过(T)：通过指定点创建新的偏移对象。
- 删除(E)：偏移源对象后将其删除。
- 图层(L)：指定将偏移后的新对象放置在当前图层或源对象所在的图层上。
- 多个(M)：在要偏移的一侧单击多次，即可创建出多个等距对象。

3.2.2　利用角度覆盖方式绘制垂线及倾斜线段

如果要沿某一方向绘制任意长度的线段，可在系统提示输入点时输入一个小于号"<"及角度值，该角度表明了所绘线段的方向，系统将把光标锁定在此方向上，移动鼠标光标，线段的长度就会发生变化，获取适当长度后，单击鼠标左键结束，这种画线方式称为角度覆盖。

【练习3-16】：绘制垂线及倾斜线段。

打开附盘文件"3-16.dwg"，如图 3-33 所示。利用角度覆盖方式绘制垂线 BC 和斜线 DE。

命令: _line 指定第一点: ext　　　　　//使用延伸捕捉"EXT"

于 40　　　　　　　　　　　　　　　　//输入 B 点到 A 点的距离

指定下一点或 [放弃(U)]: <120　　　　//指定线段 BC 的方向

指定下一点或 [放弃(U)]:　　　　　　//在 C 点处单击一点

指定下一点或 [放弃(U)]:　　　　　　//按 Enter 键结束命令

命令:　　　　　　　　　　　　　　　//重复命令

LINE 指定第一点: ext　　　　　　　　//使用延伸捕捉"EXT"

于 90　　　　　　　　　　　　　　　　//输入 D 点到 A 点的距离

指定下一点或 [放弃(U)]: <130　　　　//指定线段 DE 的方向

指定下一点或 [放弃(U)]:　　　　　　//在 E 点处单击一点

指定下一点或 [放弃(U)]:　　　　　　//按 Enter 键结束命令

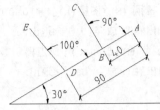

图3-33　绘制垂线及斜线

3.2.3　使用 XLINE 命令绘制任意角度的斜线

使用 XLINE 命令可以绘制出无限长的构造线，利用它能直接绘制出水平方向、竖直方向、倾斜方向及平行的线段，作图过程中使用此命令绘制定位线或绘图辅助线是很方便的。

一、　命令启动方法

- 菜单命令:【绘图】/【构造线】。
- 工具栏:【绘图】工具栏上的 ╱ 按钮。
- 命令: XLINE 或简写 XL。

【练习3-17】：　练习使用 XLINE 命令。

打开附盘文件 "3-17.dwg"，如图 3-34 左图所示。下面使用 XLINE 命令将左图修改为右图。

命令: _xline 指定点或 [水平(H)/垂直(V)/角度(A)/二等分(B)/偏移(O)]: v	
	//选择"垂直(V)"选项
指定通过点: ext	//使用延伸捕捉
于 25	//输入 B 点到 A 点的距离，如图 3-34 右图所示
指定通过点:	//按 Enter 键结束命令
命令:	//重复命令
XLINE 指定点或 [水平(H)/垂直(V)/角度(A)/二等分(B)/偏移(O)]: a	
	//选择"角度(A)"选项
输入构造线的角度 (0) 或 [参照(R)]: r	//选择"参照(R)"选项
选择线段对象:	//选择线段 AC
输入构造线的角度 <0>: -50	//输入角度值
指定通过点: ext	//使用延伸捕捉
于 20	//输入 D 点到 C 点的距离
指定通过点:	//按 Enter 键结束命令

结果如图 3-34 右图所示。

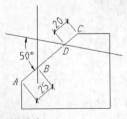

图3-34　绘制构造线

二、 命令选项

- 指定点：通过两点绘制直线。
- 水平(H)：绘制水平方向的直线。
- 垂直(V)：绘制竖直方向的直线。
- 角度(A)：通过某点绘制一条与已知线段成一定角度的直线。
- 二等分(B)：绘制一条平分已知角度的直线。
- 偏移(O)：通过输入偏移距离绘制平行线，或指定直线通过的点来创建新平行线。

3.2.4 例题——使用 LINE、OFFSET 及 TRIM 命令绘制建筑立面图

使用 OFFSET 命令可以偏移已有图形对象生成新对象，因此在设计图纸时并不需要使用 LINE 命令绘制图中的每一条线段。用户可首先绘制出主要的作图基准线，然后使用 OFFSET 命令偏移定位线，构成新图形。

【练习3-18】： 下面练习使用 LINE、OFFSET 及 TRIM 命令绘制如图 3-35 所示的建筑立面图。通过这个例子演示如何使用 OFFSET 和 TRIM 命令快速生成图形。

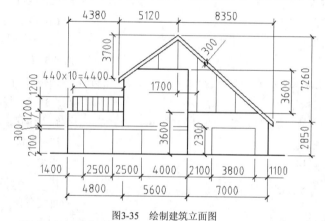

图3-35 绘制建筑立面图

动画演示 —— 见光盘中的 "3-18.avi" 文件

1. 设定绘图区域的大小为 30000×20000。

2. 打开极轴追踪、对象捕捉及自动追踪功能。设定极轴追踪角度增量为【90】，设定对象捕捉方式为【端点】、【交点】，设置仅沿正交方向自动追踪。

3. 使用 LINE 命令绘制出水平及竖直的作图基准线 A、B，如图 3-36 所示。线段 A 的长度约为 20000，线段 B 的长度约为 10000。

4. 以线段 A、B 为基准线，用 OFFSET 命令绘制出平行线 C、D、E 和 F 等，如图 3-37 所示。

```
命令: _offset                                          //绘制平行线 C
指定偏移距离或 [通过(T)/删除(E)/图层(L)] <通过>: 4800    //输入平行线间的距离
选择要偏移的对象，或 [退出(E)/放弃(U)] <退出>:          //选择线段 B
指定要偏移的那一侧上的点，或 [退出(E)/多个(M)/放弃(U)] <退出>:
                                                      //在线段 B 的右边单击一点
选择要偏移的对象，或 [退出(E)/放弃(U)] <退出>:          //按 Enter 键结束命令
```

继续绘制以下平行线。

向右偏移线段 *C* 至 *D*，偏移距离为 5600。

向右偏移线段 *D* 至 *E*，偏移距离为 7000。

向上偏移线段 *A* 至 *F*，偏移距离为 3600。

向上偏移线段 *F* 至 *G*，偏移距离为 3600。

修剪多余线条，结果如图 3-37 右图所示。

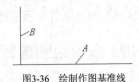

图3-36　绘制作图基准线

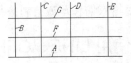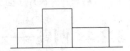

图3-37　绘制平行线 *C*、*D*、*E* 和 *F* 等

5. 使用 XLINE 命令绘制作图基准线 *H*、*I*、*J* 和 *K*，如图 3-38 所示。

命令: _xline 指定点或 [水平(H)/垂直(V)/角度(A)/二等分(B)/偏移(O)]: o	//选择"偏移(O)"选项
指定偏移距离或 [通过(T)] <3600.0000>: 10110	//输入偏移距离
选择直线对象:	//选择线段 *L*
指定向哪侧偏移:	//在线段 *L* 的上边单击一点
选择直线对象:	//按 Enter 键结束命令
命令:	//重复命令
XLINE 指定点或 [水平(H)/垂直(V)/角度(A)/二等分(B)/偏移(O)]: o	//选择"偏移(O)"选项
指定偏移距离或 [通过(T)] <10110.0000>: 9500	//输入偏移距离
选择直线对象:	//选择线段 *M*
指定向哪侧偏移:	//在线段 *M* 的右边单击一点
选择直线对象:	//按 Enter 键结束命令
命令:	//重复命令
XLINE 指定点或 [水平(H)/垂直(V)/角度(A)/二等分(B)/偏移(O)]:	//捕捉 *N* 点
指定通过点: @8350,-7260	//输入直线 *J* 上一点的相对坐标
指定通过点: @-5120,-3700	//输入直线 *K* 上一点的相对坐标
指定通过点:	//按 Enter 键结束命令

6. 以直线 *I*、*J* 和 *K* 为基准线，用 OFFSET、TRIM 等命令绘制图形细节 *O*，如图 3-39 所示。

7. 以线段 *A*、*B* 为基准线，用 OFFSET 和 TRIM 命令绘制图形细节 *P*，如图 3-40 所示。

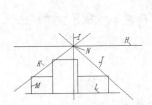

图3-38　绘制基准线 *H*、*I*、*J* 和 *K*

图3-39　绘制图形细节 *O*

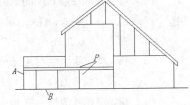

图3-40　绘制图形细节 *P*

8. 使用同样的方法绘制图形的其余细节。

3.3 绘制多线、多段线及射线

本节介绍多线、多段线及射线的绘制方法。

3.3.1 绘制多线

MLINE 命令用于绘制多线。多线是由多条平行直线组成的对象，其最多可包含 16 条平行线，线间的距离、线的数量、线条颜色及线型等都可以调整。该对象常用于绘制墙体、公路或管道等。

一、 命令启动方法

- 菜单命令：【绘图】/【多线】。
- 命令：MLINE。

【练习3-19】： 练习使用 MLINE 命令。

打开附盘文件 "3-19.dwg"，如图 3-41 左图所示。下面使用 MLINE 命令将左图修改为右图。

```
命令: _mline
指定起点或 [对正(J)/比例(S)/样式(ST)]: j          //选择"对正(J)"选项
输入对正类型 [上(T)/无(Z)/下(B)] <上>: z          //设定对正方式为"无"
指定起点或 [对正(J)/比例(S)/样式(ST)]: int         //捕捉 A 点，如图 3-41 左图所示
指定下一点: int 于                                 //捕捉 B 点
指定下一点或 [放弃(U)]:                             //捕捉 C 点
指定下一点或 [闭合(C)/放弃(U)]:int 于               //捕捉 D 点
指定下一点或 [闭合(C)/放弃(U)]:int 于               //捕捉 E 点
指定下一点或 [闭合(C)/放弃(U)]:int 于               //捕捉 F 点
指定下一点或 [闭合(C)/放弃(U)]:int 于               //捕捉 G 点
指定下一点或 [闭合(C)/放弃(U)]:int 于               //捕捉 H 点
指定下一点或 [闭合(C)/放弃(U)]: int 于              //捕捉 I 点
指定下一点或 [闭合(C)/放弃(U)]: int 于              //捕捉 J 点
指定下一点或 [闭合(C)/放弃(U)]: int 于              //捕捉 K 点
指定下一点或 [闭合(C)/放弃(U)]: c                   //使多线闭合
```

结果如图 3-41 右图所示。

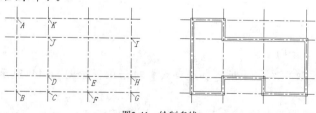

图3-41 绘制多线

二、 命令选项

(1) 对正(J)：设定多线对正方式，即多线中哪条线段的端点与光标重合并随鼠标光标移

动，该选项有 3 个子选项。

- 上(T)：若从左往右绘制多线，则对正点将在最顶端线段的端点处。
- 无(Z)：对正点位于多线中偏移量为 0 的位置处。多线中线条的偏移量可在多线样式中设定。
- 下(B)：若从左往右绘制多线，则对正点将在最底端线段的端点处。

(2) 比例(S)：指定多线宽度相对于定义宽度（在多线样式中定义）的比例因子，该比例不影响线型比例。

(3) 样式(ST)：通过该选项可以选择多线样式，默认样式是"STANDARD"。

3.3.2 多线样式

多线的外观由多线样式决定，在多线样式中可以设定多线中线条的数量、每条线的颜色和线型以及线间的距离等，还能指定多线两个端头的样式，如弧形端头及平直端头等。

命令启动方法

- 菜单命令：【格式】/【多线样式】。
- 命令：MLSTYLE。

【练习3-20】：创建新多线样式。

1. 启动 MLSTYLE 命令，系统弹出【多线样式】对话框，如图 3-42 所示。

2. 单击 新建(N)... 按钮，弹出【创建新的多线样式】对话框，如图 3-43 所示。在【新样式名】文本框中输入新样式的名称"墙体 24"，在【基础样式】下拉列表中选取【STANDARD】，该样式将成为新样式的样板样式。

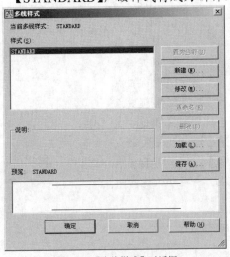

图3-42 【多线样式】对话框

图3-43 【创建新的多线样式】对话框

3. 单击 继续 按钮，弹出【新建多线样式】对话框，如图 3-44 所示，在该对话框中完成以下任务。

- 在【说明】文本框中输入关于多线样式的说明文字。
- 在【图元】列表框中选中 "0.5"，然后在【偏移】文本框中输入数值 "120"。
- 在【图元】列表框中选中 "-0.5"，然后在【偏移】文本框中输入数值 "-120"。

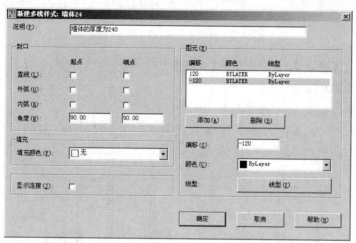

图3-44 【新建多线样式】对话框

4. 单击 确定 按钮，返回【多线样式】对话框，单击 置为当前(U) 按钮，使新样式成为当前样式。

【新建多线样式】对话框中常用选项的功能如下。

- 添加(A) 按钮：单击此按钮，系统将在多线中添加一条新线，该线的偏移量可在【偏移】文本框中设定。
- 删除(D) 按钮：删除【图元】列表框中选定的线元素。
- 【颜色】下拉列表：通过此下拉列表修改【图元】列表框中选定线元素的颜色。
- 线型(Y)... 按钮：指定【图元】列表框中选定线元素的线型。
- 【直线】：在多线的两端产生直线封口形式，如图 3-45 所示。
- 【外弧】：在多线的两端产生外圆弧封口形式，如图 3-45 所示。
- 【内弧】：在多线的两端产生内圆弧封口形式，如图 3-45 所示。
- 【角度】：该角度是指多线某一端的端口连线与多线的夹角，如图 3-45 所示。
- 【填充颜色】下拉列表：通过此列表设置多线的填充色。
- 【显示连接】：选取该复选项，则系统在多线拐角处显示连接线，如图 3-45 所示。

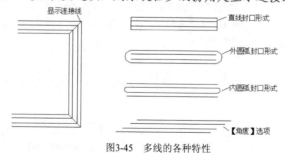

图3-45 多线的各种特性

3.3.3 编辑多线

MLEDIT 命令用于编辑多线，其主要功能如下：

(1) 改变两条多线的相交形式，例如使它们相交成"十"字形或"T"字形；

(2) 在多线中加入控制顶点或删除顶点；

(3) 将多线中的线条切断或接合。

命令启动方法

- 菜单命令:【修改】/【对象】/【多线】。
- 命令: MLEDIT。

【练习3-21】: 练习使用 MLEDIT 命令。

1. 打开附盘文件 "3-21.dwg",如图 3-46 左图所示。下面使用 MLEDIT 命令将左图修改为右图。

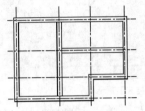 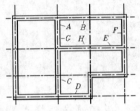

图3-46 编辑多线

2. 启动 MLEDIT 命令,打开【多线编辑工具】对话框,如图 3-47 所示。该对话框中的小型图片形象地说明了各种编辑工具的功能。

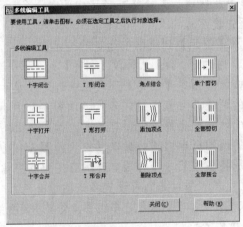

图3-47 【多线编辑工具】对话框

3. 选取【T 形合并】,AutoCAD 提示:

```
命令: _mledit
选择第一条多线:                          //在 A 点处选择多线,如图 3-46 右图所示
选择第二条多线:                          //在 B 点处选择多线
选择第一条多线 或 [放弃(U)]:             //在 C 点处选择多线
选择第二条多线:                          //在 D 点处选择多线
选择第一条多线 或 [放弃(U)]:             //在 E 点处选择多线
选择第二条多线:                          //在 F 点处选择多线
选择第一条多线 或 [放弃(U)]:             //在 H 点处选择多线
选择第二条多线:                          //在 G 点处选择多线
选择第一条多线 或 [放弃(U)]:             //按 Enter 键结束命令
```

结果如图 3-46 右图所示。

3.3.4 创建及编辑多段线

PLINE 命令用来创建二维多段线。多段线是由几段线段和圆弧构成的连续线条，它是一个单独的图形对象，具有以下特点：

(1) 能够设定多段线中线段及圆弧的宽度；

(2) 可以利用有宽度的多段线形成实心圆、圆环或带锥度的粗线等；

(3) 能在指定的线段交点处或对整个多段线进行倒圆角、倒斜角处理。

一、PLINE 命令启动方法

- 菜单命令：【绘图】/【多段线】。
- 工具栏：【绘图】工具栏上的 ↵ 按钮。
- 命令：PLINE。

编辑多段线的命令是 PEDIT，该命令可以修改整个多段线的宽度值或分别控制各段的宽度值，此外，还能将线段、圆弧构成的连续线编辑成一条多段线。

二、PEDIT 命令启动方法

- 菜单命令：【修改】/【对象】/【多段线】。
- 工具栏：【修改Ⅱ】工具栏上的 △ 按钮。
- 命令：PEDIT。

【练习3-22】：练习使用 PLINE 和 PEDIT 命令。

1. 打开附盘文件 "3-22.dwg"，如图 3-48 左图所示。下面使用 PLINE、PEDIT 及 OFFSET 命令将左图修改为右图。

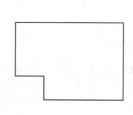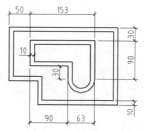

图3-48 绘制及编辑多段线

2. 打开极轴追踪、对象捕捉及自动追踪功能，设定对象捕捉方式为【端点】、【交点】。

  命令：_pline

  指定起点：from   //使用正交偏移捕捉

  基点：   //捕捉 A 点，如图 3-49 左图所示

  <偏移>：@50,-30   //输入 B 点的相对坐标

  指定下一个点或 [圆弧(A)/半宽(H)/长度(L)/放弃(U)/宽度(W)]：153

               //从 B 点向右追踪并输入追踪距离

  指定下一点或 [圆弧(A)/闭合(C)/半宽(H)/长度(L)/放弃(U)/宽度(W)]：90

               //从 C 点向下追踪并输入追踪距离

  指定下一点或 [圆弧(A)/闭合(C)/半宽(H)/长度(L)/放弃(U)/宽度(W)]：a

               //使用"圆弧(A)"选项画圆弧

  指定圆弧的端点或[角度(A)/圆心(CE)/闭合(CL)/方向(D)/半宽(H)/直线(L)/半径(R)/第

二个点(S)/放弃(U)/宽度(W)]：63　　　　　　　　//从 D 点向左追踪并输入追踪距离

　　指定圆弧的端点或[角度(A)/圆心(CE)/闭合(CL)/方向(D)/半宽(H)/直线(L)/半径(R)/第

二个点(S)/放弃(U)/宽度(W)]：l　　　　　　　　//使用"直线(L)"选项切换到画直线模式

　　指定下一点或 [圆弧(A)/闭合(C)/半宽(H)/长度(L)/放弃(U)/宽度(W)]：30

　　　　　　　　　　　　　　　　　　　　//从 E 点向上追踪并输入追踪距离

　　指定下一点或 [圆弧(A)/闭合(C)/半宽(H)/长度(L)/放弃(U)/宽度(W)]：

　　　　　　　　　　　　//从 F 点向左追踪，再以 B 点为追踪参考点确定 G 点

　　指定下一点或 [圆弧(A)/闭合(C)/半宽(H)/长度(L)/放弃(U)/宽度(W)]：

　　　　　　　　　　　　　　　　　//捕捉 B 点

　　指定下一点或 [圆弧(A)/闭合(C)/半宽(H)/长度(L)/放弃(U)/宽度(W)]：

　　　　　　　　　　　　　　　　//按 Enter 键结束命令

命令：pedit

　　选择多段线或 [多条(M)]：　　　　　　　　//选择线段 M，如图 3-49 左图所示

　　是否将其转换为多段线？<Y>　　　　　　　//按 Enter 键将线段 M 转换为多段线

　　输入选项[闭合(C)/合并(J)/宽度(W)/放弃(U)]：j　　　//使用"合并(J)"选项

　　选择对象：指定对角点:总计 5 个　　　//选择线段 H、I、J、K 和 L

　　选择对象：　　　　　　　　　　　　　//按 Enter 键

　　输入选项[闭合(C)/合并(J)/宽度(W)/放弃(U)]：　　　　//按 Enter 键结束命令

3. 使用 OFFSET 命令将两个闭合线框向内偏移，偏移距离为 10，结果如图 3-49 右图所示。

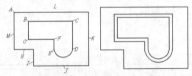

图3-49　创建及编辑多段线

 由于 PEDIT 命令选项很多，为简化说明，本例已将 PEDIT 命令序列中的部分选项删除。这种讲解方式在后续的例题中也将采用。

三、 PLINE 命令选项

- 圆弧(A)：使用此选项可以绘制圆弧。
- 闭合(C)：选择此选项将使多段线闭合，它与 LINE 命令中的"C"选项作用相同。
- 半宽(H)：该选项用于指定本段多段线的半宽度，即线宽的一半。
- 长度(L)：指定本段多段线的长度，其方向与上一条线段相同或沿上一段圆弧的切线方向。
- 放弃(U)：删除多段线中最后一次绘制的线段或圆弧段。
- 宽度(W)：设置多段线的宽度，此时系统将提示"指定起点宽度："和"指定端点宽度："，用户可输入不同的起始宽度和终点宽度值，以绘制一条宽度逐渐变化的多段线。

四、 PEDIT 命令选项

- 合并(J)：将线段、圆弧或多段线与所编辑的多段线连接，以形成一条新的多段线。

- 宽度(W)：修改整条多段线的宽度。

3.3.5　绘制射线

RAY 命令用于创建无限延伸的单向射线。操作时，用户只需指定射线的起点及另一通过点即可。该命令可一次创建多条射线。

命令启动方法
- 菜单命令：【绘图】/【射线】。
- 命令：RAY。

【练习3-23】：练习使用 RAY 命令。

打开附盘文件"3-23.dwg"，如图 3-50 左图所示。下面使用 RAY 命令将左图修改为右图。

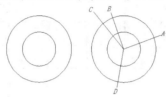

图3-50　绘制射线

命令：_ray 指定起点：cen 于	//捕捉圆心
指定通过点：<20	//设定射线角度
角度替代：20	
指定通过点：	//单击 A 点
指定通过点：<110	//设定射线角度
角度替代：110	
指定通过点：	//单击 B 点
指定通过点：<130	//设定射线角度
角度替代：130	
指定通过点：	//单击 C 点
指定通过点：<260	//设定射线角度
角度替代：260	
指定通过点：	//单击 D 点
指定通过点：	//按 Enter 键结束命令

结果如图 3-50 右图所示。

3.3.6　分解多线及多段线

使用 EXPLODE 命令（简写 X）可将多线、多段线、块、标注和面域等复杂对象分解成 AutoCAD 基本图形对象。例如，连续的多段线是一个单独对象，使用 EXPLODE 命令将其"炸开"后，多段线的每一段都将成为独立对象。

键入 EXPLODE 命令或单击【修改】工具栏上的 按钮，系统将提示"选择对象："，选择图形对象后，AutoCAD 将会自动进行分解。

3.3.7 例题——使用 MLINE 命令绘制墙体

使用 MLINE 命令可以很方便地绘制出墙体线。绘制前，先根据墙体的厚度建立相应的多线样式，这样，每当创建不同厚度的墙体时，只需使对应的多线样式成为当前样式即可。

【练习3-24】：用 LINE、OFFSET 及 MLINE 等命令绘制如图 3-51 所示的建筑平面图。

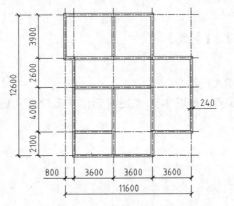

图3-51　用 LINE、OFFSET 及 MLINE 等命令画图

动画演示 —— 见光盘中的"3-24.avi"文件

1. 创建以下图层。

名称	颜色	线型	线宽
建筑-轴线	红色	Center	默认
建筑-墙线	白色	Continuous	0.7

2. 设定绘图区域的大小为 20000×20000，设置全局线型比例因子为 20。

3. 打开极轴追踪、对象捕捉及自动追踪功能。指定极轴追踪角度增量为【90】，设定对象捕捉方式为【端点】、【交点】，设置仅沿正交方向自动追踪。

4. 切换到"建筑—轴线"层。使用 LINE 命令绘制出水平及竖直的作图基准线 A、B，其长度约为 15000，如图 3-52 左图所示。用 OFFSET 命令偏移线段 A、B 以形成其他轴线，如图 3-52 右图所示。

5. 创建一个多线样式，样式名为"墙体 24"。该多线包含两条线段，偏移量分别为"120"、"-120"。

6. 切换到"建筑—墙线"层，用 MLINE 命令绘制墙体，如图 3-53 所示。

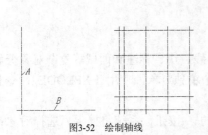

图3-52　绘制轴线

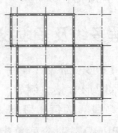

图3-53　绘制墙体

7. 关闭"建筑—轴线"层，利用 MLEDIT 命令的【T 形合并】选项编辑多线交点 C、D、

E、F、G、H、I 和 J，如图 3-54 左图所示。用 EXPLODE 命令分解所有多线，然后用 TRIM 命令修剪交点 K、L 和 M 处的多余线条，结果如图 3-54 右图所示。

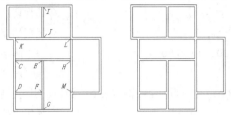

图3-54　编辑多线

3.4　绘制圆及圆弧连接

使用 CIRCLE 命令绘制圆时，缺省的画圆方法是指定圆心和半径，此外，还可通过两点或 3 点来画圆。CIRCLE 命令也可用来绘制过渡圆弧，方法是先画出与已有对象相切的圆，然后再用 TRIM 命令修剪多余线条。

一、　命令启动方法

- 菜单命令：【绘图】/【圆】。
- 工具栏：【绘图】工具栏上的 ⊘ 按钮。
- 命令：CIRCLE 或简写 C。

【练习3-25】：　练习使用 CIRCLE 命令。

打开附盘文件 "3-25.dwg"，如图 3-55 左图所示。使用 CIRCLE 命令将左图修改为右图。

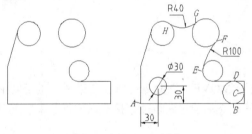

图3-55　绘制圆及圆弧连接

命令：_circle 指定圆的圆心或 [三点(3P)/两点(2P)/相切、相切、半径(T)]：from
　　　　　　　　　　　　　　　　　　　　　//使用正交偏移捕捉

基点：int 于　　　　　　　　　　　　　　//捕捉 A 点，如图 3-55 右图所示

<偏移>：@30,30　　　　　　　　　　　　//输入相对坐标

指定圆的半径或 [直径(D)]：15　　　　　//输入圆半径

命令：　　　　　　　　　　　　　　　　//重复命令

CIRCLE 指定圆的圆心或 [三点(3P)/两点(2P)/相切、相切、半径(T)]：3p
　　　　　　　　　　　　　　　　　　　　　//选择 "三点(3P)" 选项

指定圆上的第一个点：tan 到　　　　　　//捕捉切点 B

指定圆上的第二个点：tan 到　　　　　　//捕捉切点 C

指定圆上的第三个点：tan 到　　　　　　//捕捉切点 D

命令：　　　　　　　　　　　　　　　　//重复命令

```
CIRCLE 指定圆的圆心或 [三点(3P)/两点(2P)/相切、相切、半径(T)]: t
                                      //使用"相切、相切、半径(T)"选项
指定对象与圆的第一个切点:              //捕捉切点 E
指定对象与圆的第二个切点:              //捕捉切点 F
指定圆的半径 <19.0019>: 100           //输入圆半径
命令:                                 //重复命令
CIRCLE 指定圆的圆心或 [三点(3P)/两点(2P)/相切、相切、半径(T)]: t
                                      //使用"相切、相切、半径(T)"选项
指定对象与圆的第一个切点:              //捕捉切点 G
指定对象与圆的第二个切点:              //捕捉切点 H
指定圆的半径 <100.0000>: 40           //输入圆半径
```

修剪多余线条，结果如图 3-55 右图所示。

二、 命令选项

- 指定圆的圆心：缺省选项。输入圆心坐标或拾取圆心后，系统将提示输入圆半径或直径值。
- 三点(3P)：输入 3 个点绘制圆。
- 两点(2P)：指定直径的两个端点绘制圆。
- 相切、相切、半径(T)：指定两个切点，然后输入圆半径绘制圆。

3.5 移动及复制对象

下面介绍移动、复制及旋转对象的方法。

3.5.1 移动对象

移动图形实体的命令是 MOVE，该命令可以在二维或三维空间中使用。发出 MOVE 命令后，选择要移动的图形元素，然后通过两点或直接输入位移值来指定对象移动的距离和方向。

命令启动方法

- 菜单命令：【修改】/【移动】。
- 工具栏：【修改】工具栏上的 ✛ 按钮。
- 命令：MOVE 或简写 M。

【练习3-26】： 练习使用 MOVE 命令。

1. 打开附盘文件 "3-26.dwg"，如图 3-56 左图所示。使用 MOVE 命令将左图修改为右图。

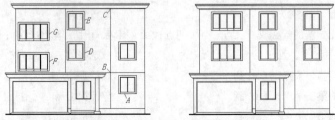

图3-56 移动对象

2. 打开极轴追踪、对象捕捉及自动追踪功能，设定对象捕捉方式为【端点】、【交点】。

命令：_move	
选择对象：指定对角点：找到 15 个	//选择窗户 A，如图 3-56 左图所示
选择对象：	//按 Enter 键确认
指定基点或 [位移(D)] <位移>：	//捕捉交点 B
指定第二个点或 <使用第一个点作为位移>：	//捕捉交点 C
命令：MOVE	//重复命令
选择对象：指定对角点：找到 30 个	//选择窗户 D、E
选择对象：	//按 Enter 键确认
指定基点或 [位移(D)] <位移>：	//单击一点
指定第二个点或 <使用第一个点作为位移>：760	//向右追踪并输入追踪距离
命令：MOVE	//重复命令
选择对象：指定对角点：找到 50 个	//选择窗户 F、G
选择对象：	//按 Enter 键确认
指定基点或 [位移(D)] <位移>： 910,1010	//输入沿 x、y 轴移动的距离
指定第二个点或 <使用第一个点作为位移>：	//按 Enter 键结束命令

结果如图 3-56 右图所示。

使用 MOVE 命令时，用户可以通过以下方式指明对象移动的距离和方向。

(1)　在屏幕上指定两个点，这两点间的距离和方向代表了实体移动的距离和方向。

当系统提示"指定基点:"时，指定移动的基准点；当系统提示"指定第二个点:"时，捕捉第二点或输入第二点相对于基准点的相对直角坐标或极坐标。

(2)　以"x,y"方式输入对象沿 x、y 轴移动的距离，或用"距离<角度"方式输入对象位移的距离和方向。

当系统提示"指定基点:"时，输入位移值；当系统提示"指定第二个点:"时，按 Enter 键确认，这样系统就会以输入的位移值来移动实体对象。

(3)　打开正交或极轴追踪功能，就能方便地将实体只沿 x 或 y 轴方向移动。

当系统提示"指定基点:"时，单击一点并把实体向水平或竖直方向移动，然后输入位移的数值。

(4)　使用"位移(D)"选项。启动该选项后，系统提示"指定位移:"，此时以"x,y"方式输入对象沿 x、y 轴移动的距离，或以"距离<角度"方式输入对象位移的距离和方向。

3.5.2　复制对象

复制图形实体的命令是 COPY，该命令可以在二维或三维空间中使用。发出 COPY 命令后，选择要复制的图形元素，然后通过两点或直接输入位移值来指定复制的距离和方向。

命令启动方法

- 菜单命令：【修改】/【复制】。
- 工具栏：【修改】工具栏上的 ⁸ 按钮。
- 命令：COPY 或简写 CO。

【练习3-27】：练习使用 COPY 命令。

1. 打开附盘文件 "3-27.dwg"，如图 3-57 左图所示。使用 COPY 命令将左图修改为右图。

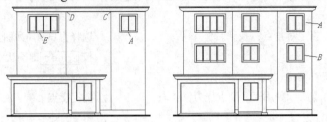

图3-57 复制对象

2. 打开极轴追踪、对象捕捉及自动追踪功能，设定对象捕捉方式为【端点】、【交点】。

命令: _copy	
选择对象: 指定对角点: 找到 15 个	//选择窗户 A, 如图 3-57 左图所示
选择对象:	//按 Enter 键确认
指定基点或 [位移(D)] <位移>:	//单击一点
指定第二个点或 <使用第一个点作为位移>: 2900	//向下追踪并输入追踪距离
指定第二个点或 [退出(E)/放弃(U)] <退出>: 5800	//向下追踪并输入追踪距离
指定第二个点或 [退出(E)/放弃(U)] <退出>:	//按 Enter 键结束命令
命令:COPY	//重复命令
选择对象: 指定对角点: 找到 30 个	//选择窗户 A、B
选择对象:	//按 Enter 键确认
指定基点或 [位移(D)] <位移>:	//捕捉交点 C
指定第二个点或 <使用第一个点作为位移>:	//捕捉交点 D
指定第二个点或 [退出(E)/放弃(U)] <退出>:	//按 Enter 键结束命令
命令:COPY	//重复命令
选择对象: 指定对角点: 找到 25 个	//选择窗户 E
选择对象:	//按 Enter 键确认
指定基点或 [位移(D)] <位移>: 0,-2900	//输入沿 x、y 轴复制的距离
指定第二个点或 <使用第一个点作为位移>:	//按 Enter 键结束命令

结果如图 3-57 右图所示。

使用 COPY 命令时，需指定源对象位移的距离和方向，具体方法请参考 MOVE 命令。

3.5.3 旋转对象

使用 ROTATE 命令可以旋转图形对象，改变图形对象的方向。使用此命令时，只需指定旋转基点并输入旋转角度就可以转动图形实体。此外，用户也可以将某个方位作为参照位置，然后选择一个新对象或输入一个新角度值来指明要旋转到的位置。

一、 命令启动方法

- 菜单命令:【修改】/【旋转】。
- 工具栏:【修改】工具栏上的 按钮。
- 命令: ROTATE 或简写 RO。

【练习3-28】：练习使用 ROTATE 命令。

打开附盘文件 "3-28.dwg"，如图 3-58 左图所示。使用 ROTATE 和 EXTEND 命令将左图修改为右图。

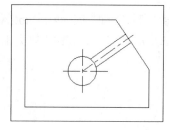 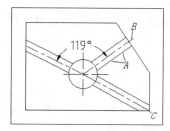

图3-58 旋转对象

命令: _rotate	
选择对象: 指定对角点: 找到 3 个	//选择对象 A
选择对象:	//按 Enter 键
指定基点: cen 于	//捕捉圆心
指定旋转角度, 或 [复制(C)/参照(R)] <297>: c	//使用 "复制(C)" 选项
指定旋转角度, 或 [复制(C)/参照(R)] <297>: 119	//输入旋转角度
命令:ROTATE	//重复命令
选择对象: 指定对角点: 找到 3 个	//选择对象 A
选择对象:	//按 Enter 键
指定基点: cen 于	//捕捉圆心
指定旋转角度, 或 [复制(C)/参照(R)] <120>: c	//使用 "复制(C)" 选项
指定旋转角度, 或 [复制(C)/参照(R)] <120>: r	//使用 "参照(R)" 选项
指定参照角 <35>: cen 于	//捕捉圆心
指定第二点: end 于	//捕捉端点 B
指定新角度或 [点(P)] <332>: int 于	//捕捉交点 C

再用 EXTEND 命令延伸部分线条，结果如图 3-58 右图所示。

二、 命令选项

- 指定旋转角度：指定旋转基点并输入绝对旋转角度来旋转实体。旋转角是基于当前用户坐标系测量的，如果输入负的旋转角，则选定的对象将顺时针旋转，反之被选择的对象将逆时针旋转。
- 复制(C)：旋转对象的同时复制对象。
- 参照(R)：指定某个方向作为起始参照，然后拾取一个点或两个点来指定源对象要旋转到的位置，也可以输入新角度值来指明要旋转到的方位。

3.6 绘制均布及对称几何特征

几何元素的均布以及图形的对称是作图中经常遇到的问题。在绘制均布特征时，使用 ARRAY 命令可指定矩形阵列或环形阵列。对于图形中的对称关系，可以使用 MIRROR 命令创建，操作时可选择删除或保留原来的对象。

下面说明均布及对称几何特征的绘制方法。

3.6.1 矩形阵列对象

矩形阵列是指将对象按行列方式进行排列。操作时，一般应告诉 AutoCAD 阵列的行数、列数、行间距及列间距等，如果要沿倾斜方向生成矩形阵列，还应输入阵列的倾斜角度。

命令启动方法
- 菜单命令：【修改】/【阵列】。
- 工具栏：【修改】工具栏上的 ⊞ 按钮。
- 命令：ARRAY 或简写 AR。

【练习3-29】：创建矩形阵列。

1. 打开附盘文件 "3-29.dwg"，如图 3-59 左图所示。下面使用 ARRAY 命令将左图修改为右图。

2. 启动 ARRAY 命令，弹出【阵列】对话框，选取【矩形阵列】单选项，如图 3-60 所示。

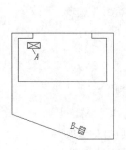
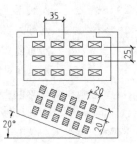

图3-59 矩形阵列

图3-60 【阵列】对话框

3. 单击 按钮，系统提示 "选择对象:"，选择要阵列的图形对象 A，如图 3-59 所示。

4. 分别在【行】、【列】文本框中输入阵列的行数及列数，如图 3-60 所示。行的方向与坐标系的 x 轴平行，列的方向与 y 轴平行。

5. 分别在【行偏移】、【列偏移】文本框中输入行间距及列间距，如图 3-60 所示。行、列间距的数值可为正或负，若是正值，则系统沿 x、y 轴的正方向形成阵列，反之则沿反方向形成阵列。

6. 在【阵列角度】文本框中输入阵列方向与 x 轴的夹角，如图 3-60 所示。该角度逆时针为正，顺时针为负。

7. 单击 预览(V) < 按钮，预览阵列效果。单击此按钮后，将返回绘图窗口，并按设定的参数显示出矩形阵列。

8. 单击 接受 按钮，结果如图 3-59 右图所示。

9. 再沿倾斜方向创建对象 B 的矩形阵列，如图 3-59 右图所示。阵列参数为行数 3、列数 6、行间距-20、列间距 20 及阵列角度 160°。

3.6.2 环形阵列对象

使用 ARRAY 命令既可以创建矩形阵列，也可以创建环形阵列。环形阵列是指把对象绕阵列中心等角度均匀分布，决定环形阵列的主要参数有阵列中心、阵列总角度及阵列数目。此外，也可通过输入阵列总数及每个对象间的夹角生成环形阵列。

【练习3-30】： 创建环形阵列。

1. 打开附盘文件 "3-30.dwg"，如图 3-61 左图所示。下面使用 ARRAY 命令将左图修改为右图。

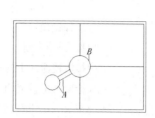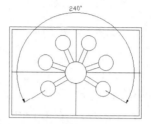

图3-61 环形阵列

2. 启动 ARRAY 命令，弹出【阵列】对话框，选取【环形阵列】单选项，如图 3-62 所示。

图3-62 【阵列】对话框

3. 单击 按钮，系统提示 "选择对象："，选择要阵列的图形对象 A，如图 3-61 所示。

4. 单击【中心点：】右侧的 按钮，系统提示 "指定阵列中心点："，捕捉圆 B 的圆心，如图 3-61 所示，此外，也可直接在【X：】、【Y：】文本框中输入中心点的坐标值。

【方法】下拉列表中提供了 3 种创建环形阵列的方法，选择其中的一种，系统将会列出需要设定的参数。缺省情况下，【项目总数和填充角度】是当前选项，此时，用户需要输入的参数有项目总数和填充角度。

5. 在【项目总数】文本框中输入环形阵列的数目，在【填充角度】文本框中输入阵列分布的总角度值，如图 3-62 所示。若阵列角度为正，则系统沿逆时针方向创建阵列，反之则按顺时针方向创建阵列。

6. 单击 预览(V)< 按钮，预览阵列效果。

7. 单击 接受 按钮，结果如图 3-61 右图所示。

3.6.3 镜像对象

对于对称图形来说，用户只需绘制出图形的一半，另一半即可由 MIRROR 命令镜像出来。操作时，先告诉系统要对哪些对象进行镜像，然后再指定镜像线位置即可。

命令启动方法

- 菜单命令：【修改】/【镜像】。
- 工具栏：【修改】工具栏上的 按钮。
- 命令：MIRROR 或简写 MI。

【练习3-31】： 练习使用 MIRROR 命令。

打开附盘文件 "3-31.dwg"，如图 3-63 左图所示。下面使用 MIRROR 命令将左图修改为右图。

命令: _mirror

选择对象: 指定对角点: 找到 21 个　　　　　　　　//选择镜像对象，如图 3-63 左图所示

选择对象:　　　　　　　　//按 Enter 键

指定镜像线的第一点: int 于　　　　　　　　//拾取镜像线上的第一点 A

指定镜像线的第二点: int 于　　　　　　　　//拾取镜像线上的第二点 B

是否删除源对象? [是(Y)/否(N)] <N>:　　　　　　　　//按 Enter 键，镜像时不删除源对象

结果如图 3-63 中图所示，右图中还显示了镜像时删除源对象后的结果。

 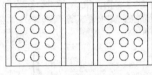

选择对象　　　　　　镜像时不删除源对象　　　　　　镜像时删除源对象

图3-63　镜像对象

要点提示 当对文字进行镜像时结果会使它们倒置，要避免这一点，需将 MIRRTEXT 系统变量设置为 "0"。

3.7 综合练习——绘制墙体展开图

【练习3-32】： 绘制如图 3-64 所示的墙体展开图，目的是使读者熟练掌握 LINE、OFFSET 及 ARRAY 等命令的用法，并学会一些实用作图技巧。

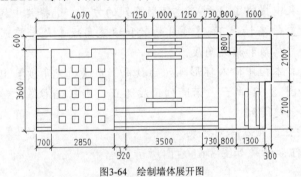

图3-64　绘制墙体展开图

动画演示 —— 见光盘中的 "3-32.avi" 文件

1. 创建以下图层。

名称	颜色	线型	线宽
墙面-轮廓	白色	Continuous	0.7
墙面-装饰	青色	Continuous	默认

2. 设定绘图区域的大小为 20000 × 10000。

3. 打开极轴追踪、对象捕捉及自动追踪功能。指定极轴追踪角度增量为【90】，设定对象

捕捉方式为【端点】、【交点】，设置仅沿正交方向自动追踪。

4. 切换到"墙面—轮廓"层，用 LINE 命令绘制墙面轮廓线，如图 3-65 所示。

5. 用 LINE、OFFSET 及 TRIM 命令绘制图形 *A*，如图 3-66 所示。

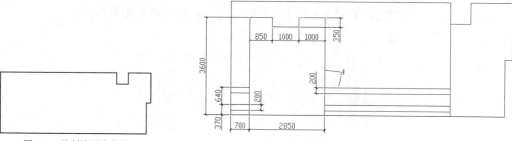

图3-65 绘制墙面轮廓线

图3-66 绘制图形 *A*

6. 用 LINE 命令绘制正方形 *B*，然后用 ARRAY 命令创建矩形阵列，相关尺寸如图 3-67 左图所示，结果如图 3-67 右图所示。

图3-67 绘制正方形及创建矩形阵列

7. 用 OFFSET、TRIM 及 COPY 命令生成图形 *C*，细节尺寸如图 3-68 左图所示，结果如图 3-68 右图所示。

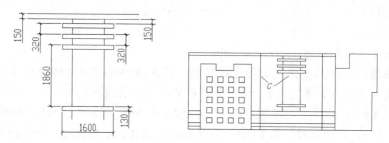

图3-68 生成图形 *C*

8. 用 OFFSET、TRIM 及 COPY 命令生成图形 *D*，细节尺寸如图 3-69 左图所示，结果如图 3-69 右图所示。

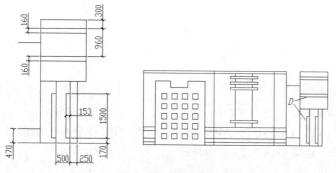

图3-69 生成图形 *D*

3.8 例题——绘制顶棚平面图

【练习3-33】： 绘制如图 3-70 所示的顶棚平面图。目的是使读者熟练掌握 PLINE、LINE、OFFSET 及 ARRAY 等命令的用法，并学会一些实用作图技巧。

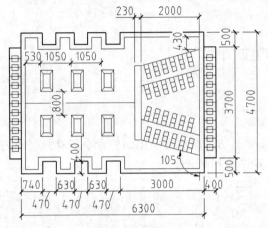

图3-70　绘制顶棚平面图

动画演示 —— 见光盘中的 "3-33.avi" 文件

1. 创建以下图层。

名称	颜色	线型	线宽
顶棚–轮廓	白色	Continuous	0.7
顶棚–装饰	青色	Continuous	默认

2. 设定绘图区域的大小为 15000×10000。

3. 打开极轴追踪、对象捕捉及自动追踪功能。指定极轴追踪角度增量为【90】，设定对象捕捉方式为【端点】、【交点】，设置仅沿正交方向自动追踪。

4. 切换到 "顶棚–轮廓" 层，用 PLINE 及 OFFSET 命令绘制顶棚轮廓线，如图 3-71 所示。

5. 切换到 "顶棚–装饰" 层，用 LINE、OFFSET、TRIM 及 ARRAY 等命令绘制图形 A，再用 MIRROR 命令将其镜像，细节尺寸如图 3-72 左图所示，结果如图 3-72 右图所示。

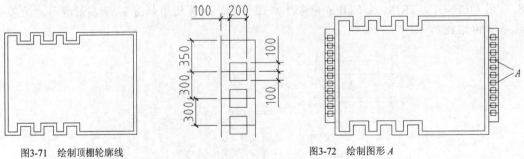

图3-71　绘制顶棚轮廓线　　　　　　图3-72　绘制图形 A

6. 用 XLINE、LINE、OFFSET、ARRAY 及 MIRROR 等命令绘制图形 B，细节尺寸如图 3-73 左图所示，结果如图 3-73 右图所示。

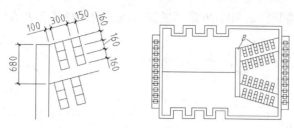

图3-73 绘制图形 B

7. 用 OFFSET、TRIM、LINE 及 ARRAY 等命令绘制图形 C，细节尺寸如图 3-74 左图所示，结果如图 3-74 右图所示。

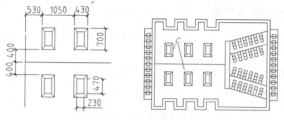

图3-74 绘制图形 C

3.9 小结

本章主要内容总结如下。

(1) 通过输入点的坐标绘制线段，多数情况下是输入端点的相对坐标绘制线段。

(2) 用 LINE 命令并结合对象捕捉、极轴追踪及自动追踪功能画线，这种画线法比逐点输入画线方式效率高，因为通过沿极轴角方向追踪并输入线段的长度就可以快速地画出水平线、竖直线或倾斜线。另外，利用自动追踪功能还可以相对于已知点定位新点，这样就能从新的起始点开始作图了。

(3) 用 LENGTHEN、BREAK 命令改变线条的长度，用 EXTEND 命令延伸线条，用 TRIM 命令修剪多余线条。

(4) 用 OFFSET 命令绘制平行线，利用角度覆盖方式或 XLINE 命令画斜线和垂线。

(5) 使用 MLINE、PLINE 命令可以生成多线及多段线，这些对象都是单独对象，可使用 EXPLODE 命令将其分解。

(6) 使用 CIRCLE 命令画圆及圆弧连接。

(7) 移动、复制及旋转对象的命令是 MOVE、COPY 及 ROTATE。旋转对象时，还可指定是否复制对象。

(8) 使用 ARRAY 命令可以创建对象的矩形阵列和环形阵列，使用 MIRROR 命令可以镜像对象，操作时可设定是否删除源对象。

3.10 习题

一、思考题

(1) 如何快速绘制水平线及竖直线？

(2) 怎样过 A 点绘制线段 B，如图 3-75 所示？

(3) 如果要直接绘制出如图 3-76 所示的圆，应使用何种捕捉方式？

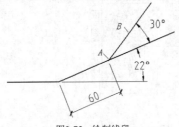

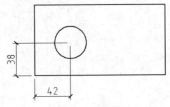

图3-75　绘制线段　　　　　　　　　　　　　　　图3-76　绘制圆

(4) 过一点画已知直线的平行线，有几种方法？

(5) 若没有打开自动捕捉功能，也可使用自动追踪吗？

(6) 缺省情况下，系统仅沿正交方向自动追踪，如果想沿所有极轴角方向进行追踪，应如何设置？

(7) 不相交的两条直线（延伸后相交）可相互修剪吗？

(8) 若要将直线在同一点处打断，应怎样操作？

(9) 多段线中的某一条线段或圆弧段是单独的对象吗？

(10) 多线的对正方式有哪几种？

(11) 可用 OFFSET 及 TRIM 命令对多线进行操作吗？

(12) 如何绘制出如图 3-77 所示的圆？

图3-77　绘制与直线相切的圆

(13) 移动及复制对象时，可通过哪两种方式指定对象位移的距离及方向？

(14) 如果要将图形对象从当前位置旋转到另一指定位置，应如何操作？

(15) 创建环形及矩形阵列时，阵列角度、行和列间距可以是负值吗？

(16) 若想沿某一倾斜方向创建矩形阵列，应怎样操作？

二、　输入点的相对坐标画线，如图 3-78 所示

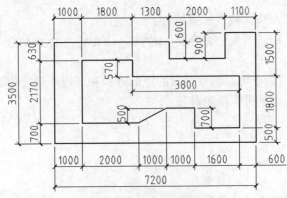

图3-78　输入相对坐标画线

三、 绘制如图 3-79 所示的图形

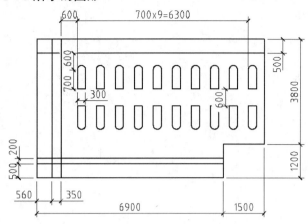

图3-79 综合练习一

四、 绘制如图 3-80 所示的图形

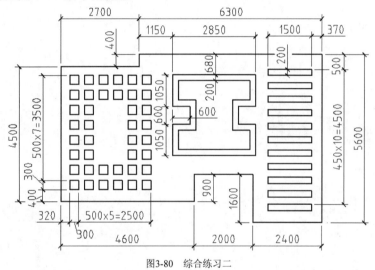

图3-80 综合练习二

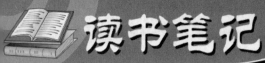

第4章 绘制椭圆、多边形及填充剖面图案

上一章介绍了绘制线、多线及圆的方法，除这些对象外，矩形、正多边形、椭圆及圆点等也是建筑图中常见的几何对象。用户可直接利用 RECTANG、POLYGON、ELLIPSE 及 DONUT 等命令创建这些对象，但仅会画出它们的形状是不够的，还应学会如何在指定位置及指定方向绘制这些对象。

本章主要介绍如何绘制椭圆、矩形、正多边形及圆点等基本几何对象，另外还将介绍填充剖面图案的方法。

4.1 绘制多边形及椭圆

RECTANG 命令用于绘制矩形，POLYGON 命令用于绘制多边形。矩形和多边形的各条边并非是单一对象，它们构成了一个单独对象（多段线）。多边形的边数为 3～1024。

ELLIPSE 命令用于创建椭圆，椭圆的形状由椭圆的中心点、长轴及短轴来确定，绘制时只要输入这 3 个参数，即可画出椭圆。

4.1.1 绘制矩形

用户只需指定矩形对角线的两个端点就能画出矩形。绘制时，可设置矩形边线的宽度，也可指定顶点处的倒角距离及圆角半径。

一、 命令启动方法

- 菜单命令：【绘图】/【矩形】。
- 工具栏：【绘图】工具栏上的 ☐ 按钮。
- 命令：RECTANG 或简写 REC。

【练习4-1】： 练习使用 RECTANG 命令。

1. 打开附盘文件 "4-1.dwg"，如图 4-1 左图所示。下面使用 RECTANG 和 OFFSET 命令将左图修改为右图。

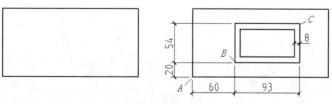

图4-1 绘制矩形

命令：_rectang
指定第一个角点或 [倒角(C)/标高(E)/圆角(F)/厚度(T)/宽度(W)]: from

	//使用正交偏移捕捉
基点: int 于	//捕捉 A 点
<偏移>: @60,20	//输入 B 点的相对坐标
指定另一个角点或 [面积(A)/尺寸(D)/旋转(R)]: @93,54	//输入 C 点的相对坐标

2. 用 OFFSET 命令将矩形向内偏移，偏移距离为 8，结果如图 4-1 右图所示。

二、 命令选项

- 指定第一个角点：在此提示下，用户指定矩形的一个角点。拖动鼠标光标时，屏幕上将显示出一个矩形。
- 指定另一个角点：在此提示下，用户指定矩形的另一个角点。
- 倒角(C)：指定矩形各顶点倒斜角的大小。
- 标高(E)：确定矩形所在的平面高度。缺省情况下，矩形是在 xy 平面内（z 坐标值为 0）。
- 圆角(F)：指定矩形各顶点的倒圆角半径。
- 厚度(T)：设置矩形的厚度，在三维绘图时常使用该选项。
- 宽度(W)：该选项用于设置矩形边的宽度。
- 面积(A)：先输入矩形面积，再输入矩形的长度或宽度值创建矩形。
- 尺寸(D)：输入矩形的长、宽尺寸创建矩形。
- 旋转(R)：设定矩形的旋转角度。

4.1.2 绘制正多边形

绘制正多边形的方法有以下两种：

- 指定多边形边数及多边形的中心点；
- 指定多边形边数及某一条边的两个端点。

一、 命令启动方法

- 菜单命令：【绘图】/【正多边形】。
- 工具栏：【绘图】工具栏上的 ⬡ 按钮。
- 命令：POLYGON 或简写 POL。

【练习4-2】： 练习使用 POLYGON 命令。

打开附盘文件 "4-2.dwg"，该文件中包含一个大圆和一个小圆，下面用 POLYGON 命令绘制圆的内接多边形和外切多边形，如图 4-2 所示。

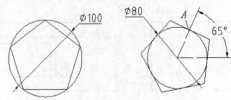

图4-2 绘制正多边形

命令: _polygon 输入边的数目 <4>: 5	//输入多边形的边数
指定正多边形的中心点或 [边(E)]: cen 于	//捕捉大圆的圆心，如图 4-2 左图所示

输入选项 [内接于圆(I)/外切于圆(C)] <I>: I	//采用内接于圆的方式画多边形
指定圆的半径: 50	//输入半径值
命令:	//重复命令
POLYGON 输入边的数目 <5>:	//按 Enter 键接受缺省值
指定正多边形的中心点或 [边(E)]: cen 于	//捕捉小圆的圆心, 如图 4-2 右图所示
输入选项 [内接于圆(I)/外切于圆(C)] <I>: c	//采用外切于圆的方式画多边形
指定圆的半径: @40<65	//输入 A 点的相对坐标

二、 命令选项

- 指定正多边形的中心点: 输入多边形边数后, 再拾取多边形的中心点。
- 内接于圆(I): 根据外接圆生成正多边形。
- 外切于圆(C): 根据内切圆生成正多边形。
- 边(E): 输入多边形边数后, 再指定某条边的两个端点, 即可绘制出多边形。

4.1.3 绘制椭圆

椭圆包含椭圆中心、长轴及短轴等几何特征。绘制椭圆的缺省方法是指定椭圆第一条轴线的两个端点及另一条轴线长度的一半, 另外, 也可通过指定椭圆中心、第一条轴线的端点及另一条轴线的半轴长度来创建椭圆。

一、 命令启动方法

- 菜单命令:【绘图】/【椭圆】。
- 工具栏:【绘图】工具栏上的 ⬭ 按钮。
- 命令: ELLIPSE 或简写 EL。

【练习4-3】: 练习使用 ELLIPSE 命令。

命令: _ellipse	
指定椭圆的轴端点或 [圆弧(A)/中心点(C)]:	//拾取椭圆轴的一个端点, 如图 4-3 所示
指定轴的另一个端点: @500<30	//输入椭圆轴另一个端点的相对坐标
指定另一条半轴长度或 [旋转(R)]: 130	//输入另一条轴线的半轴长度

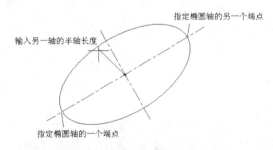

图4-3 绘制椭圆

二、 命令选项

- 圆弧(A): 该选项用于绘制一段椭圆弧。过程是先画一个完整的椭圆, 随后系统提示用户指定椭圆弧的起始角及终止角。
- 中心点(C): 通过椭圆的中心点、长轴及短轴来绘制椭圆。

- 旋转(R): 通过旋转方式绘制椭圆，即将圆绕直径转动一定角度后，再投影到平面上形成椭圆。

4.1.4 例题——绘制装饰图案

【练习4-4】： 绘制如图 4-4 所示的装饰图案。

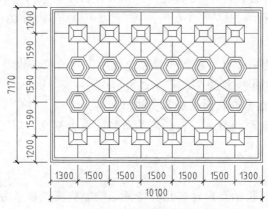

图4-4 绘制装饰图案

动画演示 —— 见光盘中的 "4-4.avi" 文件

1. 设定绘图区域的大小为 20000×15000。
2. 打开极轴追踪、对象捕捉及自动追踪功能。指定极轴追踪角度增量为【90】，设定对象捕捉方式为【端点】、【交点】，设置仅沿正交方向自动追踪。
3. 使用 RECTANG、POLYGON 及 OFFSET 命令绘制矩形及六边形，然后连线，细节尺寸如图 4-5 左图所示，结果如图 4-5 右图所示。

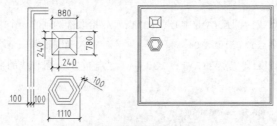

图4-5 绘制矩形及六边形

4. 创建矩形阵列，如图 4-6 左图所示。镜像图形，再使用 LINE、COPY 命令绘制图中的连线，如图 4-6 右图所示。

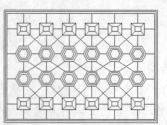

图4-6 创建矩形阵列、镜像图形及绘制连线

4.2 倒圆角和倒斜角

在绘制工程图时经常要绘制圆角和斜角，用户可以分别利用 FILLET 和 CHAMFER 命令创建这些几何特征，下面介绍这两个命令的用法。

4.2.1 倒圆角

所谓倒圆角就是利用指定半径的圆弧光滑地连接两个对象，其操作对象包括直线、多段线、样条线、圆和圆弧等。对于多段线来说，可一次将多段线的所有顶点都光滑过渡。

一、命令启动方法

- 菜单命令:【修改】/【圆角】。
- 工具栏:【修改】工具栏上的 按钮。
- 命令: FILLET 或简写 F。

【练习4-5】: 练习使用 FILLET 命令。

打开附盘文件 "4-5.dwg"，如图 4-7 左图所示。下面使用 FILLET 命令将左图修改为右图。

```
命令: _fillet
选择第一个对象或 [放弃(U)/多段线(P)/半径(R)/修剪(T)/多个(M)]: r
                            //设置圆角半径
指定圆角半径 <5.0000>: 5      //输入圆角半径值
选择第一个对象或 [放弃(U)/多段线(P)/半径(R)/修剪(T)/多个(M)]:
                            //选择要倒圆角的第一个对象，如图 4-7 左图所示
选择第二个对象，或按住 Shift 键选择要应用角点的对象:
                            //选择要倒圆角的第二个对象
```

结果如图 4-7 右图所示。

选择对象　　　　　　　　　结果

图4-7 倒圆角

二、命令选项

- 放弃(U): 取消倒圆角操作。
- 多段线(P): 选择多段线后，系统将对多段线的每个顶点进行倒圆角操作，如图 4-8 左图所示。
- 半径(R): 设定圆角半径。若圆角半径为 0，则系统将使被修剪的两个对象交于一点。
- 修剪(T): 指定倒圆角操作后是否修剪对象，如图 4-8 右图所示。

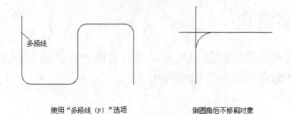

使用"多段线（P）"选项   倒圆角后不修剪对象

图4-8 倒圆角的两种情况

- 多个(M)：可一次创建多个圆角。系统将重复提示"选择第一个对象："和"选择第二个对象："，直到用户按 Enter 键结束命令为止。
- 按住 Shift 键选择要应用角点的对象：若按住 Shift 键选择第二个圆角对象，则以 0 值替代当前的圆角半径。

4.2.2 倒斜角

所谓倒斜角就是用一条斜线连接两个对象，倒角时既可以输入每条边的倒角距离，也可以指定某条边上倒角的长度及与此边的夹角。

一、 命令启动方法

- 菜单命令:【修改】/【倒角】。
- 工具栏:【修改】工具栏上的 按钮。
- 命令：CHAMFER 或简写 CHA。

【练习4-6】： 练习使用 CHAMFER 命令。

打开附盘文件"4-6.dwg"，如图 4-9 左图所示。下面使用 CHAMFER 命令将左图修改为右图。

命令: _chamfer

选择第一条直线或[放弃(U)/多段线(P)/距离(D)/角度(A)/修剪(T)/方式(E)/多个(M)]:d
                                      //设置倒角距离

指定第一个倒角距离 <5.0000>: 5   //输入第一条边的倒角距离

指定第二个倒角距离 <5.0000>: 8   //输入第二条边的倒角距离

选择第一条直线或 [放弃(U)/多段线(P)/距离(D)/角度(A)/修剪(T)/方式(E)/多个(M)]:
                                      //选择第一条倒角边，如图 4-9 左图所示

选择第二条直线，或按住 Shift 键选择要应用角点的直线：
                                      //选择第二条倒角边

结果如图 4-9 右图所示。

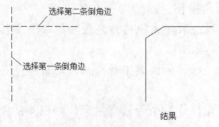

选择第二条倒角边

选择第一条倒角边

结果

图4-9 倒斜角

二、命令选项

- 放弃(U): 取消倒斜角操作。
- 多段线(P): 选择多段线后，系统将对多段线的每个顶点进行倒斜角操作，如图 4-10 左图所示。
- 距离(D): 设定倒角距离。若倒角距离为 0，则系统会将被倒角的两个对象交于一点。
- 角度(A): 指定倒角距离及倒角角度，如图 4-10 右图所示。
- 修剪(T): 设置倒斜角时是否修剪对象。该选项与 FILLET 命令中的"修剪(T)"选项功能相同。
- 方式(E): 设置是使用两个倒角距离还是一个距离一个角度来创建倒角，如图 4-10 右图所示。
- 多个(M): 可一次创建多个倒角。系统将重复提示"选择第一条直线:"和"选择第二条直线:"，直到用户按 Enter 键结束命令为止。
- 按住 Shift 键选择要应用角点的直线: 若按住 Shift 键选择第二个倒角对象，则以 0 值替代当前的倒角距离。

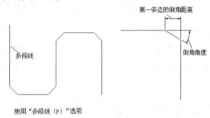

图4-10 倒斜角的几种情况

4.3 绘制波浪线

利用 SPLINE 命令可以绘制出光滑曲线，该线是样条线，系统通过拟合一系列给定的数据点形成这条曲线。绘制建筑图时，可利用 SPLINE 命令绘制波浪线。

一、命令启动方法

- 菜单命令:【绘图】/【样条曲线】。
- 工具栏:【绘图】工具栏上的 按钮。
- 命令: SPLINE 或简写 SPL。

【练习4-7】: 练习使用 SPLINE 命令。

```
命令: _spline
指定第一个点或 [对象(O)]:                              //拾取 A 点，如图 4-11 所示
指定下一点:                                          //拾取 B 点
指定下一点或 [闭合(C)/拟合公差(F)] <起点切向>:         //拾取 C 点
指定下一点或 [闭合(C)/拟合公差(F)] <起点切向>:         //拾取 D 点
指定下一点或 [闭合(C)/拟合公差(F)] <起点切向>:         //拾取 E 点
指定下一点或 [闭合(C)/拟合公差(F)] <起点切向>:
```

//按 Enter 键指定起点和终点的切线方向

指定起点切向： //在 F 点处单击鼠标左键指定起点切线方向

指定端点切向： //在 G 点处单击鼠标左键指定终点切线方向

结果如图 4-11 所示。

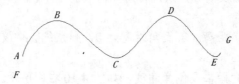

图4-11 绘制样条曲线

二、命令选项

- 闭合(C): 使样条线闭合。
- 拟合公差(F): 控制样条曲线与数据点的接近程度。

4.4 徒手画线

SKETCH 可以作为徒手绘图的工具，发出此命令后，通过移动鼠标光标就能绘制出曲线（徒手画线），光标移动到哪里，线条就画到哪里。徒手画的线是由许多小线段组成的，用户可以设置线段的最小长度。当从一条线的端点移动一段距离，而这段距离又超过了设定的最小长度值时，就会产生新的线段。因此，如果设定的最小长度值较小，那么所绘曲线中就会包含大量的微小线段，从而增加图样的大小。否则，若设定了较大的数值，则绘制的曲线看起来就像一条连续的折线一样。

系统变量 SKPOLY 用于控制所画线条是否是一个单一对象，当设置 SKPOLY 为"1"时，用 SKETCH 命令绘制的曲线是一条单独的多段线。

【练习4-8】： 绘制一个半径为 50 的辅助圆，然后在圆内用 SKETCH 命令绘制树木图例。

命令: skpoly //设置系统变量

输入 SKPOLY 的新值 <0>: 1 //使徒手画的线条成为多段线

命令: sketch

记录增量 <1.0000>: 1.5 //设定线段的最小长度

徒手画。画笔(P)/退出(X)/结束(Q)/记录(R)/删除(E)/连接(C)。P //按 Enter 键

<笔 落> //输入"P"落下画笔，然后移动鼠标光标画曲线

<笔 提> //输入"P"抬起画笔，移动鼠标光标到要画线的位置

<笔 落> //输入"P"落下画笔，继续画曲线

<笔 提> //按 Enter 键结束命令

继续绘制其他线条，结果如图 4-12 所示。

图4-12 徒手画线

4.5 绘制云状线

云状线是由连续圆弧组成的多段线,可以设定线中弧长的最大值及最小值。

一、命令启动方法

- 菜单命令:【绘图】/【修订云线】。
- 工具栏:【绘图】工具栏上的 按钮。
- 命令:REVCLOUD。

【练习4-9】: 练习使用 REVCLOUD 命令。

```
命令:_revcloud
最小弧长:10   最大弧长:20   样式:普通
指定起点或 [弧长(A)/对象(O)/样式(S)] <对象>:a
                         //设定云线中弧长的最大值及最小值
指定最小弧长 <35>:40        //输入弧长最小值
指定最大弧长 <40>:60        //输入弧长最大值
指定起点或 [弧长(A)/对象(O)/样式(S)] <对象>:   //拾取一点以指定云线的起始点
沿云线路径引导十字光标...      //拖动鼠标光标,画出云状线
修订云线完成。              //当鼠标光标移动到起始点时,系统将自动生成闭合的云线
```

结果如图 4-13 所示。

二、命令选项

- 弧长(A):设定云状线中弧线长度的最大值及最小值,最大弧长不能大于最小弧长的 3 倍。
- 对象(O):将闭合对象(如矩形、圆及闭合多段线等)转化为云状线,还能调整云状线中弧线的方向,如图 4-14 所示。

图4-13 绘制云状线

将圆转化为云状线　　反转圆弧方向

图4-14 将闭合对象转化为云状线

4.6 填充剖面图案

工程图中的剖面图案一般总是绘制在一个对象或几个对象围成的封闭区域中,最简单的如一个圆或一个矩形等,较复杂的可能是几条线或圆弧围成的形状多样的区域。在绘制剖面图案时,首先要指定填充边界,一般可通过两种方法设定图案边界,一种是在闭合的区域中选一点,系统会自动搜索闭合的边界,另一种是通过选择对象来定义边界。系统为用户提供了许多标准填充图案,用户也可定制自己的图案,此外,还能控制剖面图案的疏密及图案倾角。

4.6.1 填充封闭区域

使用 BHATCH 命令可以生成填充图案。启动该命令，打开【图案填充和渐变色】对话框，用户可在该对话框中指定填充图案的类型，再设定填充比例、角度及填充区域，然后就可以填充图案了。

命令启动方法

- 菜单命令：【绘图】/【图案填充】。
- 工具栏：【绘图】工具栏上的 按钮。
- 命令：BHATCH 或简写 BH。

【练习4-10】：打开附盘文件"4-10.dwg"，如图 4-15 左图所示。下面使用 BHATCH 命令将左图修改为右图。

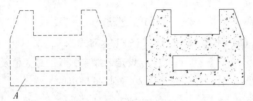

图4-15   在封闭区域内画剖面线

1. 单击【绘图】工具栏上的 按钮，打开【图案填充和渐变色】对话框，选择【图案填充】选项卡，如图 4-16 所示。

2. 单击【图案】下拉列表右边的 按钮，打开【填充图案选项板】对话框，在【其他预定义】选项卡中选择剖面图案【AR-CONC】，如图 4-17 所示。

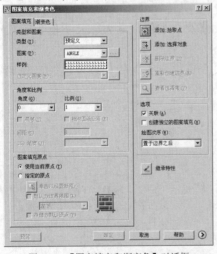

图4-16   【图案填充和渐变色】对话框

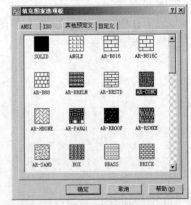

图4-17   【填充图案选项板】对话框

3. 返回【图案填充和渐变色】对话框，单击 按钮（拾取点），系统提示"拾取内部点"，在填充区域中的 A 点处单击鼠标左键，此时，系统将会自动寻找一个闭合的边界，如图 4-15 所示。

4. 按 Enter 键，返回【图案填充和渐变色】对话框。

5. 在【角度】和【比例】文本框中分别输入数值"0"和"1.25"。

6. 单击 __预览__ 按钮，观察填充后的预览图，如果满意，按 $\boxed{\text{Enter}}$ 键确认，完成剖面图案的绘制，结果如图 4-15 右图所示。若不满意，按 $\boxed{\text{Esc}}$ 键返回【图案填充和渐变色】对话框，重新设定有关参数。

【图案填充和渐变色】对话框中的常用选项如下。

(1) 【类型】：设置图案填充类型，共有 3 个选项。

- 【预定义】：使用预定义图案进行图样填充，这些图案保存在 "acad.pat" 和 "acadiso.pat" 文件中。
- 【用户定义】：利用当前线型定义一种新的简单图案。
- 【自定义】：采用用户定制的图案进行图样填充，这些图案保存在 ".pat" 类型的文件中。

(2) 【图案】：通过此下拉列表或右边的 __..__ 按钮选择所需的填充图案。

(3) 【添加：拾取点】：单击 按钮，然后在填充区域中拾取一点，AutoCAD 自动分析边界集，并从中确定包围该点的闭合边界。

(4) 【添加：选择对象】：单击 按钮，然后选择一些对象作为填充边界，此时无需对象构成闭合的边界。

(5) 【删除边界】：填充边界中常常包含一些闭合区域，这些区域称为孤岛，若用户希望在孤岛中也填充图案，则单击 按钮，选择要删除的孤岛。

(6) 【使用当前原点】：默认情况下，填充图案从坐标原点开始形成。

(7) 【指定的原点】：从指定的点开始形成填充图案。

4.6.2 填充复杂图形的方法

在图形不复杂的情况下，用户常通过在填充区域内指定一点来定义边界。但若图形很复杂，使用该方法就会浪费许多时间，因为 AutoCAD 要在当前视口中搜寻所有可见的对象。为避免这种情况发生，可在【图案填充和渐变色】对话框中定义要搜索的边界集，这样就能很快地生成填充区域边界。

1. 单击【图案填充和渐变色】对话框右下角的 按钮，完全展开对话框，如图 4-18 所示。

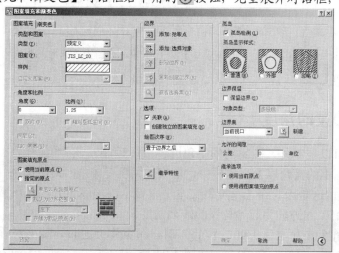

图4-18 完全展开的【图案填充和渐变色】对话框

2. 在【边界集】分组框中单击 ⁏ 按钮（新建），则 AutoCAD 提示：

选择对象：　　　　　　　　　　　　　　//用交叉窗口、矩形窗口等方法选择实体

3. 返回【图案填充和渐变色】对话框，单击 ⁏ 按钮（拾取点），在填充区域内拾取一点，此时系统仅分析选定的实体来创建填充区域边界。

4.6.3 创建无完整边界的填充图案

在建筑图中有些断面图案没有完整的填充边界，如图 4-19 所示，创建此类图案的方法如下。

(1) 在封闭的区域中填充图案，然后删除部分或全部边界对象。

(2) 将不需要的边界对象修改到其他图层上，关闭或冻结此图层，使边界对象不可见。

(3) 在断面图案内绘制一条辅助线，以此线作为剪切边修剪图案，然后再删除辅助线。

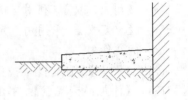

图4-19　创建无完整边界的填充图案

4.6.4 剖面图案的比例

在 AutoCAD 中，剖面图案的缺省缩放比例是 1.0，用户也可在【图案填充和渐变色】对话框的【比例】文本框中设定其他比例值。绘制图案时，若没有指定特殊比例值，则 AutoCAD 按缺省值创建图案，当输入一个不同于缺省值的图案比例时，可以增加或缩短剖面图案的间距，如图 4-20 所示。

缩放比例＝1.0　　　　缩放比例＝2.0　　　　缩放比例＝0.5

图4-20　设置不同比例时的剖面线形状

 如果使用了过大的填充比例，可能观察不到剖面图案，这是因为图案间距太大而不能在区域中插入任何一个图案。

4.6.5 剖面图案的角度

除图案间距可以控制外，图案的倾斜角度也可以控制。读者可能已经注意到在【图案填充和渐变色】对话框的【角度】文本框中，图案的角度是 0，而此时图案（ANSI31）与 x 轴的夹角却是 45°，这是因为在【角度】文本框中显示的角度值并不是图案与 x 轴的倾斜角度，而是图案以 45°线方向为起始位置的转动角度。

当分别输入角度值为 45°、90° 和 15° 时，图案将会逆时针转动到新的位置，它们与 x 轴的夹角分别是 90°、135° 和 60°，如图 4-21 所示。

输入角度＝45°　　　输入角度＝90°　　　输入角度＝15°

图4-21　输入不同角度时的剖面线

4.6.6　编辑填充图案

HATCHEDIT 命令用于修改填充图案的外观及类型，如改变图案的角度、比例或用其他样式的图案填充图形等。

命令启动方法

- 菜单命令:【修改】/【对象】/【图案填充】。
- 工具栏:【修改Ⅱ】工具栏上的 📇 按钮。
- 命令: HATCHEDIT 或简写 HE。

【练习4-11】: 练习使用 HATCHEDIT 命令。

1. 打开附盘文件 "4-11.dwg"，如图 4-22 左图所示。
2. 启动 HATCHEDIT 命令，系统提示 "选择图案填充对象:"，选择图案填充后，弹出【图案填充编辑】对话框，如图 4-23 所示。该对话框与【图案填充和渐变色】对话框内容相似（参见 4.5.1 小节），通过该对话框用户可以修改剖面图案、比例及角度等。

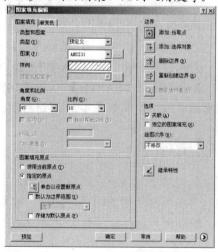

图4-22　修改图案的角度和比例　　　　　　　图4-23　【图案填充编辑】对话框

3. 在【角度】文本框中输入数值 "0"，在【比例】文本框中输入数值 "15"，单击 ▢确定 按钮，结果如图 4-22 右图所示。

4.6.7　例题——绘制植物及填充图案

【练习4-12】: 打开附盘文件 "4-12.dwg"，如图 4-24 左图所示。使用 PLINE、SPLINE 及 BHATCH 等命令将左图修改为右图。

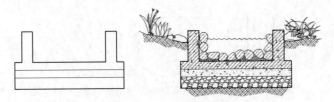

图4-24　绘制植物及填充图案

动画演示 —— 见光盘中的"4-12.avi"文件

1. 用 PLINE、SPLINE 及 SKETCH 命令绘制植物及石块，再用 REVCLOUD 命令绘制云状线，云状线的弧长为 100，该线代表水平面，如图 4-25 所示。

2. 用 PLINE 命令绘制辅助线 A、B、C，然后填充剖面图案，如图 4-26 所示。

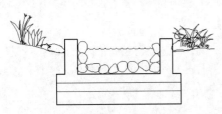

图4-25　绘制植物、石块及水平面

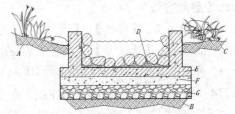

图4-26　填充剖面图案

- 石块的剖面图案为【ANSI33】，角度为 0°，填充比例为 16。
- 区域 D 中的图案为【AR-SAND】，角度为 0°，填充比例为 0.5。
- 区域 E 中有两种图案，分别为【ANSI31】和【AR-CONC】，角度都为 0°，填充比例分别为 16 和 1。
- 区域 F 中的图案为【AR-CONC】，角度为 0°，填充比例为 1。
- 区域 G 中的图案为【GRAVEL】，角度为 0°，填充比例为 8。
- 其余图案为【EARTH】，角度为 45°，填充比例为 12。

3. 删除辅助线，结果如图 4-24 右图所示。

4.7 使用图块

图块是由多个对象组成的单一整体，在需要时可将其作为单独对象插入到图形中。在建筑图中有许多反复使用的图形，如门、窗和家具等，若事先将这些对象创建成块，则使用时只需插入块即可，这样就避免了重复劳动，提高了设计效率。

4.7.1 创建图块

利用 BLOCK 命令可以将图形的一部分或整个图形创建成图块，用户可以给图块起名，并且可以定义插入基点。

命令启动方法

- 菜单命令：【绘图】/【块】/【创建】。
- 工具栏：【绘图】工具栏上的 按钮。
- 命令：BLOCK 或简写 B。

【练习4-13】：　创建图块。

1.　打开附盘文件 "4-13.dwg"。

2.　单击【绘图】工具栏上的 🗔 按钮，打开【块定义】对话框，如图 4-27 所示，在【名称】文本框中输入新建图块的名称 "洗涤槽"。

3.　选择构成块的图形元素。单击 🗔 按钮（选择对象），返回绘图窗口，并提示 "选择对象:"，选择 "洗涤槽"，如图 4-28 所示。

图4-27　【块定义】对话框

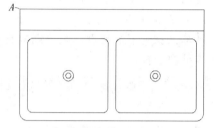

图4-28　创建图块

4.　指定块的插入基点。单击 🗔 按钮（拾取点），系统将返回绘图窗口，并提示 "指定插入基点:"，拾取点 A，如图 4-28 所示。

5.　单击 确定 按钮，生成图块。

4.7.2　插入图块或外部文件

可以使用 INSERT 命令在当前图形中插入块或其他图形文件，无论块或被插入的图形有多么复杂，系统都会将它们看作是一个单独的对象。如果用户需要编辑其中的单个图形元素，就必须使用 EXPLODE 命令分解图块或文件块。

命令启动方法

- 菜单命令:【插入】/【块】。
- 工具栏:【绘图】工具栏上的 🗔 按钮。
- 命令: INSERT 或简写 I。

启动 INSERT 命令，打开【插入】对话框，如图 4-29 所示，通过该对话框用户可以将图形文件中的图块插入到图形中，也可将另一图形文件插入到图形中。

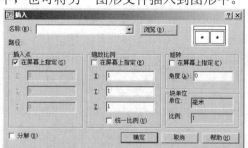

图4-29　【插入】对话框

当把一个图形文件插入到当前图形中时，被插入图样的图层、线型、图块及字体样式等也将被插入到当前图形中。如果两者中有重名的对象，那么当前图形中的定义优先于被插入的图样。

【插入】对话框中常用选项的功能如下。

- 【名称】：该下拉列表罗列了图样中的所有图块，用户可以通过此列表选择要插入的块。如果要将".dwg"文件插入到当前图形中，可直接单击 浏览(B)... 按钮选择要插入的文件。
- 【插入点】：确定图块的插入点。可直接在【X】、【Y】及【Z】文本框中输入插入点的绝对坐标值，或选取【在屏幕上指定】复选项，然后在屏幕上指定插入点。
- 【缩放比例】：确定块的缩放比例。可直接在【X】、【Y】及【Z】文本框中输入沿这 3 个方向的缩放比例因子，也可选取【在屏幕上指定】复选项，然后在屏幕上指定缩放比例。块的缩放比例因子可正可负，若为负值，则插入的块将作镜像变换。

为了在使用中更容易确定块的缩放比例值，一般将符号块画在 1×1 的正方形中。

- 【统一比例】：该复选项使块沿 x、y 及 z 方向的缩放比例都相同。
- 【旋转】：指定插入块时的旋转角度。可在【角度】文本框中直接输入旋转角度值，也可选取【在屏幕上指定】复选项，在屏幕上指定旋转角度。
- 【分解】：若用户选取该复选项，则系统在插入块的同时分解块对象。

4.8　点对象

在系统中可创建单独的点对象，点的外观由点样式控制。一般在创建点之前要先设置点的样式，但也可先绘制点，再设置点样式。

4.8.1　设置点样式

选取菜单命令【格式】/【点样式】，打开【点样式】对话框，如图 4-30 所示。该对话框提供了多种样式的点，用户可根据需要进行选择。此外，还能通过【点大小】文本框指定点的大小。点的大小既可以相对于屏幕大小来设置，也可直接输入点的绝对尺寸。

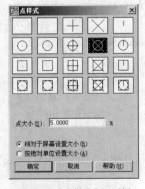

图4-30　【点样式】对话框

4.8.2 创建点

使用 POINT 命令可以创建点对象，此类对象可以作为绘图的参考点，用户可以使用节点捕捉"NOD"拾取该对象。

命令启动方法

- 菜单命令:【绘图】/【点】/【多点】。
- 工具栏:【绘图】工具栏上的 · 按钮。
- 命令: POINT 或简写 PO。

【练习4-14】: 练习使用 POINT 命令。

命令: _point

指定点: //输入点的坐标或在屏幕上拾取点，系统将在指定位置创建点对象，如图 4-31 所示

取消 //按 Esc 键结束命令

要点提示 若将点的尺寸设置成绝对数值，则缩放图形后将引起点大小的变化。而相对于屏幕大小设置点尺寸时，则不会出现这种情况（要用 REGEN 命令重新生成图形）。

图4-31 创建点对象

4.8.3 绘制测量点

使用 MEASURE 命令可以在图形对象上按指定的距离放置点对象（POINE 对象），这些点可用"NOD"进行捕捉。对于不同类型的图形元素来说，测量距离的起始点是不同的。若是线段或非闭合的多段线，则起点是离选择点最近的端点。若是闭合多段线，则起点是多段线的起点。如果是圆，则以捕捉角度的方向线与圆的交点为起点开始测量，捕捉角度可在【草图设置】对话框的【捕捉和栅格】选项卡中设定。

一、 命令启动方法

- 菜单命令:【绘图】/【点】/【定距等分】。
- 命令: MEASURE 或简写 ME。

【练习4-15】: 练习使用 MEASURE 命令。

打开附盘文件"4-15.dwg"，如图 4-32 所示。使用 MEASURE 命令创建两个测量点 C、D。

命令: _measure

选择要定距等分的对象: //在 A 端附近选择对象，如图 4-32 所示

指定线段长度或 [块(B)]: 160 //输入测量长度

命令:

MEASURE //重复命令

选择要定距等分的对象: //在 B 端处选择对象

指定线段长度或 [块(B)]: 160 //输入测量长度

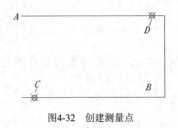

图4-32　创建测量点

二、 命令选项

块(B): 按指定的测量长度在对象上插入图块。

4.8.4　绘制等分点

利用 DIVIDE 命令可以根据等分数目在图形对象上放置等分点，这些点并不分割对象，只是标明等分的位置。可等分的图形元素包括线段、圆、圆弧、样条线及多段线等。对于圆来说，等分的起始点位于捕捉角度的方向线与圆的交点处，该角度值可在【草图设置】对话框的【捕捉和栅格】选项卡中设定。

一、 命令启动方法

- 菜单命令:【绘图】/【点】/【定数等分】。
- 命令: DIVIDE 或简写 DIV。

【练习4-16】: 练习使用 DIVIDE 命令。

打开附盘文件 "4-16.dwg"，如图 4-33 所示。使用 DIVIDE 命令创建等分点。

```
命令: DIVIDE
选择要定数等分的对象:              //选择线段，如图 4-33 所示
输入线段数目或 [块(B)]: 4          //输入等分的数目
命令: DIVIDE                        //重复命令
选择要定数等分的对象:              //选择圆弧
输入线段数目或 [块(B)]: 5          //输入等分数目
```

图4-33　等分对象

二、 命令选项

块(B): 在等分处插入图块。

4.8.5　例题——等分多段线及沿曲线均布对象

【练习4-17】: 打开附盘文件 "4-17.dwg"，如图 4-34 左图所示。使用 PLINE、SPLINE 及 BHATCH 等命令将左图修改为右图。

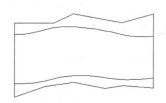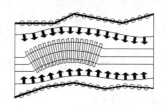

图4-34 沿曲线均布对象

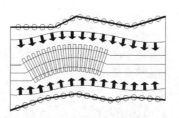**动画演示** —— 见光盘中的 "4-17.avi" 文件

1. 打开极轴追踪、对象捕捉及自动追踪功能。指定极轴追踪角度增量为【90】，设定对象捕捉方式为【端点】、【中点】及【交点】，设置仅沿正交方向自动追踪。

2. 用 LINE、ARC 和 OFFSET 命令绘制图形 A，如图 4-35 所示。圆弧命令 ARC 的操作过程如下。

    命令：_arc 指定圆弧的起点或 [圆心(C)]：

                    //选取菜单命令【绘图】/【圆弧】/【起点、端点、半径】

    指定圆弧的第二个点或 [圆心(C)/端点(E)]：_e //捕捉端点 C

    指定圆弧的端点：   //捕捉端点 B

    指定圆弧的圆心或 [角度(A)/方向(D)/半径(R)]：_r 指定圆弧的半径：   300

                    //输入圆弧半径值

3. 用 PEDIT 命令将线条 D、E 编辑为一条多段线，并将多段线的宽度修改为 5。指定点样式为圆，再设定其绝对大小为 20，然后用 DIVIDE 命令等分线段 D、E，等分数目为 20，结果如图 4-36 所示。

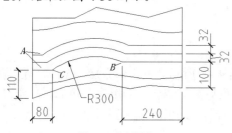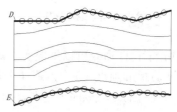

图4-35 绘制图形 A   图4-36 等分线段 D、E

4. 用 PLINE 命令绘制箭头，再用 RECTANG 命令绘制矩形，然后将它们创建成图块 "上箭头"、"下箭头" 和 "矩形"，将插入点定义在 F、G 和 H 点处，如图 4-37 所示。

5. 用 DIVIDE 命令沿曲线均布图块 "上箭头"、"下箭头" 和 "矩形"，其数量分别为 14、14 和 17，如图 4-38 所示。

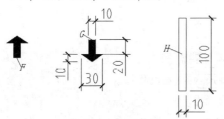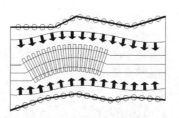

图4-37 创建图块   图4-38 沿曲线均布图块

4.9 绘制圆点、圆环及实心多边形

本节介绍绘制圆点、圆环及实心多边形的方法。

4.9.1 绘制圆环及圆点

使用 DONUT 命令可以创建填充圆环或圆点。启动该命令后，依次输入圆环内径、外径及圆心，AutoCAD 就会自动生成圆环。若要画圆点，则只需指定内径为"0"即可。

命令启动方法

- 菜单命令:【绘图】/【圆环】。
- 命令: DONUT。

【练习4-18】: 练习使用 DONUT 命令。

```
命令: _donut
指定圆环的内径 <2.0000>: 3          //输入圆环内径
指定圆环的外径 <5.0000>: 6          //输入圆环外径
指定圆环的中心点或<退出>:          //指定圆心
指定圆环的中心点或<退出>:          //按 Enter 键结束命令
```

图4-39 绘制圆环

结果如图 4-39 所示。

DONUT 命令生成的圆环实际上是具有宽度的多段线，用户可用 PEDIT 命令编辑该对象，此外，还可以设定是否对圆环进行填充。当把变量 FILLMODE 设置为"1"时，系统将填充圆环，否则不填充圆环。

4.9.2 绘制实心多边形

使用 SOLID 命令可以生成实心多边形，如图 4-40 所示。发出命令后，AutoCAD 提示用户指定多边形的顶点（3 个点或 4 个点），命令结束后，系统会自动填充多边形。指定多边形顶点时，顶点的选取顺序很重要，如果顺序出现错误，多边形就会打结。

命令启动方法

- 命令: SOLID 或简写 SO。

【练习4-19】: 练习使用 SOLID 命令。

```
命令: SOLID
指定第一点:                      //拾取 A 点，如图 4-40 所示
指定第二点:                      //拾取 B 点
指定第三点:                      //拾取 C 点
指定第四点或 <退出>:             //按 Enter 键
指定第三点:                      //按 Enter 键结束命令
命令:                            //重复命令
SOLID 指定第一点:               //拾取 D 点
指定第二点:                      //拾取 E 点
```

指定第三点：	//拾取 F 点
指定第四点或 <退出>：	//拾取 G 点
指定第三点：	//拾取 H 点
指定第四点或 <退出>：	//拾取 I 点
指定第三点：	//按 Enter 键结束命令
命令：	//重复命令
SOLID 指定第一点：	//拾取 J 点
指定第二点：	//拾取 K 点
指定第三点：	//拾取 L 点
指定第四点或 <退出>：	//拾取 M 点
指定第三点：	//按 Enter 键结束命令

结果如图 4-40 所示。

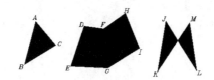

图4-40　绘制实心多边形

 若想将上图中的对象修改为不填充的，可启动 FILL 命令并选取"OFF"选项，然后用 REGEN 命令更新图形。

4.9.3　例题——绘制钢筋混凝土梁的断面图

【练习4-20】：　绘制如图 4-41 所示的钢筋混凝土梁的断面图，混凝土保护层的厚度为 25。

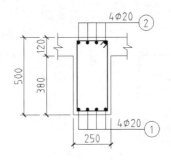

图4-41　绘制梁的断面图

动画演示　—— 见光盘中的"4-20.avi"文件

1.　创建以下图层。

名称	颜色	线型	线宽
结构–轮廓	白色	Continuous	默认
结构–钢筋	白色	Continuous	0.7

2.　设定绘图区域的大小为 1000 × 1000。

3. 打开极轴追踪、对象捕捉及自动追踪功能。指定极轴追踪角度增量为【90】，设定对象捕捉方式为【端点】、【交点】，设置仅沿正交方向自动追踪。

4. 切换到"结构—轮廓"层，绘制两条作图基准线 A、B，其长度约为 700，如图 4-42 左图所示。使用 OFFSET 和 TRIM 命令绘制梁断面轮廓线及钢筋线，再使用 PLINE 命令绘制折断线，如图 4-42 右图所示。

5. 使用 LINE 命令绘制线段 E、F，再使用 DONUT、COPY 及 MIRROR 命令绘制黑色圆点，然后将钢筋线及黑色圆点修改到"结构—钢筋"层上，相关尺寸如图 4-43 左图所示，结果如图 4-43 右图所示。

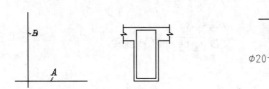

图4-42 绘制梁断面轮廓线、钢筋线及折断线

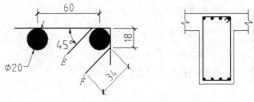

图4-43 绘制线段 E、F 及黑色圆点

4.10 面域造型

域（REGION）是指二维的封闭图形，它可由直线、多段线、圆、圆弧及样条曲线等对象围成，但应保证相邻对象间共享连接的端点，否则将不能创建域。域是一个单独的实体，具有面积、周长及型心等几何特征，使用域作图与传统的作图方法截然不同，此时可采用"并"、"交"及"差"等布尔运算来构造不同形状的图形，图 4-44 所示为 3 种布尔运算的结果。

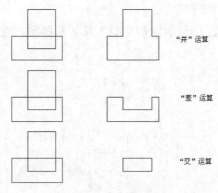

图4-44 布尔运算

4.10.1 创建面域

命令启动方法

- 菜单命令:【绘图】/【面域】。
- 工具栏:【绘图】工具栏上的 按钮。
- 命令: REGION 或简写 REG。

【练习4-21】: 练习使用 REGION 命令。

打开附盘文件 "4-21.dwg"，如图 4-45 所示。使用 REGION 命令将该图创建成面域。

```
命令: _region
选择对象: 指定对角点: 找到 3 个          //选择矩形及两个圆，如图 4-45 所示
选择对象:                                //按 Enter 键结束命令
```

图 4-45 所示的图形中包含了 3 个闭合区域，因而可创建 3 个面域。

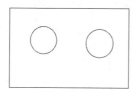

图4-45　创建面域

面域将以线框的形式显示出来，用户可以对面域进行移动及复制等操作，还可用 EXPLODE 命令分解面域，使其还原为原始图形对象。

4.10.2 并运算

并运算将所有参与运算的面域合并为一个新面域。

命令启动方法

- 菜单命令:【修改】/【实体编辑】/【并集】。
- 工具栏:【实体编辑】工具栏上的 ⬤ 按钮。
- 命令: UNION 或简写 UNI。

【练习4-22】：　练习使用 UNION 命令。

打开附盘文件 "4-22.dwg"，如图 4-46 左图所示。使用 UNION 命令将左图修改为右图。

```
命令: union
选择对象: 指定对角点: 找到 5 个          //选择 5 个面域，如图 4-46 左图所示
选择对象:                                //按 Enter 键结束命令
```

结果如图 4-46 右图所示。

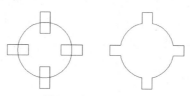

图4-46　执行"并"运算

4.10.3 差运算

用户可利用差运算从一个面域中去掉一个或多个面域，从而形成一个新面域。

命令启动方法

- 菜单命令:【修改】/【实体编辑】/【差集】。
- 工具栏:【实体编辑】工具栏上的 ⬤ 按钮。
- 命令: SUBTRACT 或简写 SU。

【练习4-23】：练习使用 SUBTRACT 命令。

打开附盘文件 "4-23.dwg"，如图 4-47 左图所示。使用 SUBTRACT 命令将左图修改为右图。

命令：subtract

选择对象：找到 1 个　　　　　　　　　　　//选择大圆面域，如图 4-47 左图所示

选择对象：　　　　　　　　　　　　　　　//按 Enter 键确认

选择对象：总计 4 个　　　　　　　　　　　//选择 4 个小矩形面域

选择对象：　　　　　　　　　　　　　　　//按 Enter 键结束命令

结果如图 4-47 右图所示。

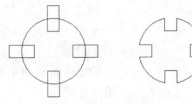

图4-47　执行"差"运算

4.10.4　交运算

通过交运算可以求出各个相交面域的公共部分。

命令启动方法

- 菜单命令：【修改】/【实体编辑】/【交集】。
- 工具栏：【实体编辑】工具栏上的 ⬭ 按钮。
- 命令：INTERSECT 或简写 IN。

【练习4-24】：练习使用 INTERSECT 命令。

打开附盘文件 "4-24.dwg"，如图 4-48 左图所示。使用 INTERSECT 命令将左图修改为右图。

命令：intersect

选择对象：指定对角点：找到 2 个　　　　//选择圆面域及另一面域，如图 4-48 左图所示

选择对象：　　　　　　　　　　　　　　//按 Enter 键结束命令

结果如图 4-48 右图所示。

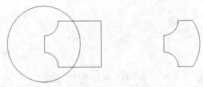

图4-48　执行"交"运算

4.10.5　用面域造型法绘制装饰图案

面域造型的特点是通过面域对象的并、交或差运算来创建图形，当图形边界比较复杂时，这种作图法的效率是很高的。要采用这种方法作图，首先必须对图形进行分析，以确定应生成哪些面域对象，然后考虑如何进行布尔运算形成最终的图形。

【练习4-25】：绘制如图 4-49 所示的图形。

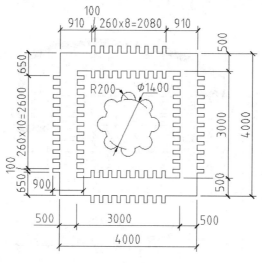

图4-49 面域造型

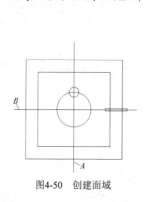

动画演示 —— 见光盘中的 "4-25.avi" 文件

1. 设定绘图区域的大小为 10000 × 10000。
2. 打开极轴追踪、对象捕捉及自动追踪功能。指定极轴追踪角度增量为【90】，设定对象捕捉方式为【端点】、【交点】，设置仅沿正交方向自动追踪。
3. 绘制两条作图辅助线 A、B，用 OFFSET、TRIM 及 CIRCLE 命令绘制两个正方形、一个矩形和两个圆，再用 REGION 命令将它们创建成面域，如图 4-50 所示。
4. 用大正方形面域 "减去" 小正方形面域，形成一个方框面域。
5. 用 ARRAY、MIRROR 及 ROTATE 等命令生成图形 C、D 及 E，如图 4-51 所示。
6. 将所有的圆面域合并在一起，再将方框面域与所有矩形面域合并在一起，然后删除辅助线，结果如图 4-52 所示。

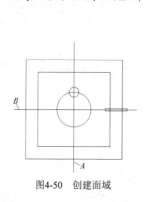

图4-50 创建面域

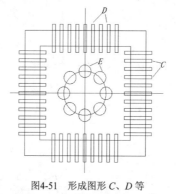

图4-51 形成图形 C、D 等

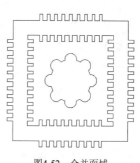

图4-52 合并面域

4.11 例题——绘制椭圆、多边形及填充剖面图案

【练习4-26】：绘制如图 4-53 所示的图形。

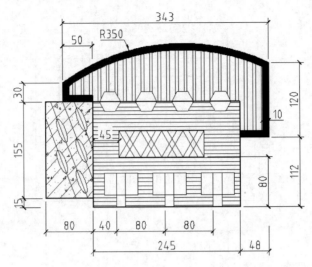

图4-53 绘制椭圆、多边形及填充剖面图案

动画演示 —— 见光盘中的 "4-26.avi" 文件

1. 设定绘图区域的大小为 800×800。

2. 打开极轴追踪、对象捕捉及自动追踪功能。指定极轴追踪角度增量为【90】，设定对象捕捉方式为【端点】、【交点】，设置仅沿正交方向自动追踪。

3. 用 LINE、ARC、PEDIT 及 OFFSET 命令绘制图形 A，如图 4-54 所示。

4. 用 OFFSET、TRIM、LINE 及 COPY 命令绘制图形 B、C，细节尺寸及结果如图 4-55 所示。

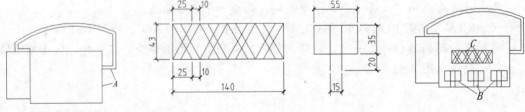

图4-54 绘制图形 A   图4-55 绘制图形 B、C

5. 用 ELLIPSE、POLYGON、LINE 及 COPY 命令绘制图形 D、E，细节尺寸及结果如图 4-56 所示。

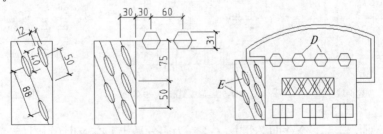

图4-56 绘制图形 D、E

6. 填充剖面图案，结果如图 4-57 所示。

- 区域 F 中有两种图案，分别为【ANSI31】和【AR-CONC】，角度都为 "0"，填充比例分别为 "5" 和 "0.2"。

- 区域 *G* 中的图案为【LINE】，角度为 "0"，填充比例为 "2"。
- 区域 *H* 中的图案为【ANSI32】，角度为 "45"，填充比例为 "1.5"。
- 区域 *I* 中的图案为【SOLID】。

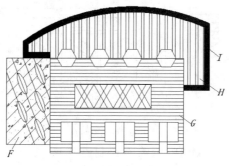

图4-57　填充剖面图案

4.12　例题——绘制圆环、实心多边形及沿线条均布对象

【练习4-27】：绘制如图 4-58 所示的图形。

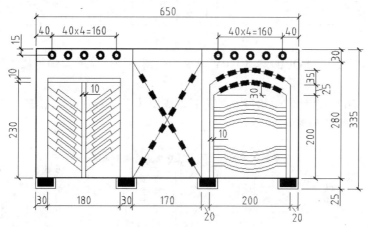

图4-58　绘制圆环、多边形及沿线条均布对象

动画演示 —— 见光盘中的 "4-27.avi" 文件

1. 设定绘图区域的大小为 1000 × 800。
2. 打开极轴追踪、对象捕捉及自动追踪功能。指定极轴追踪角度增量为【90】，设定对象捕捉方式为【端点】、【交点】，设置仅沿正交方向自动追踪。
3. 绘制两条作图基准线 *A*、*B*，其长度约为 800、400，如图 4-59 左图所示。然后使用 OFFSET、TRIM 及 LINE 命令生成图形 *C*，如图 4-59 右图所示。

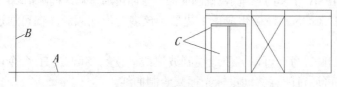

图4-59　绘制作图基准线 *A*、*B* 和图形 *C*

4. 用 LINE、XLINE、OFFSET、COPY、TRIM 及 MIRROR 命令绘制图形 D，细节尺寸及结果如图 4-60 所示。

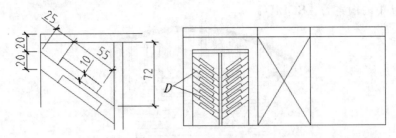

图4-60　绘制图形 D

5. 用 LINE、ARC、COPY 及 MIRROR 命令绘制图形 E，细节尺寸及结果如图 4-61 所示。

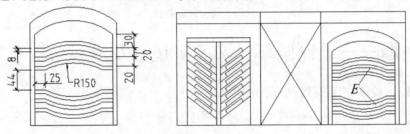

图4-61　绘制图形 E

6. 用 DONUT、LINE、SOLID 及 COPY 命令绘制图形 F、G 等，细节尺寸及结果如图 4-62 所示。

7. 绘制尺寸为 20×10 的实心矩形，将其创建成图块，然后用 DIVIDE 命令将图块沿线段及圆弧均布，结果如图 4-63 所示。

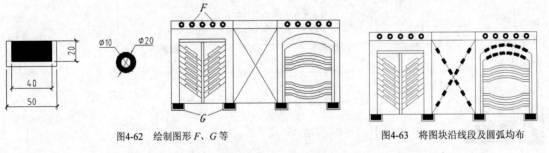

图4-62　绘制图形 F、G 等　　　　　　　图4-63　将图块沿线段及圆弧均布

4.13　小结

本章主要内容总结如下。

(1) 使用 RECTANG 命令创建矩形。操作时，可设定是否在矩形的 4 个角点处生成圆角。

(2) 使用 ELLIPSE 命令生成椭圆，椭圆的倾斜方向可通过输入椭圆轴端点的坐标来控制。

(3) 使用 POLYGONE 命令生成正多边形，该多边形的倾斜方向可通过输入顶点的坐标来控制。

(4) 使用 SPLINE 命令可以方便地绘制波浪线。使用 SKETCH 命令可以徒手画线，启动该命令后，用户可通过随意移动鼠标光标来绘制曲线。

(5) 使用 BHATCH 命令绘制剖面图案。启动该命令后，将打开【图案填充和渐变色】对话框，该对话框中的【角度】文本框用于控制剖面图案的旋转角度，【比例】文本框用于控制剖面图案的疏密程度。

(6) 使用 BLOCK 命令创建图块。块是将一组实体放置在一起形成的单一对象，把重复出现的图形创建成块，可以提高设计人员的工作效率。

(7) 创建点对象，如某一位置处的单个点、线段或圆弧上的等分点以及用于标明一定距离的测量点等。

(8) 使用 DONUT 命令绘制实心圆环、圆点，用 SOLID 命令创建实心多边形。

(9) 使用面域造型法绘制图案。此法在实际绘图中并不常用，只有当图形形状很不规则且边界曲线较复杂时才用。

4.14 习题

一、 思考题

(1) 用 RECTANG、POLYGON 命令绘制的矩形及正多边形，其各边是单独的对象吗？请读者自行尝试。

(2) 绘制正多边形的方法有几种？

(3) 绘制椭圆的方法有几种？

(4) 如何绘制如图 4-64 所示的椭圆及正多边形？

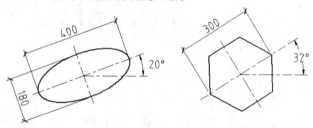

图4-64 绘制椭圆及正多边形

(5) 在【图案填充和渐变色】对话框的【角度】文本框中设置的角度是剖面线与 x 轴的夹角吗？

(6) 怎样绘制如图 4-65 所示的等分点？

(7) 怎样绘制如图 4-66 所示的测量点？测量起始点在 A 点，测量长度为 280。

(8) 缺省情况下，怎样将使用 DONUT 和 SOLID 命令生成的填充圆环及多边形改为不填充的？

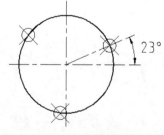

图4-65 绘制等分点

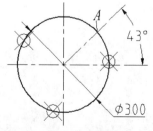

图4-66 绘制测量点

二、 绘制如图 4-67 所示的图形

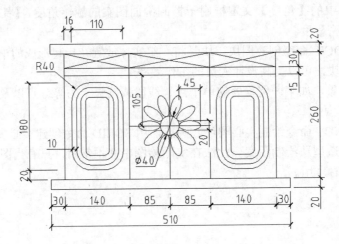

图4-67 综合练习一

三、 绘制如图 4-68 所示的图形

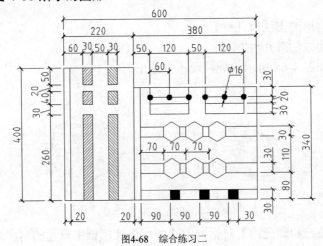

图4-68 综合练习二

第5章　编辑及显示图形

　　绘图过程中用户不仅在绘制新的图形实体，而且也在不断地修改已有的图形元素。AutoCAD 的设计优势在很大程度上表现为强大的图形编辑功能，这使用户不仅能方便、快捷地改变对象的大小及形状，而且可以通过编辑现有图形生成新对象。有时设计者可能发现花在编辑图形上的时间可能比创建新图形的时间还要多，因此要高效率地使用 AutoCAD，就必须熟练掌握软件的编辑功能。

　　绘制及编辑图形都需要清晰地显示图形的局部区域。对于建筑图来说，其中的总平面图、平面图及立面图等一般包含大量的图形对象，当要经常观察这些图形的局部区域时，若采用矩形窗口缩放方式，则效率较低，此时需使用更高级的手段来查看图形的细节特征。

　　本章将介绍拉伸、比例缩放及关键点编辑等功能，还将讲解观察复杂图形的一些方法。

5.1　修改对象大小及形状

　　下面介绍拉伸及按比例缩放对象的方法。

5.1.1　拉伸图形对象

　　使用 STRETCH 命令可以拉伸、缩短及移动实体，该命令通过改变端点的位置来修改图形对象，编辑过程中除被伸长、缩短的对象外，其他图元的大小及相互间的几何关系将保持不变。

　　如果图样沿 x 或 y 轴方向的尺寸有错误，或用户想调整图形中某部分实体的位置，则可以使用 STRETCH 命令。

命令启动方法

- 菜单命令:【修改】/【拉伸】。
- 工具栏:【修改】工具栏上的 ⬚ 按钮。
- 命令: STRETCH 或简写 S。

【练习5-1】:　练习使用 STRETCH 命令。

　　打开附盘文件 "5-1.dwg"，如图 5-1 左图所示。使用 STRETCH 命令将左图修改为右图。

```
命令: _stretch
                                      //通过交叉窗口选择要拉伸的对象，如图 5-1 左图所示
选择对象:                             //单击 A 点
指定对角点: 找到 6 个                  //单击 B 点
选择对象:                             //按 Enter 键
指定基点或 [位移(D)] <位移>:          //在屏幕上单击一点
```

指定第二个点或 <使用第一个点作为位移>: @35,0   //输入第二点的相对坐标

结果如图 5-1 右图所示。

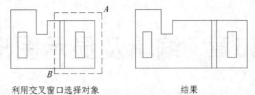

利用交叉窗口选择对象   结果

图5-1 拉伸对象

使用 STRETCH 命令时，首先应利用交叉窗口选择对象，然后指定对象拉伸的距离和方向。凡在交叉窗口中的图元顶点都被移动，而与交叉窗口相交的图元将被延伸或缩短。

设定拉伸距离和方向的方式如下。

(1) 在屏幕上指定两个点，这两点的距离和方向代表了拉伸实体的距离和方向。

当系统提示"指定基点:"时，指定拉伸的基准点；当系统提示"指定第二个点:"时，捕捉第二点或输入第二点相对于基准点的相对直角坐标或极坐标。

- 以 "x,y" 方式输入对象沿 x、y 轴拉伸的距离，或用 "距离<角度" 方式输入拉伸的距离和方向。

当系统提示"指定基点:"时，输入拉伸值；当系统提示"指定第二个点:"时，按 Enter 键确认，这样系统就会以输入的拉伸值来拉伸对象。

- 打开正交或极轴追踪功能，就能方便地将实体只沿 x 或 y 轴方向拉伸。

当系统提示"指定基点:"时，单击一点并把实体向水平或竖直方向拉伸，然后输入拉伸值。

(2) 使用"位移(D)"选项。启动该选项后，系统提示"指定位移:"，此时以 "x,y" 方式输入沿 x、y 轴拉伸的距离，或以 "距离<角度" 方式输入拉伸的距离和方向。

5.1.2 按比例缩放对象

使用 SCALE 命令可以将对象按指定的比例因子相对于基点放大或缩小，使用此命令时，可以用下面两种方式缩放对象。

(1) 选择缩放对象的基点，然后输入缩放比例因子。在缩放图形的过程中，缩放基点在屏幕上的位置将保持不变，它周围的图元将以此点为中心按给定的比例放大或缩小。

(2) 输入一个数值或拾取两点来指定一个参考长度（第一个数值），然后再输入新的数值或拾取另外一点（第二个数值），系统将计算两个数值的比率并以此比率作为缩放比例因子。当用户想将某一对象放大到特定尺寸时，就可以使用这种方法。

一、 命令启动方法

- 菜单命令:【修改】/【缩放】。
- 工具栏:【修改】工具栏上的按钮。
- 命令: SCALE 或简写 SC。

【练习5-2】: 练习使用 SCALE 命令。

打开附盘文件 "5-2.dwg"，如图 5-2 左图所示。使用 SCALE 命令将左图修改为右图。

命令: _scale

选择对象: 找到 1 个	//选择矩形 A, 如图 5-2 左图所示
选择对象:	//按 Enter 键
指定基点: int 于	//捕捉交点 C
指定比例因子或[复制(C)/参照(R)] <1.0000>: 2	//输入缩放比例因子
命令: SCALE	//重复命令
选择对象: 找到 4 个	//选择线框 B
选择对象:	//按 Enter 键
指定基点: int 于	//捕捉交点 D
指定比例因子或或 [复制(C)/参照(R)] <2.0000>: r	//使用"参照(R)"选项
指定参照长度 <1.0000>: int 于	//捕捉交点 D
指定第二点: int 于	//捕捉交点 E
指定新长度或 [点(P)] <1.0000>:int 于	//捕捉交点 F

结果如图 5-2 右图所示。

二、命令选项

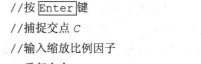

- 指定比例因子: 直接输入缩放比例因子, 系统将根据此比例因子缩放图形。若比例因子小于 1, 则缩小对象, 若大于 1, 则放大对象。

图5-2 缩放图形

- 复制(C): 缩放对象的同时复制对象。
- 参照(R): 以参照方式缩放图形。用户输入参考长度及新长度后, 系统会将新长度与参考长度的比值作为缩放比例因子进行缩放。
- 点(P): 使用两点来定义新的长度。

5.1.3 例题——编辑原有图形形成新图形

【练习5-3】: 绘制如图 5-3 所示的图形。

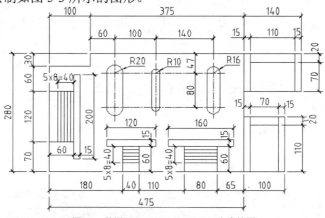
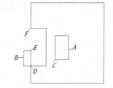
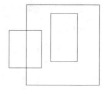

图5-3 使用 STRETCH 及 SCALE 命令绘图

动画演示 —— 见光盘中的 "5-3.avi" 文件

1. 设定绘图区域的大小为 1000×1000。

2. 打开极轴追踪、对象捕捉及自动追踪功能。指定极轴追踪角度增量为【90】，设定对象捕捉方式为【端点】、【圆心】和【交点】，设置仅沿正交方向自动追踪。

3. 用 LINE 命令绘制闭合线框，如图 5-4 所示。

4. 用 OFFSET 和 TRIM 命令绘制图形 A，如图 5-5 所示。

5. 用 COPY、STRETCH、ROTATE、MOVE 及 MIRROR 命令编辑图形 A 以形成图形 B、C，如图 5-6 所示。

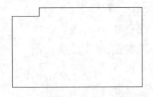
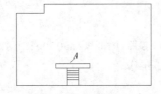
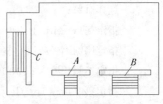

图5-4　绘制闭合线框　　　　　　图5-5　绘制图形 A　　　　　　图5-6　形成图形 B、C

6. 用 LINE 和 CIRCLE 命令绘制线框 D，再用 COPY、SCALE 及 STRETCH 命令编辑线框 D 以形成线框 E、F，如图 5-7 所示。

7. 绘制图形 G，再用 COPY 及 STRETCH 命令编辑图形 G 以形成图形 H，如图 5-8 所示。

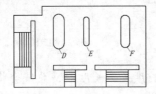
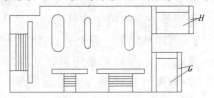

图5-7　形成线框 D、E 及 F　　　　　　　　　图5-8　形成图形 G、H

5.2 对齐实体

使用 ALIGN 命令可以同时移动、旋转一个对象使之与另一对象对齐。例如，用户可以使图形对象中的某个点、某条直线或某一个面（三维实体）与另一实体的点、线、面对齐。操作过程中，用户只需按照 AutoCAD 的提示指定源对象与目标对象的 1 点、2 点或 3 点，即可完成对齐操作。

命令启动方法

- 菜单命令：【修改】/【三维操作】/【对齐】。
- 命令：ALIGN 或简写 AL。

【练习5-4】：　练习使用 ALIGN 命令。

打开附盘文件 "5-4.dwg"，如图 5-9 左图所示。使用 ALIGN 命令将左图修改为右图。

```
命令: align
选择对象: 指定对角点: 找到 12 个                  //选择源对象，如图 5-9 左图所示
选择对象:                                       //按 Enter 键
指定第一个源点: int 于                          //捕捉第一个源点 A
指定第一个目标点: int 于                        //捕捉第一个目标点 B
指定第二个源点: int 于                          //捕捉第二个源点 C
指定第二个目标点: int 于                        //捕捉第二个目标点 D
```

指定第三个源点或 <继续>: //按 Enter 键

是否基于对齐点缩放对象？[是(Y)/否(N)] <否>: //按 Enter 键不缩放源对象

结果如图 5-9 右图所示。

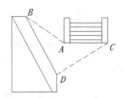

指定对齐的源点及目标点   结果

图5-9 对齐对象

使用 ALIGN 命令时，可指定按照 1 个端点、2 个端点或 3 个端点来对齐实体。在二维平面绘图中，一般需要将源对象与目标对象按 1 个或 2 个端点进行对正。操作完成后，源对象与目标对象的第一点将重合在一起，如果要使它们的第二个端点也重合，就需要利用"基于对齐点缩放对象"选项缩放源对象。此时，第一目标点是缩放的基点，第一与第二源点间的距离是第一个参考长度，第一和第二目标点间的距离是新的参考长度，新的参考长度与第一个参考长度的比值就是缩放比例因子。

5.3 绘制倾斜图形的技巧

图样中图形实体间最常见的位置关系是水平或垂直关系，对于这类实体来说，如果利用正交或极轴追踪辅助作图会非常方便。另一类实体具有倾斜的位置关系，这就给设计人员作图带来一些不便，不过可以先在水平或竖直位置画出图形元素，然后利用 ROTATE 或 ALIGN 命令将图形定位到倾斜方向。

【练习5-5】： 绘制如图 5-10 所示的图形，目的是让读者熟悉绘制倾斜图形的方法。

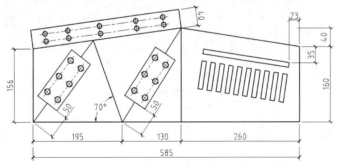

图5-10 绘制倾斜图形

动画演示 —— 见光盘中的"5-5.avi"文件

1. 设定绘图区域的大小为 1000×1000。
2. 打开极轴追踪、对象捕捉及自动追踪功能。指定极轴追踪角度增量为【90】，设定对象捕捉方式为【端点】、【交点】，设置仅沿正交方向自动追踪。
3. 用 LINE 及 OFFSET 命令绘制图形 A，如图 5-11 所示。

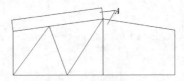

图5-11　绘制图形 A

4. 绘制辅助线 B、C，再绘制 10 个小圆，如图 5-12 左图所示。用 ALIGN 命令将 10 个圆定位到正确的位置，如图 5-12 右图所示。

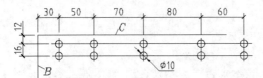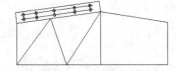

图5-12　绘制辅助线 B、C 和 10 个小圆

5. 用 LINE、OFFSET 及 CIRCLE 等命令绘制图形 D，如图 5-13 左图所示。然后用 COPY、ALIGN 命令生成图形 E、F，如图 5-13 右图所示。

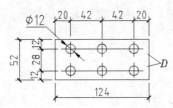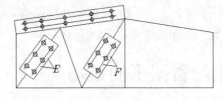

图5-13　生成图形 D、E 及 F

6. 用 LINE、OFFSET 及 ARRAY 等命令绘制图形 G，如图 5-14 左图所示。然后用 MOVE、ROTATE 命令生成图形 H，如图 5-14 右图所示。

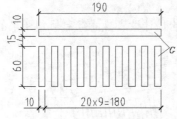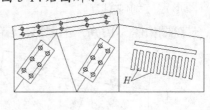

图5-14　生成图形 G 和图形 H

5.4　关键点编辑方式

关键点编辑方式是一种集成的编辑模式，该模式包含了 5 种编辑方法：

- 拉伸；
- 移动；
- 旋转；
- 比例缩放；
- 镜像。

缺省情况下，系统的关键点编辑方式是开启的。当用户选择实体后，实体上将出现若干方框，这些方框被称为关键点。将十字光标靠近方框并单击鼠标左键，激活关键点编辑状态，此时系统将自动进入"拉伸"编辑方式，连续按下 ⌜Enter⌝ 键，就可以在所有编辑方式间进行切换。此外，用户也可在激活关键点后再单击鼠标右键，弹出快捷菜单，如图 5-15 所示，通过此菜单选择某种编辑方法。

在不同的编辑方式间进行切换时，系统为每种编辑方法提供的选项基本相同，其中"基点(B)"、"复制(C)"选项是所有编辑方式所共有的。

图5-15　快捷菜单

- 基点(B)：该选项使用户可以拾取某一个点作为编辑的基点。例如，当进入了旋转编辑模式，并要指定一个点作为旋转中心时，就使用"基点(B)"选项。缺省情况下，编辑的基点是热关键点（选中的关键点）。

- 复制(C)：如果用户在编辑的同时还需复制对象，则选取此选项。

下面通过一些例子使读者熟悉关键点编辑方式。

5.4.1　利用关键点拉伸对象

在拉伸编辑模式下，当热关键点是线段的端点时，将有效地拉伸或缩短对象。如果热关键点是线段的中点、圆或圆弧的圆心或者属于块、文字及尺寸数字等实体时，这种编辑方式将只能移动对象。

【练习5-6】：　利用关键点拉伸线段。

1. 打开附盘文件"5-6.dwg"，如图 5-16 左图所示。利用关键点拉伸模式将左图修改为右图。

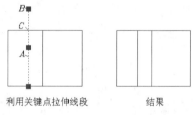

利用关键点拉伸线段　　　　　结果

图5-16　拉伸图元

2. 打开极轴追踪、对象捕捉及自动追踪功能。

命令：　　　　　　　　　　　　　　　　　　//选择线段 A
命令：　　　　　　　　　　　　　　　　　　//选中关键点 B
** 拉伸 **　　　　　　　　　　　　　　　//进入拉伸模式
指定拉伸点或 [基点(B)/复制(C)/放弃(U)/退出(X)]：//向下移动鼠标光标并捕捉交点 C
结果如图 5-16 右图所示。

> **要点提示**　打开正交状态后就可很方便地利用关键点拉伸方式改变水平或竖直线段的长度。

5.4.2　利用关键点移动及复制对象

使用关键点移动模式可以编辑单一对象或一组对象，在此方式下使用"复制(C)"选项就能在移动实体的同时进行复制，这种编辑模式与普通的 MOVE 命令很相似。

【练习5-7】：　利用关键点复制对象。

打开附盘文件"5-7.dwg",如图 5-17 左图所示。利用关键点移动模式将左图修改为右图。

命令:	//选择矩形 A
命令:	//选中关键点 B
** 拉伸 **	
指定拉伸点或 [基点(B)/复制(C)/放弃(U)/退出(X)]:	//进入拉伸模式
** 移动 **	//按 Enter 键进入移动模式
指定移动点或 [基点(B)/复制(C)/放弃(U)/退出(X)]: c	
//利用选项"复制(C)"进行复制	
** 移动 (多重) **	
指定移动点或 [基点(B)/复制(C)/放弃(U)/退出(X)]: b	//使用选项"基点(B)"
指定基点: int 于	//捕捉 C 点
** 移动 (多重) **	
指定移动点或 [基点(B)/复制(C)/放弃(U)/退出(X)]: int 于	//捕捉 D 点
** 移动 (多重) **	
指定移动点或 [基点(B)/复制(C)/放弃(U)/退出(X)]:	//按 Enter 键结束命令

结果如图 5-17 右图所示。

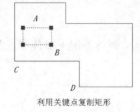 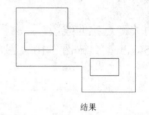

利用关键点复制矩形　　　　　　　　结果

图5-17　复制对象

5.4.3　利用关键点旋转对象

旋转对象的操作是绕旋转中心进行的,当使用关键点编辑模式时,热关键点就是旋转中心,用户也可以指定其他点作为旋转中心。这种编辑方法与 ROTATE 命令相似,它的优点在于一次可将对象旋转且复制到多个方位。

旋转操作中的"参照(R)"选项有时非常有用,该选项可以使用户旋转图形实体,使其与某个新位置对齐,下面的练习将演示此选项的用法。

【练习5-8】:　利用关键点旋转对象。

打开附盘文件"5-8.dwg",如图 5-18 左图所示。利用关键点旋转模式将左图修改为右图。

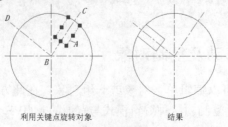

利用关键点旋转对象　　　　　　　　结果

图5-18　旋转图形

命令：　　　　　　　　　　　　　　　　　//选择线框 A，如图 5-18 左图所示

命令：　　　　　　　　　　　　　　　　　//选中任意一个关键点

** 拉伸 **　　　　　　　　　　　　　　//进入拉伸模式

指定拉伸点或 [基点(B)/复制(C)/放弃(U)/退出(X)]: //按 Enter 键进入移动模式

** 移动 **

指定移动点或 [基点(B)/复制(C)/放弃(U)/退出(X)]: //按 Enter 键进入旋转模式

** 旋转 **

指定旋转角度或 [基点(B)/复制(C)/放弃(U)/参照(R)/退出(X)]: b

　　　　　　　　　　　　　　　　　　　//使用"基点(B)"选项指定旋转中心

指定基点: int 于　　　　　　　　　　　//捕捉 B 点作为旋转中心

** 旋转 **

指定旋转角度或 [基点(B)/复制(C)/放弃(U)/参照(R)/退出(X)]: r

　　　　　　　　　　　　　　　　　　　//使用"参照(R)"选项

指定参照角 <0>: int 于　　　　　　　　//捕捉 B 点

指定第二点: end 于　　　　　　　　　　//捕捉端点 C

** 旋转 **

指定新角度或 [基点(B)/复制(C)/放弃(U)/参照(R)/退出(X)]: end 于//捕捉端点 D

结果如图 5-18 右图所示。

5.4.4　利用关键点缩放对象

关键点编辑方式也提供了缩放对象的功能，当切换到缩放模式时，当前激活的热关键点就是缩放的基点。用户可以输入比例系数对实体进行放大或缩小，也可以利用"参照(R)"选项将实体缩放到某一尺寸。

【练习5-9】：　利用关键点缩放模式缩放对象。

打开附盘文件"5-9.dwg"，如图 5-19 左图所示。利用关键点缩放模式将左图修改为右图。

命令：　　　　　　　　　　　　　　　　　//选择线框 A，如图 5-19 左图所示

命令：　　　　　　　　　　　　　　　　　//选中任意一个关键点

** 拉伸 **　　　　　　　　　　　　　　//进入拉伸模式

指定拉伸点或 [基点(B)/复制(C)/放弃(U)/退出(X)]:

　　　　　　　　　　　　　　　　　　　//按 3 次 Enter 键进入比例缩放模式

** 比例缩放 **

指定比例因子或 [基点(B)/复制(C)/放弃(U)/参照(R)/退出(X)]: b

　　　　　　　　　　　　　　　　　　　//使用"基点(B)"选项指定缩放基点

指定基点: int 于　　　　　　　　　　　//捕捉交点 B

** 比例缩放 **

指定比例因子或 [基点(B)/复制(C)/放弃(U)/参照(R)/退出(X)]: 0.5 //输入缩放比例值

结果如图 5-19 右图所示。

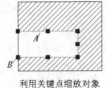

利用关键点缩放对象   结果

图5-19   缩放对象

5.4.5   利用关键点镜像对象

进入镜像模式后，系统直接提示"指定第二点"。缺省情况下，热关键点是镜像线的第一点，在拾取第二点后，此点便与第一点一起形成镜像线。如果用户要重新设定镜像线的第一点，可选取"基点(B)"选项。

【练习5-10】：利用关键点镜像对象。

打开附盘文件"5-10.dwg"，如图 5-20 左图所示。利用关键点镜像模式将左图修改为右图。

命令：	//选择要镜像的对象，如图 5-20 左图所示
命令：	//选中关键点 A
** 拉伸 **	//进入拉伸模式
指定拉伸点或 [基点(B)/复制(C)/放弃(U)/退出(X)]：	//按 4 次 Enter 键进入镜像模式
** 镜像 **	
指定第二点或 [基点(B)/复制(C)/放弃(U)/退出(X)]：c	//镜像并复制图形
** 镜像（多重）**	
指定第二点或 [基点(B)/复制(C)/放弃(U)/退出(X)]：int 于	//捕捉交点 B
** 镜像（多重）**	
指定第二点或 [基点(B)/复制(C)/放弃(U)/退出(X)]：	//按 Enter 键结束命令

结果如图 5-20 右图所示。

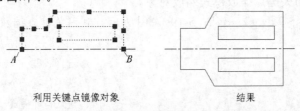

利用关键点镜像对象   结果

图5-20   镜像图形

激活关键点编辑模式后，可通过输入下列字母直接进入某种编辑方式：

- MI——镜像；
- MO——移动；
- RO——旋转；
- SC——缩放；
- ST——拉伸。

5.4.6   例题——利用关键点编辑方式绘图

【练习5-11】：绘制如图 5-21 所示的图形。

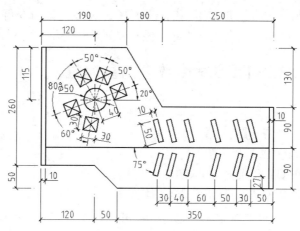

图5-21 利用关键点编辑方式绘图

动画演示 —— 见光盘中的 "5-11.avi" 文件

1. 设定绘图区域的大小为 1000×1000。

2. 打开极轴追踪、对象捕捉及自动追踪功能。指定极轴追踪角度增量为【90】，设定对象捕捉方式为【端点】、【交点】，设置仅沿正交方向自动追踪。

3. 用 LINE、OFFSET 等命令绘制图形 A，如图 5-22 所示。

4. 用 OFFSET、LINE 及 CIRCLE 等命令绘制图形 B，如图 5-23 左图所示。用关键点编辑方式编辑图形 B 以形成图形 C，如图 5-23 右图所示。

图5-22 绘制图形 A   图5-23 绘制图形 B、C

5. 用 OFFSET、TRIM 命令绘制图形 D，如图 5-24 左图所示。用关键点编辑方式编辑图形 D 以形成图形 E，如图 5-24 右图所示。

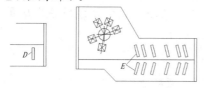

图5-24 绘制图形 D、E

5.5 编辑图形元素属性

AutoCAD 中，对象属性是指系统赋予对象的颜色、线型、图层、高度及文字样式等特性。例如，直线和曲线包含图层、线型及颜色等属性项目，而文本则具有图层、颜色、字体及字高等特性。改变对象属性一般可通过 PROPERTIES 命令，使用该命令时，系统将打开【特性】对话框，该对话框列出了所选对象的所有属性，用户通过该对话框就可以很方便地修改对象属性。

改变对象属性的另一种方法是使用 MATCHPROP 命令，该命令可以使被编辑对象的属性与指定的源对象的某些属性完全相同，即把源对象属性传递给目标对象。

5.5.1 使用 PROPERTIES 命令改变对象属性

命令启动方法
- 菜单命令：【修改】/【特性】。
- 工具栏：【标准】工具栏上的 按钮。
- 命令：PROPERTIES 或简写 PROPS。

下面通过实例说明 PROPERTIES 命令的用法。

【练习5-12】： 练习使用 PROPERTIES 命令。打开附盘文件"5-12.dwg"，如图 5-25 左图所示，使用 PROPERTIES 命令将左图修改为右图。

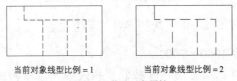

当前对象线型比例 = 1　　　　当前对象线型比例 = 2

图5-25　修改对象属性

1. 选择要编辑的非连续线，如图 5-25 左图所示。
2. 单击【标准】工具栏上的 按钮或键入 PROPERTIES 命令，打开【特性】对话框，如图 5-26 所示。

   根据所选对象的不同，【特性】对话框中显示的属性项目也不同，但有一些属性项目几乎是所有对象所共有的，如颜色、图层及线型等。当在绘图区中选择单个对象时，【特性】对话框中就会显示出此对象的特性。若选择多个对象，则【特性】对话框中将显示出它们所共有的特性。

图5-26　【特性】对话框

3. 用光标选取【线型比例】文本框，然后输入当前线型比例因子，该比例因子的缺省值是 1，输入新数值 "2"，按 Enter 键，此时图形窗口中的非连续线将会立即更新，显示出修改后的结果，如图 5-25 右图所示。

5.5.2 对象特性匹配

MATCHPROP 命令是一个非常有用的编辑工具，用户可以使用此命令将源对象的属性（如颜色、线型、图层和线型比例等）传递给目标对象。操作时，用户要选择两个对象，第一个为源对象，第二个是目标对象。

命令启动方法
- 菜单命令：【修改】/【特性匹配】。
- 工具栏：【标准】工具栏上的 按钮。
- 命令：MATCHPROP 或简写 MA。

【练习5-13】： 练习使用 MATCHPROP 命令。打开附盘文件"5-13.dwg"，如图 5-27 左图所示，使用 MATCHPROP 命令将左图修改为右图。

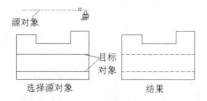

图5-27 特性匹配

1. 单击【标准】工具栏上的 ✎ 按钮或键入 MATCHPROP 命令，AutoCAD 提示：

命令：'_matchprop

选择源对象：   //选择源对象，如图 5-27 左图所示

选择目标对象或 [设置(S)]：   //选择第一个目标对象

选择目标对象或 [设置(S)]：   //选择第二个目标对象

选择目标对象或 [设置(S)]：   //按 Enter 键结束命令

选择源对象后，光标将变成类似"刷子"的形状，用此"刷子"来选取接受属性匹配的目标对象，结果如图 5-27 右图所示。

2. 如果用户仅想使目标对象的部分属性与源对象相同，可在选择源对象后，键入"S"，打开【特性设置】对话框，如图 5-28 所示。缺省情况下，系统会选中该对话框中所有源对象的属性进行复制，但用户也可指定仅将其中的部分属性传递给目标对象。

图5-28 【特性设置】对话框

5.6 视图显示控制

系统提供了多种控制图形显示的方法，如实时平移、实时缩放、鹰眼窗口、平铺视口及命名视图等，利用这些功能，用户可以灵活地观察图形的任何一个部分。

5.6.1 控制图形显示的命令按钮

实时平移、实时缩放及窗口缩放的工具分别是 ▨、▨ 和 ▨ 按钮，它们的用法已经在第一章中介绍过了。【缩放】工具栏上包含了很多控制图形显示的按钮，如图 5-29 所示，通过这些按钮用户可以很方便地放大图形局部区域或观察图形全貌。按住【标准】工具栏上的 ▨ 按钮也会弹出与【缩放】工具栏相同的命令按钮。下面介绍这些按钮的功能。

图5-29 【缩放】工具栏

一、窗口缩放按钮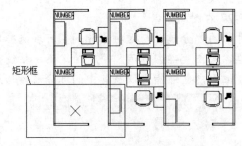

系统将尽可能大地将矩形窗口中指定区域的图形显示在图形窗口中。

二、动态缩放按钮

利用一个可平移并能改变其大小的矩形框缩放图形。用户可先调整矩形框的大小，然后将此矩形框移动到要缩放的位置，按 Enter 键后，系统会将当前矩形框中的图形布满整个视口。

【练习5-14】：练习使用动态缩放按钮。

1. 打开附盘文件 "5-14.dwg"。

2. 启动动态缩放功能，将图形界限（即栅格的显示范围，用 LIMITS 命令设定）及全部图形都显示在图形窗口中，并提供给用户一个缩放矩形框，该框表示当前视口的大小，框中包含一个"×"，表明处于平移状态，如图 5-30 所示，此时移动鼠标光标，矩形框将随之移动。

图5-30　动态缩放图形

3. 单击鼠标左键，矩形框中的"×"将会变成一个水平箭头，表明处于缩放状态，再向左或向右移动鼠标光标，即可减小或增大矩形框。若向上或向下移动鼠标光标，矩形框就会随着鼠标沿竖直方向移动。请注意，此时矩形框左端线在水平方向的位置是不变的。

4. 调整完矩形框的大小后，若再想移动矩形框，可再单击鼠标左键切换回平移状态，此时矩形框中又会出现"×"。

5. 将矩形框的大小及位置都确定后按 Enter 键，则系统将在整个绘图窗口中显示出矩形框内的图形。

三、比例缩放按钮

以输入的比例值缩放视图，输入缩放比例的方式有以下 3 种。

- 直接输入缩放比例数值，此时系统并不以当前视图为准来缩放图形，而是放大或缩小图形界限，从而使当前视图的显示比例发生变化。
- 如果要相对于当前视图进行缩放，则需在比例因子的后面加入字母 "x"。例如 "0.5x" 表示将当前视图缩小一倍。
- 若要相对于图纸空间缩放图形，则需在比例因子后面加上字母 "xp"。

四、中心缩放按钮

启动中心缩放方式后，AutoCAD 提示：

```
指定中心点：                        //指定缩放中心点
输入比例或高度 <200.1670>：          //输入缩放比例或图形窗口的高度值
```

系统将以指定点为显示中心，并根据缩放比例因子或图形窗口的高度值显示一个新视图。缩放比例因子的输入方式是"nx"，n 表示放大倍数。

五、　　按钮

单击此按钮，系统会将选择的一个或多个对象充满整个图形窗口显示出来，并使其位于绘图窗口的中心位置。

六、　　按钮

单击此按钮，系统会将当前视图放大一倍。

七、　　按钮

单击此按钮，系统会将当前视图缩小一倍。

八、　全部缩放按钮

单击此按钮，系统将全部图形及图形界限显示在图形窗口中。

九、　范围缩放按钮

单击此按钮，系统将尽可能大地将整个图形显示在图形窗口中。与"全部缩放"相比，"范围缩放"与图形界限无关。如图 5-31 所示，左图是全部缩放的效果，右图是范围缩放的效果。

全部缩放　　　　　图形界限　　　　　范围缩放

图5-31　全部缩放及范围缩放

5.6.2　鹰眼窗口

鹰眼窗口和图形窗口是分离的，它提供了观察图形的另一个区域，当打开它时，窗口中将显示出整幅图形。当绘制的图形很大并且又有很多细节时，利用鹰眼窗口平移或缩放图形会极为方便。

在鹰眼窗口中建立矩形框来观察图样，如果要放大图样，就使矩形框缩小一些，否则就让矩形框变大一些。当将矩形框放置在图样的某一位置时，在图形窗口中就会显示出这个位置处的实时缩放视图。

【练习5-15】：利用鹰眼窗口观察图形。

1. 打开附盘文件 "5-15.dwg"。

2. 选取菜单命令【视图】/【鸟瞰视图】，打开鹰眼窗口，该窗口中显示了整幅图样。单击此窗口的图形区域将它激活，与此同时在鹰眼窗口中将出现一个可随鼠标光标移动的矩形框，该框表示当前图形窗口的大小，框中包含一个 "×" 号，表明其处于平移状态，如图 5-32 所示。此时移动鼠标光标，矩形框将随之移动。

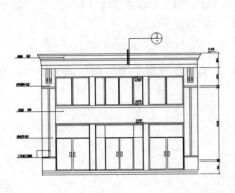
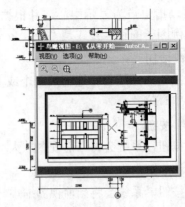

图5-32 鹰眼窗口

3. 单击鼠标左键，矩形框中随即出现一个水平箭头，表明处于缩放状态。向左或向右移动鼠标光标，矩形框就会相应缩小或放大，而在系统绘图窗口中将立即显示出新的缩放图形。

4. 调整好矩形框的大小后，再次单击鼠标左键，切换到平移状态，移动矩形框到要观察的部位，按 Enter 键确认，结果如图 5-33 所示。

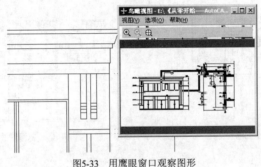

图5-33 用鹰眼窗口观察图形

5.6.3 命名视图

在作图过程中，常常要返回到前面的显示状态，此时可以使用 ZOOM 命令的"上一个 (P)"选项（或单击 🔍 按钮），但如果要观察很早以前使用的视图，而且需要经常切换到这个视图，则"上一个(P)"选项就无能为力了。此外，若图形很复杂且需要使用 ZOOM 和 PAN 命令寻找要显示的图形部分或经常返回图形的相同部分时，就要花费大量时间。要解决这些问题，最好的办法是将以前显示的图形命名成一个视图，这样就可以在需要的时候根据视图的名字来恢复它。

【练习5-16】：使用命名视图。

1. 打开附盘文件 "5-16.dwg"。

2. 选取菜单命令【视图】/【命名视图】，打开【视图管理器】对话框，单击 **新建(N)...** 按钮，打开【新建视图】对话框，在【视图名称】文本框中输入"大门入口立面图"，如图 5-34 所示。

3. 选取【定义窗口】单选项，AutoCAD 提示：

　　　指定第一个角点：　　　　　　　//在 A 点处单击一点，如图 5-35 左图所示

　　　　指定对角点：　　　　　　　　　　　//在 *B* 点处单击一点

　　按回车键返回【新建视图】对话框。

4. 用同样的方法将矩形 *CD* 内的图形命名为"大门入口墙体大样图"，如图 5-35 右图所示。

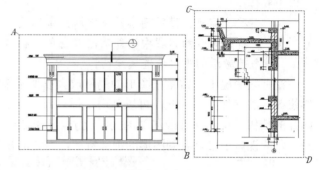

　　图5-34　【新建视图】对话框　　　　　　　　　　　　图5-35　命名视图

5. 选取菜单命令【视图】/【命名视图】，打开【视图管理器】对话框，如图 5-36 所示。

图5-36　【视图管理器】对话框

6. 选择"大门入口立面图"，然后单击　置为当前(C)　按钮，则屏幕中将显示出大门入口立面图，如图 5-37 所示。

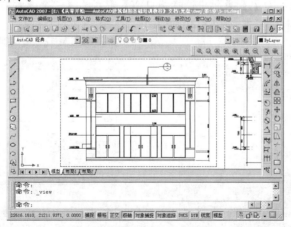

图5-37　调用"大门入口立面图"

　调用命名视图时，系统不再重新生成图形，它是保存屏幕上某部分图形的好方法，对大型的复杂图样特别有用。

5.6.4 平铺视口

在模型空间作图时，一般是在一个充满整个屏幕的单视口中工作，但也可将作图区域划分成几个部分，使屏幕上出现多个视口，这些视口称为平铺视口。对每一个平铺视口都能进行以下操作：

- 平移、缩放、设置栅格及建立用户坐标系等；
- 在执行命令的过程中，能随时单击任一视口，使其成为当前视口，从而进入这个被激活的视口中继续绘图。

在有些情况下，常常把图形的局部放大以便于编辑，但这可能使用户不能同时观察到图样修改后的整体效果，此时可以利用平铺视口，让其中之一显示局部细节，而另一视口显示图样的整体，这样在修改局部的同时就能观察图形的整体了。如图 5-38 所示，在左上角、左下角的视口中可以看到图形的细部特征，右边的视口则显示了整个图形。

图5-38 使用平铺视口

【练习5-17】：建立平铺视口。

1. 打开附盘文件 "5-17.dwg"。
2. 选取菜单命令【视图】/【视口】/【命名视口】，打开【视口】对话框，进入【新建视口】选项卡，在【标准视口】列表框中选择视口布置形式为【三个：右】，如图 5-39 所示。
3. 单击 确定 按钮，结果如图 5-40 所示。

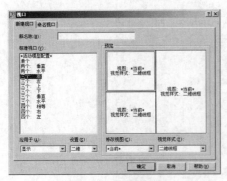

图5-39 【视口】对话框

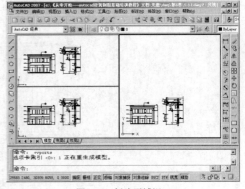

图5-40 创建平铺视口

4. 单击左上角视口将其激活，将大门入口立面图的左上角放大，再激活左下角视口，然后放大墙体大样图，结果如图 5-38 所示。

5.7 小结

本章主要内容总结如下。

(1) 使用 STRETCH 命令可以拉伸图形，使用 SCALE 命令可以按比例缩放图形。前者可保证在已有几何关系不变的情况下改变对象的大小或位置。

(2) 使用 ALIGN 命令可以将一个对象与另一个对象对齐。绘制倾斜图形时，这个命令很有用，用户可先在水平位置画出图形，然后利用对齐命令将图形定位到倾斜方向。

(3) 利用关键点编辑对象。该编辑模式提供了 5 种常用的编辑功能，分别为拉伸、移动、旋转、比例缩放和镜像。因此，只需在工具栏上选定相应的命令按钮，就可以完成大部分的编辑任务。

(4) 使用 PROPERTIES 命令可以编辑对象属性，如图层、颜色和线型等。使用 MATCHPROP 命令可以使目标对象的属性与源对象属性匹配。

(5) 【缩放】工具栏提供了 9 种控制图形显示的方法，包括窗口缩放、动态缩放、中心缩放和范围缩放等。

(6) 对于复杂图形来说，用户可以采用命名视图、鹰眼窗口及平铺视口等方法快速、灵活地观察图形。

5.8 习题

一、 思考题

(1) 使用 STRETCH 命令时，能利用矩形窗口选择对象吗？

(2) 当绘制倾斜方向的图形对象时，一般应采取怎样的作图方法更方便？

(3) 关键点编辑模式提供了哪几种编辑方法？

(4) 改变对象属性的常用命令有哪些？

(5) 动态缩放及中心缩放功能各有何优点？

(6) 当图形很大且有很多细节时，若想快速查看图形的局部区域，可采取何种方法？

(7) 命名视图及平铺视口有何用途？

二、 绘制如图 5-41 所示的图形

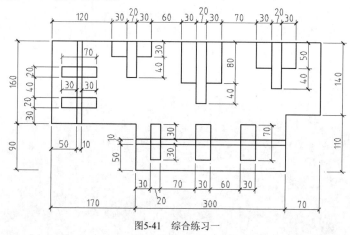

图5-41 综合练习一

三、 绘制如图 5-42 所示的图形

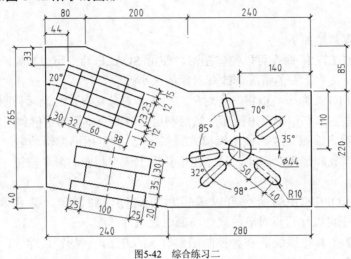

图5-42　综合练习二

第6章 书写文字

图样中一般都含有文字注释，它们表达了许多重要的非图形信息，如图形对象注释、标题栏信息及规格说明等。完备且布局适当的文字项目不仅使图样能更好地表现出设计思想，同时也使图纸本身显得清晰整洁。

在 AutoCAD 中有两类文字对象，一类是单行文本，另一类是多行文本，它们分别由 DTEXT 和 MTEXT 命令来创建。一般来讲，一些比较简短的文字项目，如标题栏信息、尺寸标注说明等，常常采用单行文字，而对带有段落格式的信息，如工程概况、设计说明等，则常使用多行文字。

本章将介绍如何创建及编辑单行、多行文本。

6.1 文字样式

创建文字对象时，它们的外观都由与其关联的文字样式所决定。缺省情况下，Standard 文字样式是当前样式，用户也可根据需要创建新的文字样式。

6.1.1 创建国标文字样式

文字样式主要是控制与文本连接的字体、字符宽度、文字倾斜角度及高度等项目，另外，用户还可通过它设计出相反的、颠倒的以及竖直方向的文本。用户可以针对每一种不同风格的文字创建对应的文字样式，这样在输入文本时就可以使用相应的文字样式来控制文本的外观。例如，用户可建立专门用于控制尺寸标注文字及设计说明文字外观的文本样式。

【练习6-1】： 创建国标文字样式。

1. 选取菜单命令【格式】/【文字样式】或键入 STYLE 命令，打开【文字样式】对话框，如图 6-1 所示。
2. 单击 新建(N)... 按钮，打开【新建文字样式】对话框，在【样式名】文本框中输入文字样式的名称"国标文字样式"，如图 6-2 所示。

图6-1 【文字样式】对话框

图6-2 【新建文字样式】对话框

3. 单击 确定 按钮，返回【文字样式】对话框，在【SHX 字体】下拉列表中选取
【gbenor.shx】，选取【使用大字体】复选项，然后在【大字体】下拉列表中选取
【gbcbig.shx】，如图 6-1 所示。

4. 单击 应用(A) 按钮完成。

设置字体、字高与特殊效果等外部特征以及修改、删除文字样式等操作是在【文字样
式】对话框中进行的，该对话框中的常用选项如下。

* 【样式名】：该下拉列表显示图样中所有文字样式的名称，用户可从中选择一
个，使其成为当前样式。

* 新建(N)... 按钮：单击此按钮，就可以创建新文字样式。

* 重命名(R)... 按钮：在【样式名】下拉列表中选择要重命名的文字样式，然后单
击此按钮修改文字样式名称。

* 删除(D) 按钮：在【样式名】下拉列表中选择一个文字样式，再单击此按钮，
就可以将该文字样式删除。当前样式以及正在使用的文字样式不能被删除。

* 【SHX 字体】：在此下拉列表中罗列了所有字体的清单。带有双"T"标志的
字体是 Windows 系统提供的"TrueType"字体，其他字体是 AutoCAD 自带的
字体（*.shx），其中【gbenor.shx】和【gbeitc.shx】（斜体西文）字体是符合国
家标准的工程字体。

* 【使用大字体】：大字体是指专为亚洲国家设计的文字字体。其中，
【gbcbig.shx】字体是符合国家标准的工程汉字字体，该字体文件还包含一些
常用的特殊符号，由于它不包含西文字体的定义，因而使用时可将其与
【gbenor.shx】和【gbeitc.shx】字体配合使用。

* 【字体样式】：取消对【使用大字体】复选项的选取，此时将会出现【字体样
式】下拉列表。如果用户选择的字体支持不同的样式，如粗体或斜体等，就可
在【字体样式】下拉列表中选择一个。

* 【高度】：输入字体的高度。如果用户在该文本框中指定了文本高度，则当使
用 DTEXT（单行文字）命令时，系统将不提示"指定高度"。

* 【颠倒】：选取此复选项，文字将上下颠倒显示。该复选项仅影响单行文字，
如图 6-3 所示。

AutoCAD 2000　　　　ＶｎｆｏＣＶＤ ５０００

关闭【颠倒】复选项　　　　打开【颠倒】复选项

图6-3　关闭和打开【颠倒】复选项时的效果

* 【反向】：选取该复选项，文字将首尾反向显示。该复选项仅影响单行文字，
如图 6-4 所示。

AutoCAD 2000　　　　０００２ ＤＡＯｏｔｕＡ

关闭【反向】复选项　　　　打开【反向】复选项

图6-4　关闭和打开【反向】复选项时的效果

* 【垂直】：选取该复选项，文字将沿竖直方向排列，如图 6-5 所示。

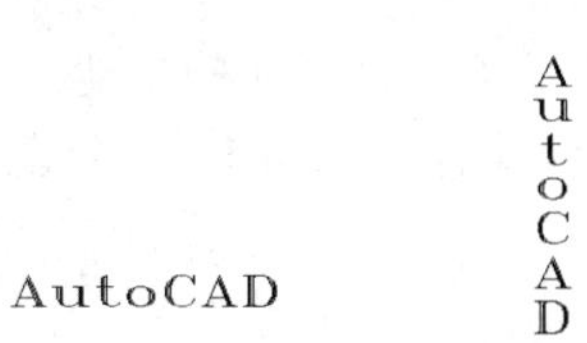

AutoCAD

（竖排）
A
u
t
o
C
A
D

关闭【垂直】复选项　　　　打开【垂直】复选项

图6-5　关闭和打开【垂直】复选项时的效果

- **【宽度比例】**：缺省的宽度因子为 1。若输入小于 1 的数值，则文本将变窄，否则文本变宽，如图 6-6 所示。

AutoCAD 2000　　　　　AutoCAD 2000

宽度比例因子为1.0　　　　　　宽度比例因子为0.7

图6-6　调整宽度比例因子

- **【倾斜角度】**：该文本框用于指定文本的倾斜角度，角度值为正时向右倾斜，为负时向左倾斜，如图 6-7 所示。

AutoCAD 2000　　　　　AutoCAD 2000

倾斜角度为30º　　　　　　　　　倾斜角度为−30º

图6-7　设置文字倾斜角度

6.1.2　修改文字样式

修改文字样式的操作也是在【文字样式】对话框中进行的，其过程与创建文字样式相似，这里不再重复。

修改文字样式时应注意以下几点。

(1)　修改完成后，单击【文字样式】对话框中的 应用(A) 按钮，则修改生效，系统立即更新图样中与此文字样式关联的文字。

(2)　当修改文字样式连接的字体文件时，系统将改变所有文字的外观。

(3)　当修改文字的【颠倒】、【反向】及【垂直】特性时，系统将改变单行文字的外观。而修改文字高度、宽度比例及倾斜角时，则不会引起已有单行文字外观的改变，但将影响此后创建的文字对象。

(4)　对于多行文字来说，只有【垂直】、【宽度比例】及【倾斜角度】选项才会影响已有的多行文字的外观。

要点提示　如果发现图形中的文本没有正确地显示出来，多数情况是由于文字样式所连接的字体不合适造成的。

6.2　单行文字

使用 DTEXT 命令可以非常灵活地创建文字项目。发出此命令后，用户不仅可以设定文本的对齐方式及文字的倾斜角度，而且还能用十字光标在不同的地方选取点以定位文本的位置（系统变量 DTEXTED 等于 1），该特性使用户只发出一次命令，就能在图形的任何区域放置文本。另外，DTEXT 命令还提供了屏幕预演的功能，即在输入文字的同时将该文字在屏幕上显示出来，这样用户就能很容易地发现文本输入的错误，以便及时修改。

6.2.1 创建单行文字

启动 DTEXT 命令可以创建单行文字，缺省情况下，该文字所关联的文字样式是【Standard】，采用的字体是【txt.shx】。如果用户要输入中文，应修改当前文字样式，使其与中文字体相联，此外，也可创建一个采用中文字体的新文字样式。

一、 命令启动方法

- 菜单命令:【绘图】/【文字】/【单行文字】。
- 命令: DTEXT 或简写 DT。

【练习6-2】： 练习使用 DTEXT 命令。

1. 打开附盘文件 "6-2.dwg"。
2. 创建新文字样式，并使该样式成为当前样式。设置新样式的名称为"工程文字样式"，与其相连的字体文件是【gbenor.shx】和【gbcbig.shx】。
3. 设置系统变量 DTEXTED 为 1，再启动 DTEXT 命令书写单行文字，如图 6-8 所示。

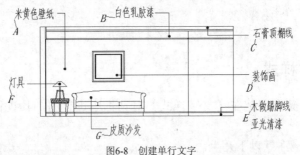

图6-8 创建单行文字

```
命令: dtexted
输入 DTEXTED 的新值 <2>: 1                //设置系统变量 DTEXTED 为 1，否则只能一次
                                            在一个位置输入文字

命令: _dtext
指定文字的起点或 [对正(J)/样式(S)]:     //在 A 点处单击一点
指定高度 <4.0000>: 350                   //输入文本的高度
指定文字的旋转角度 <0>:                  //按 Enter 键指定文本的倾斜角度为 0°
输入文字: 米黄色壁纸                      //输入文字
输入文字: 白色乳胶漆                      //在 B 点处单击一点，并输入文字
输入文字: 石膏顶棚线                      //在 C 点处单击一点，并输入文字
输入文字: 装饰画                          //在 D 点处单击一点，并输入文字
输入文字: 木做踢脚线                      //在 E 点处单击一点，并输入文字
                                         //按 Enter 键
输入文字: 亚光清漆                        //输入文字
输入文字: 灯具                            //在 F 点处单击一点，并输入文字
输入文字: 皮质沙发                        //在 G 点处单击一点，并输入文字
```

输入文字： //按 Enter 键结束命令

二、 命令选项

- 样式(S): 指定当前文字样式。
- 对正(J): 设定文字的对齐方式，详见 6.2.2 小节。

使用 DTEXT 命令可连续输入多行文字，每行可按 Enter 键结束，但用户不能控制各行的间距。DTEXT 命令的优点是文字对象的每一行都是一个单独的实体，因而对每行进行重新定位或编辑都很容易。

6.2.2 单行文字的对齐方式

发出 DTEXT 命令后，系统提示用户输入文本的插入点，此点和实际字符的位置关系由对齐方式[对正(J)]所决定。对于单行文字来说，系统提供了十多种对正选项，缺省情况下，文本是左对齐的，即指定的插入点是文字的左基线点，如图 6-9 所示。

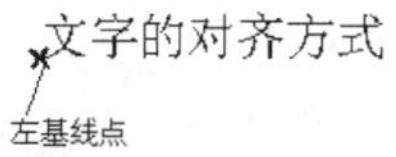

文字的对齐方式
×
左基线点

图6-9　左对齐方式

如果要改变单行文字的对齐方式，可使用"对正(J)"选项。在"指定文字的起点或[对正(J)/样式(S)]:"提示下输入"j"，则系统提示：

[对齐 (A) /调整 (F) /中心 (C) /中间 (M) /右 (R) /左上 (TL) /中上 (TC) /右上 (TR) /左中 (ML) /正中 (MC) /右中 (MR) /左下 (BL) /中下 (BC) /右下 (BR)]:

下面对以上选项进行详细说明。

- 对齐(A): 使用此选项时，系统提示指定文本分布的起始点和结束点。当用户选定两点并输入文本后，系统会将文字压缩或扩展，使其充满指定的宽度范围，而文字的高度则按适当比例变化，以使文本不致于被扭曲。
- 调整(F): 使用此选项时，系统增加了"指定高度:"的提示。使用此选项也将压缩或扩展文字，使其充满指定的宽度范围，但文字的高度值等于指定的数值。

  分别利用"对齐(A)"和"调整(F)"选项在矩形框中填写文字，结果如图 6-10 所示。

"对齐（A）"选项　　　　　　　　"调整（F）"选项

图6-10　使用"对齐(A)"和"调整(F)"选项时的文字效果

- 中心(C)/中间(M)/右(R)/左上(TL)/中上(TC)/右上(TR)/左中(ML)/正中(MC)/右中(MR)/左下(BL)/中下(BC)/右下(BR): 通过这些选项设置文字的插入点，各插入点位置如图 6-11 所示。

图6-11　设置插入点

6.2.3 在单行文字中加入特殊符号

工程图中用到的许多符号都不能通过标准键盘直接输入，如文字的下划线、直径代号等。当利用 DTEXT 命令创建文字注释时，必须输入特殊的代码来产生特定的字符，这些代码及其对应的特殊符号参见表 6-1。

表 6-1   特殊字符的代码

代　码	字　符
%%o	文字的上划线
%%u	文字的下划线
%%d	角度的度符号
%%p	表示 "±"
%%c	直径代号

使用表中代码生成特殊字符的样例如图 6-12 所示。

添加%%u特殊%%u字符　　添加特殊字符

%%c100　　　　　　　ϕ100

%%p0.010　　　　　　±0.010

图6-12 创建特殊字符

6.3 多行文字

使用 MTEXT 命令可以创建复杂的文字说明。用 MTEXT 命令生成的文字段落称为多行文字，它可由任意数目的文字行组成，所有的文字构成一个单独的实体。使用 MTEXT 命令时，可以指定文本分布的宽度，文字沿竖直方向可无限延伸。另外，用户还能设置多行文字中单个字符或某一部分文字的属性（包括文本的字体、倾斜角度和高度等）。

6.3.1 创建多行文字

创建多行文字时，首先要建立一个文本边框，此边框表明了段落文字的左右边界，然后在文本边框的范围内输入文字。文字字高及字体可事先设定或随时修改。

【练习6-3】： 使用 MTEXT 命令创建多行文字，文字内容如图 6-13 所示。

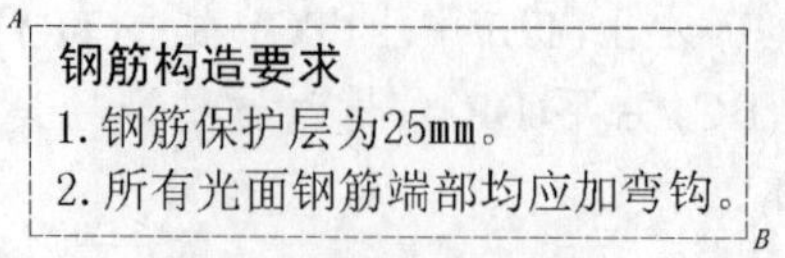

钢筋构造要求
1. 钢筋保护层为25mm。
2. 所有光面钢筋端部均应加弯钩。

图6-13 创建多行文字

1. 设定绘图区域大小为 10000 × 10000。

2. 选取菜单命令【格式】/【文字样式】，打开【文字样式】对话框，设定文字高度为 "400"，其余采用默认选项。

3. 单击【绘图】工具栏上的 **A** 按钮，或键入 MTEXT 命令，AutoCAD 提示：

指定第一角点： //在 A 点处单击一点，如图 6-13 所示
指定对角点： //在 B 点处单击一点

4. 系统弹出【文字格式】工具栏及顶部带标尺的文字输入框，如图 6-14 所示，在【字体】下拉列表中选取【黑体】，然后键入文字。

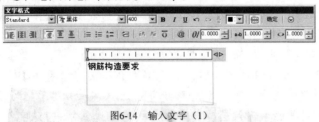

图6-14　输入文字（1）

5. 在【字体】下拉列表中选取【宋体】，在【字体高度】文本框中输入数值"350"，然后键入文字，如图 6-15 所示。

图6-15　输入文字（2）

6. 单击 确定 按钮，结果如图 6-13 所示。

　　启动 MTEXT 命令并建立文本边框后，系统将弹出【文字格式】工具栏及顶部带标尺的文字输入框，这两部分组成了多行文字编辑器，如图 6-16 所示。利用此编辑器用户可方便地创建文字并设置文字样式、对齐方式、字体及字高等。

图6-16　多行文字编辑器

　　在文字输入框中输入文本，当文本到达定义边框的右边界时，按 Shift+Enter 键换行（若按 Enter 键换行，则表示已输入的文字构成一个段落）。缺省情况下，文字输入框是透明的，用户可以观察到输入文字与其他对象是否重叠。若要关闭输入框的透明特性，可单击【文字格式】工具栏上的 ⊙ 按钮，然后选取【不透明背景】选项。
　　下面对多行文字编辑器的主要功能进行说明。

一、【文字格式】工具栏

- 【样式】下拉列表：设置多行文字的文字样式。若将一个新样式与现有多行文字相联，将不会影响文字的某些特殊格式，如粗体、斜体和堆叠等。
- 【字体】下拉列表：从此列表中选择需要的字体。多行文字对象中可以包含不同字体的字符。

- 【字体高度】文本框：从此下拉列表中选择或输入文字高度。多行文字对象中可以包含不同高度的字符。
- **B** 按钮：如果所用字体支持粗体，则可以通过此按钮将文本修改为粗体形式，按下该按钮为打开状态。
- *I* 按钮：如果所用字体支持斜体，则可以通过此按钮将文本修改为斜体形式，按下该按钮为打开状态。
- **U** 按钮：可利用此按钮将文字修改为下划线形式。
- 按钮：单击此按钮将使可层叠的文字堆叠起来，如图 6-17 所示，在创建分数及公差形式的文字时很有用。系统通过特殊字符 "/"、"^" 及 "#" 表明多行文字是可层叠的。输入层叠文字的方式为左边文字+特殊字符+右边文字，堆叠后左边文字被放在右边文字的上面。

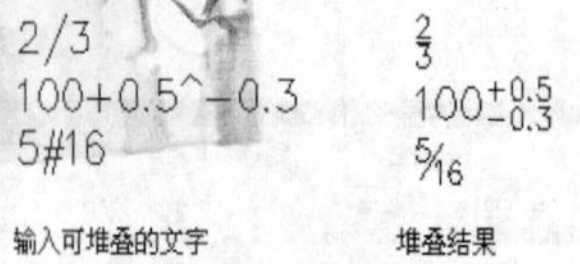

2/3
100+0.5^−0.3
5#16

$\frac{2}{3}$
$100^{+0.5}_{-0.3}$
$\frac{5}{16}$

输入可堆叠的文字　　　　堆叠结果

图6-17　堆叠文字

要点提示　通过堆叠文字的方法也可创建文字的上标或下标，输入方式为 "上标^"、"^下标"。例如，输入 "53^"，选中 "3^"，单击 按钮，结果为 "5^3"。

- 【文字颜色】下拉列表：为输入的文字设定颜色或修改已选定文字的颜色。
- 、、、、 及 按钮：设定文字的对齐方式，这 6 个按钮的功能分别为左对齐、居中对齐、右对齐、顶部对齐、中间对齐及底部对齐。
- 、 及 按钮：这 3 个按钮的功能分别为给段落文字添加数字编号、添加项目符号及添加大写字母形式的编号。
- 、 按钮：这两个按钮的功能分别为将选定文字更改为大写或小写。
- 按钮：给选定的文字添加上划线。
- @按钮：单击此按钮弹出菜单，该菜单中包含了许多常用符号。
- 【倾斜角度】文本框：设定文字的倾斜角度。
- 【追踪】文本框：控制字符间的距离。若输入大于 1 的值，则增大字符间距，否则将缩小字符间距。
- 【宽度比例】文本框：设定文字的宽度因子。若输入小于 1 的数值，则文本变窄，否则文本变宽。

二、文字输入框

(1) 标尺：设置首行文字及段落文字的缩进，还可设置制表位，操作方法如下。
- 拖动标尺上第一行的缩进滑块可改变所选段落第一行的缩进位置。
- 拖动标尺上第二行的缩进滑块可改变所选段落其余行的缩进位置。
- 标尺上显示了默认的制表位，如图 6-16 所示。要设置新的制表位，可用鼠标左键单击标尺；要删除创建的制表位，可用光标按住制表位，将其拖出标尺。

(2) 快捷菜单：在文本输入框中单击鼠标右键，弹出快捷菜单，该菜单中包含了一些标准编辑选项和多行文字特有的选项，如图 6-18 所示（只显示了部分选项）。
- 【符号】：该选项包含以下几个常用的子选项。

【度数】：在光标定位处插入特殊字符"%%d"，它表示度数符号"°"。

【正/负】：在光标定位处插入特殊字符"%%p"，它表示加、减符号"±"。

【直径】：在光标定位处插入特殊字符"%%c"，它表示直径符号"ϕ"。

【几乎相等】：在光标定位处插入符号"≈"。

【下标2】：在光标定位处插入下标"2"。

【平方】：在光标定位处插入上标"2"。

【立方】：在光标定位处插入上标"3"。

【其他】：选取该选项，则系统打开【字符映射表】对话框，在该对话框的【字体】下拉列表中选取字体，显示出所选字体包含的各种字符，如图6-19所示。若要插入一个字符，请选择它并单击 选择(S) 按钮，此时 AutoCAD 会将选取的字符放在【复制字符】文本框中，按此方法选取所有要插入的字符，然后单击 复制(C) 按钮，关闭【字符映射表】对话框，返回多行文字编辑器，在要插入字符的地方单击鼠标左键，再单击鼠标右键，弹出快捷菜单，从菜单中选取【粘贴】选项，这样就可以将字符插入到多行文字中了。

图6-18　快捷菜单

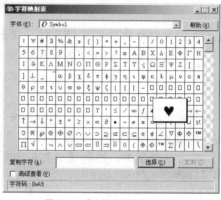

图6-19　【字符映射表】对话框

- 【项目符号和列表】：给段落文字添加编号及项目符号。
- 【背景遮罩】：为文字设置背景。
- 【对正】：设置多行文字的对齐方式。多行文字的对齐以文本输入框的左、右边界及上、下边界为准。

6.3.2 添加特殊字符

下面通过实例演示如何在多行文字中加入特殊字符，文字内容如下。

管道穿墙及穿楼板时，应装 ϕ 40 的钢质套管。

供暖管道管径 DN≤32 采用螺纹连接。

【练习6-4】：　添加特殊字符。

动画演示 —— 见光盘中的"6-4.avi"文件

1. 设定绘图区域大小为 10000×10000。
2. 选取菜单命令【格式】/【文字样式】，打开【文字样式】对话框，设定文字高度为

"500"，其余采用默认选项。

3. 单击【绘图】工具栏上的 **A** 按钮，再指定文字分布的宽度，打开多行文字编辑器，在【字体】下拉列表中选取【宋体】，然后键入文字，如图 6-20 所示。

图6-20　书写多行文字

4. 在要插入直径符号的地方单击鼠标左键，再指定当前字体为【txt】，然后单击鼠标右键，弹出快捷菜单，选取【符号】/【直径】选项，结果如图 6-21 所示。

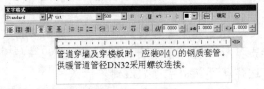

图6-21　插入直径符号

5. 在文本输入窗口中单击鼠标右键，弹出快捷菜单，选取【符号】/【其他】选项，打开【字符映射表】对话框，如图 6-22 所示。

6. 在对话框的【字体】下拉列表中选取【宋体】，然后选取需要的字符"≤"，如图 6-22 所示。

7. 单击 选择(S) 按钮，再单击 复制(C) 按钮。

8. 返回多行文字编辑器，在需要插入"≤"符号的地方单击鼠标左键，然后单击鼠标右键，弹出快捷菜单，选取【粘贴】选项，结果如图 6-23 所示。

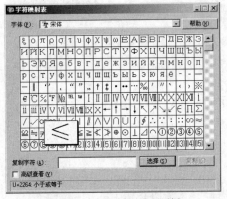

图6-22　【字符映射表】对话框

图6-23　插入"≤"符号

9. 单击 确定 按钮，完成操作。

6.4　编辑文字

编辑文字的常用方法有以下两种。

- 使用 DDEDIT 命令编辑单行或多行文字。选择不同对象，系统将打开不同的对话框。针对单行或多行文字，系统将分别打开【编辑文字】对话框和多行文字编辑器。使用 DDEDIT 命令编辑文本的优点是，此命令连续地提示用户选择要编辑的对象，因而只要发出 DDEDIT 命令，就能一次修改许多文字对象。

- 使用 PROPERTIES 命令修改文本。选择要修改的文字后，发出 PROPERTIES 命令，打开【特性】对话框，在该对话框中用户不仅能修改文本的内容，而且还能编辑文本的其他许多属性，如倾斜角度、对齐方式、高度和文字样式等。

【练习6-5】： 下面通过练习学习如何修改文字内容、改变多行文字的字体和字高、调整多行文字边界的宽度及为文字指定新的文字样式等。

动画演示 —— 见光盘中的"6-5.avi"文件

一、 修改文字内容、字体及字高

使用 DDEDIT 命令编辑单行或多行文字。

1. 打开附盘文件"6-5.dwg"，该文件所包含的文字内容如下。

> 工程说明
> 1.本工程±0.000 标高所相当的
> 绝对标高由现场决定。
> 2.混凝土强度等级为 C20。
> 3.基础施工时，需与设备工种密
> 切配合做好预留工作。

2. 输入 DDEDIT 命令，系统提示"选择注释对象:"，选择文字，打开多行文字编辑器，如图 6-24 所示。选中文字"工程"，将其修改为"设计"。

图6-24 修改文字内容

3. 选中文字"设计说明"，然后在【字体】下拉列表中选取【黑体】，再在【字体高度】文本框中输入数值"500"，按 Enter 键，结果如图 6-25 所示。

图6-25 修改字体及字高

4. 单击 **确定** 按钮，完成操作。

二、 调整多行文字边界宽度

继续前面的练习，修改多行文字边界宽度。

1. 选择多行文字，显示对象关键点，如图 6-26 左图所示，激活右边的一个关键点，进入拉伸编辑模式。

2. 向右移动鼠标光标，拉伸多行文字边界，结果如图 6-26 右图所示。

图6-26 拉伸多行文字边界

三、 为文字指定新的文字样式

继续前面的练习，为文字指定新的文字样式。

1. 选取菜单命令【格式】/【文字样式】，打开【文字样式】对话框，利用该对话框创建新文字样式，样式名为"样式-1"，使该文字样式连接中文字体【楷体-GB2312】。

2. 选择所有文字，再单击【标准】工具栏上的 按钮，打开【特性】对话框，在该对话框的【样式】下拉列表中选取【样式-1】，在【高度】文本框中输入数值"400"，按 Enter 键，结果如图 6-27 所示。

3. 采用新样式及设定新字高后的文字外观如图 6-28 所示。

图6-27 指定新文字样式并修改文字高度 图6-28 修改文字外观

6.5 填写表格的技巧

使用 DTEXT 命令可以方便地在表格中填写文字，但如果要保证表中文字项目的位置对齐就很困难了，因为使用 DTEXT 命令时只能通过拾取点来确定文字的位置，这样几乎不可能保证表中文字的位置是准确对齐的。

【练习6-6】： 在表格中添加文字的技巧。

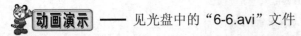

动画演示 —— 见光盘中的"6-6.avi"文件

1. 打开附盘文件 "6-6.dwg"。
2. 用 DTEXT 命令在表格的第一行中书写文字 "门窗编号"，如图 6-29 所示。

门窗编号			

图6-29　书写单行文字

3. 用 COPY 命令将 "门窗编号" 由 *A* 点复制到 *B*、*C*、*D* 点，如图 6-30 所示。
4. 用 DDEDIT 命令修改文字内容，再用 MOVE 命令调整 "洞口尺寸"、"位置" 的位置，结果如图 6-31 所示。

门窗编号	门窗编号		门窗编号	门窗编号
A 　　　*B*			*C*	*D*

图6-30　复制文字

门窗编号	洞口尺寸	数量	位置

图6-31　修改文字内容并调整其位置

5. 把已经填写的文字向下复制，如图 6-32 所示。
6. 用 DDEDIT 命令修改文字内容，结果如图 6-33 所示。

门窗编号	洞口尺寸	数量	位置
门窗编号	洞口尺寸	数量	位置
门窗编号	洞口尺寸	数量	位置
门窗编号	洞口尺寸	数量	位置
门窗编号	洞口尺寸	数量	位置

图6-32　向下复制文字

门窗编号	洞口尺寸	数量	位置
M1	4260X2700	2	阳台
M2	1500X2700	1	主入口
C1	1800X1800	2	楼梯间
C2	1020X1500	2	卧室

图6-33　修改文字内容

6.6　创建表格对象

在 AutoCAD 中可以生成表格对象。创建该对象时，系统首先生成一个空白表格，随后用户可在该表中填入文字信息。用户可以很方便地修改表格的宽度、高度及表中文字，还可按行、列方式删除表格单元或合并表中的相邻单元。

6.6.1　表格样式

表格对象的外观由表格样式控制。缺省情况下的表格样式是【Standard】，用户也可以根据需要创建新的表格样式。【Standard】表格的外观如图 6-34 所示，其中第一行是标题行，第二行是列标题行，其他行是数据行。

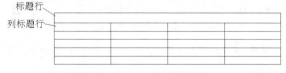

图6-34　【Standard】表格的外观

在表格样式中，用户可以设定标题文字和数据文字的文字样式、字高、对齐方式及表格单元的填充颜色，还可设定单元边框的线宽和颜色，以及控制是否将边框显示出来等。

命令启动方法

- 菜单命令:【格式】/【表格样式】。

- 工具栏:【样式】工具栏上的 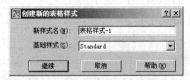 按钮。
- 命令: TABLESTYLE。

【练习6-7】: 创建新的表格样式。

1. 启动 TABLESTYLE 命令,打开【表格样式】对话框,如图 6-35 所示,利用该对话框可以新建、修改及删除表格样式。

2. 单击 新建(N)... 按钮,弹出【创建新的表格样式】对话框,在【基础样式】下拉列表中选取新样式的原始样式【Standard】,该原始样式为新样式提供默认设置,接着在【新样式名】文本框中输入新样式的名称 "表格样式-1",如图 6-36 所示。

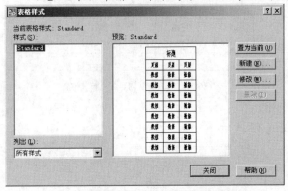

图6-35 【表格样式】对话框

图6-36 【创建新的表格样式】对话框

3. 单击 继续 按钮,打开【新建表格样式】对话框,如图 6-37 所示。该对话框包含 3 个选项卡,分别为【数据】、【列标题】和【标题】,通过这些选项卡用户就能设定所有表单元的外观。

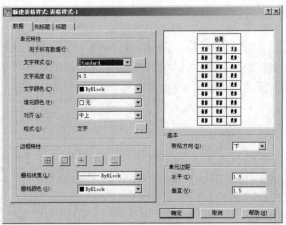

图6-37 【新建表格样式】对话框

4. 单击 确定 按钮,返回【表格样式】对话框,再单击 置为当前(U) 按钮,使新的表样式成为当前样式。

用户创建表格样式时,应对【新建表格样式】对话框中的常用选项有充分的了解。该对话框包含 3 个选项卡,各选项卡均由【单元特性】、【边框特性】、【基本】及【单元边距】4个分组框组成,下面介绍各部分的功能。

(1) 【单元特性】

设置数据单元、列标题或标题的外观,其具体内容取决于当前激活的选项卡。

- 【包含页眉行】：仅【列标题】选项卡中有此选项。若取消对该复选项的选取，则表中不包含列标题行。
- 【包含标题行】：仅【标题】选项卡中有此选项。若取消对该复选项的选取，则表中不包含标题行。
- 【文字样式】：选择文字样式。单击 ┄ 按钮，打开【文字样式】对话框，从中可创建新的文字样式。
- 【文字高度】：输入文字的高度。此选项仅在所选文字样式的文字高度为 0 时适用（默认情况下的文字样式为【Standard】，文字高度为 0）。
- 【文字颜色】：指定文字颜色。
- 【填充颜色】：指定表格单元的背景颜色，默认值为【无】。
- 【对齐】：设置表格单元中文字的对齐方式。
- 【格式】：为表格中的"数据"、"列标题"或"标题"行设置数据类型和格式。

(2)　【边框特性】

控制数据单元、列标题单元及标题单元的边框特性，具体内容取决于当前激活的选项卡。

- 【栅格线宽】：指定表格单元的边界线宽。
- 【栅格颜色】：指定表格单元的边界颜色。
- ⊞按钮：将边界特性设置应用于所有单元。
- ▢按钮：将边界特性设置应用于单元的外部边界。
- ⊞按钮：将边界特性设置应用于单元的内部边界。
- ▨按钮：隐藏单元的边界。
- ▱按钮：将边界特性设置应用于单元的底边界。

(3)　【基本】

设置表格方向。

- 【下】：创建从上向下读取的表对象。标题行和列标题行位于表的顶部。
- 【上】：创建从下向上读取的表对象。标题行和列标题行位于表的底部。

(4)　【单元边距】

控制单元边界和单元内容之间的间距。

- 【水平】：设置单元文字与左右单元边界之间的距离。
- 【垂直】：设置单元文字与上下单元边界之间的距离。

6.6.2　创建及修改空白表格

使用 TABLE 命令创建空白表格，空白表格的外观由当前表格样式决定。使用该命令时，用户要输入的主要参数有"行数"、"列数"、"行高"及"列宽"等。

命令启动方法

- 菜单命令：【绘图】/【表格】。
- 工具栏：【绘图】工具栏上的 ▦ 按钮。
- 命令：TABLE。

启动 TABLE 命令，系统将打开【插入表格】对话框，如图 6-38 所示。在该对话框中用户可选择表格样式，并指定表的行、列数目及相关尺寸来创建表格。

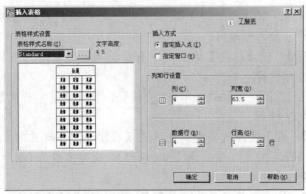

图6-38 【插入表格】对话框

该对话框中包含以下几个选项。

- **【表格样式名称】**: 在该下拉列表中指定表格样式,默认样式为**【Standard】**。
- **按钮**: 单击此按钮,打开**【表格样式】**对话框,利用该对话框可创建新的表样式或修改现有样式。
- **【指定插入点】**: 指定表格左上角的位置。
- **【指定窗口】**: 利用矩形窗口指定表的位置和大小。若事先指定了表的行、列数目,则列宽和行高将取决于矩形窗口的大小,反之亦然。
- **【列】**: 指定表的列数。
- **【列宽】**: 指定表的列宽。
- **【数据行】**: 指定数据行的行数。
- **【行高】**: 设定行的高度。**【行高】**是系统根据表样式中文字高度及单元边距确定出来的。

对于已创建的表格来说,用户可以修改表格单元的长、宽尺寸及表格对象的行、列数目。选中一个单元,拖动单元边框的关键点就可以使单元所在的行、列变宽或变窄。若单击鼠标右键,则弹出快捷菜单,利用此菜单上的**【特性】**选项也可修改单元的长、宽尺寸。此外,用户还可通过**【插入行】**、**【插入列】**和**【合并单元】**等选项改变表格的行、列数目。

若一次要编辑多个单元,则可用以下方法进行选择:

- 在表格中按住鼠标左键拖动鼠标光标,将出现一个虚线矩形框,在该矩形框内的以及与矩形框相交的单元都将被选中;
- 在单元内单击鼠标左键以选中它,再按住 Shift 键并在另一个单元内单击鼠标左键,则这两个单元以及它们之间的所有单元都将被选中。

【练习6-8】: 创建如图 6-39 所示的空白表格。

动画演示 —— 见光盘中的"6-8.avi"文件

1. 启动 TABLE 命令,打开**【插入表格】**对话框,在该对话框中输入表格的参数,如图 6-40 所示。

要点提示 若**【插入表格】**对话框中显示表格对象的内容为 "?" ,说明与当前表格样式关联的文字样式没有采用中文字体。修改文字样式使其与中文字体相连,则表格对象预览图片中将显示出中文。

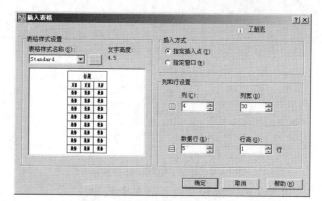

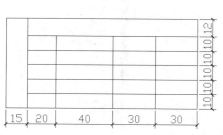

图6-39 创建表格

图6-40 【插入表格】对话框参数设置

2. 单击 按钮，关闭【插入表格】对话框，创建如图 6-41 所示的表格。

3. 选中第一、二行，单击鼠标右键，弹出快捷菜单，选取【删除行】选项，删除表格的第一、二行，结果如图 6-42 所示。

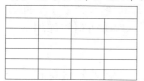

图6-41 创建表格

图6-42 删除表格的行

4. 选中第一列的任一单元，单击鼠标右键，弹出快捷菜单，选取【插入列】/【左】选项，插入新的一列，如图 6-43 所示。

5. 选中第一行的任一单元，单击鼠标右键，弹出快捷菜单，选取【插入行】/【上方】选项，插入新的一行，如图 6-44 所示。

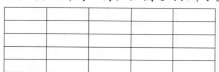

图6-43 插入新的一列

图6-44 插入新的一行

6. 选中第一列的所有单元，单击鼠标右键，弹出快捷菜单，选取【合并单元】/【全部】选项，结果如图 6-45 所示。

7. 选中第一行的所有单元，单击鼠标右键，弹出快捷菜单，选取【合并单元】/【全部】选项，结果如图 6-46 所示。

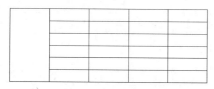

图6-45 合并单元（1）

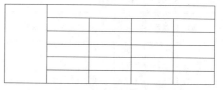

图6-46 合并单元（2）

8. 分别选中单元 A 和 B，然后利用关键点拉伸方式调整单元的尺寸，结果如图 6-47 所示。

9. 选中单元 C，单击【标准】工具栏上的 按钮，打开【特性】对话框，在【单元宽度】文本框中输入数值 "20"，如图 6-48 所示。

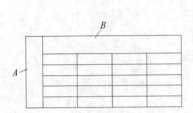

图6-47 利用关键点拉伸方式调整单元的尺寸

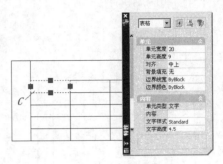

图6-48 修改单元宽度

10. 用类似的方法修改表格的其余尺寸。

6.6.3 在表格中填写文字

在表格单元中可以很方便地填写文字信息。使用 TABLE 命令创建表格后，系统会亮显表格的第一个单元，同时打开【文字格式】工具栏，此时即可输入文字了。此外，用户双击某一单元也能将其激活，从而可在其中填写或修改文字。当要移动到相邻的下一个单元时，可按 Tab 键，或使用箭头键向左、右、上或下移动。

【练习6-9】：打开附盘文件 "6-9.dwg"，在表中填写文字，结果如图 6-49 所示。

动画演示 —— 见光盘中的 "6-9.avi" 文件

1. 双击表格左上角的第一个单元将其激活，在其中输入文字，如图 6-50 所示。

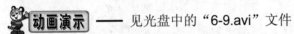

类型	编号	洞口尺寸		数量	备注
		宽	高		
窗	C1	1800	2100	2	
	C2	1500	2100	3	
	C3	1800	1800	1	
门	M1	3300	3000	3	
	M2	4260	3000	2	
卷帘门	JLM	3060	3000	1	

图6-49 在表中填写文字

类型					

图6-50 在左上角的第一个单元中输入文字

2. 使用箭头键进入其他表格单元继续填写文字，如图 6-51 所示。

3. 选中 "类型"、"编号"，单击【标准】工具栏上的 ▓ 按钮，打开【特性】对话框，在 【文字高度】文本框中输入数值 "7"，再用同样的方法将 "数量"、"备注" 的高度改为 7，结果如图 6-52 所示。

类型	编号	洞口尺寸		数量	备注
		宽	高		
窗	C1	1800	2100	2	
	C2	1500	2100	3	
	C3	1800	1800	1	
门	M1	3300	3000	3	
	M2	4260	3000	2	
卷帘门	JLM	3060	3000	1	

图6-51 输入表格中的其他文字

类型	编号	洞口尺寸		数量	备注
		宽	高		
窗	C1	1800	2100	2	
	C2	1500	2100	3	
	C3	1800	1800	1	
门	M1	3300	3000	3	
	M2	4260	3000	2	
卷帘门	JLM	3060	3000	1	

图6-52 修改文字高度

4. 选中除第一行、第一列外的所有文字，单击【标准】工具栏上的 ▓ 按钮，打开【特性】 对话框，在【对齐】下拉列表中选取【左中】，结果如图 6-49 所示。

6.7 小结

本章主要内容总结如下。

(1) 创建文字样式。文字样式决定了系统图形中文本的外观，缺省情况下，当前文字样式是【Standard】，用户也可以创建新的文字样式。文字样式是文本设置的集合，它决定了文本的字体、高度、宽度及倾斜角度等特性，通过修改某些设定，就能快速地改变文本的外观。

(2) 用 DTEXT 命令创建单行文字，用 MTEXT 命令创建多行文字。DTEXT 命令的最大优点是能够一次在图形的多个位置放置文本而无需退出，而 MTEXT 命令则提供了许多在 Windows 字处理中才有的功能，如建立下划线文字、在段落文本内部使用不同的字体及创建层叠文字等。

(3) 使用 DDEDIT 命令可以方便地修改文本的内容，而 PROPERTIES 命令则提供了更多的编辑功能，可以修改更多的文字属性。

(4) 在 AutoCAD 中可以创建表格对象，该对象的外观由表样式控制。对于已生成的表格对象来说，用户可以很方便地对其形状进行修改或编辑其中的文字信息。

6.8 习题

一、思考题

(1) 文字样式与文字的关系是怎样的？文字样式与文字字体有什么不同？

(2) 在文字样式中，宽度比例因子起何作用？

(3) 对于单行文字来说，执行对齐操作时使用"对齐(A)"选项和"调整(F)"选项有何差别？

(4) DTEXT 和 MTEXT 命令各有哪些优点？

(5) 如何创建分数及公差形式的文字？

(6) 如何修改文字内容及文字属性？

二、 打开附盘文件"xt-2.dwg"，如图 6-53 所示。请在图中加入单行文字，字高为 3.5，字体为【楷体-GB2312】

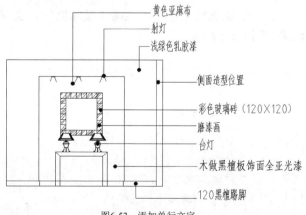

图6-53　添加单行文字

三、 打开附盘文件"xt-3.dwg",请在图中添加单行及多行文字,如图 6-54 所示

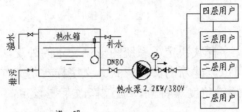

图6-54 添加单行及多行文字

图中文字的属性如下:

(1) 上部文字为单行文字,字体为【楷体-GB2312】,字高为 80;

(2) 下部文字为多行文字,文字字高为 80,"说明"的字体为【黑体】,其余文字采用【楷体-GB2312】。

四、 打开附盘文件"xt-4.dwg",如图 6-55 所示。请在表格中填写单行文字,字高分别为 500 和 350,字体为【gbcbig.shx】

类别	设计编号	洞口尺寸 (mm)		樘数	采用标准图集及编号		备注
		宽	高		图集代号	编号	
门	M1	1800	2300	1			不锈钢门 (样式由业主自定)
	M2	1500	2200	1			柴木门 (样式由业主自定)
	M3	1500	2200	1			夹板门 (样式由业主自定)
	M4	900	2200	11			夹板门 (样式由业主自定)
窗	C1	2350,3500	6400	1	98ZJ721		铝合金窗 (详见大样)
	C2	2900,2400	9700	1	98ZJ721		铝合金窗 (详见大样)
	C3	1800	2550	1	98ZJ721		铝合金窗 (详见大样)
	C4	1800	2250	2	98ZJ721		铝合金窗 (详见大样)

图6-55 在表格中填写单行文字

五、 使用 TABLE 命令创建表格,再修改表格并填写文字,文字高度为 3.5,字体为【仿宋】,结果如图 6-56 所示

图6-56 创建表格对象

第7章 标注尺寸

尺寸是工程图中的一项重要内容，用来描述设计对象中各组成部分的大小及相对位置关系，是工程施工的重要依据。在图纸设计中，标注尺寸是一个关键环节，正确的尺寸标注可使施工顺利进行，而错误的尺寸标注则有可能导致生产出次品甚至废品，给企业带来严重的经济损失。

尺寸标注是一项细致而繁琐的工作，AutoCAD 提供了一套完整的、灵活的尺寸标注系统，使用户可以轻松地完成这项任务。AutoCAD 标注系统有丰富的标注命令，而且可标注的对象也多种多样，此外，还能设置不同的标注格式，使用户能够方便、迅速地创建出符合工程设计标准的尺寸标注。

本章将介绍标注尺寸的基本方法及如何控制尺寸标注的外观，并通过典型实例说明怎样建立及编辑各种类型的尺寸。

7.1 尺寸样式

尺寸标注是一个复合体，它以块的形式存储在图形中，其组成部分包括尺寸线、尺寸界线、标注文字及尺寸起止符号等，如图 7-1 所示。这些组成部分的格式都由尺寸样式来控制。尺寸样式是尺寸变量的集合，这些变量决定了尺寸标注中各元素的外观，只要调整样式中的某些尺寸变量，就能灵活地改变标注的外观。

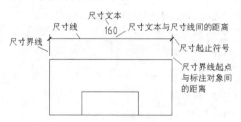

图7-1 尺寸标注的组成

在标注尺寸前，一般都要创建尺寸样式，否则，系统将使用缺省样式生成尺寸标注。用户可以定义多种不同的标注样式并为之命名，标注时只需指定某个样式为当前样式，就能创建相应的标注形式。

7.1.1 创建国标尺寸样式

创建尺寸标注时，标注的外观是由当前尺寸样式控制的，系统提供了一个缺省的尺寸样式 ISO-25，用户可以改变这个样式，或者生成自己的尺寸样式。

下面在图形文件中建立一个符合国家标准的新尺寸样式。

【练习7-1】： 建立新的国标尺寸样式。

1. 打开附盘文件 "7-1.dwg"，该文件包含一张绘图比例为 1：50 的图样。注意，该图在 AutoCAD 中是按1：1的比例绘制的，打印时的输出比例为1：50。

2. 建立新文字样式，样式名为 "标注文字"，与该样式相连的字体文件是【gbenor.shx】和 【gbcbig.shx】。

3. 单击【标注】工具栏上的 按钮，打开【标注样式管理器】对话框，如图 7-2 所示。该对话框是管理尺寸样式的地方，通过它可以创建新的尺寸样式或修改样式中的尺寸变量。

4. 单击 新建(N)... 按钮，打开【创建新标注样式】对话框，如图 7-3 所示。在该对话框的【新样式名】文本框中输入新的样式名称 "工程标注"，在【基础样式】下拉列表中指定某个尺寸样式作为新样式的基础样式，则新样式将包含基础样式的所有设置。此外，用户还可在【用于】下拉列表中设定新样式控制的尺寸类型，有关这方面的内容将在7.3.2 小节中详细讨论。缺省情况下，【用于】下拉列表的默认选项是【所有标注】，意思是指新样式将控制所有类型的尺寸。

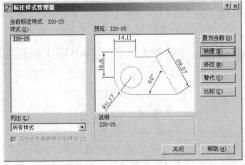

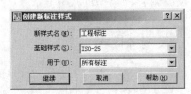

图7-2 【标注样式管理器】对话框   图7-3 【创建新标注样式】对话框

5. 单击 继续 按钮，打开【新建标注样式】对话框，如图 7-4 所示。该对话框有 7 个选项卡，在这些选项卡中可以进行以下设置。

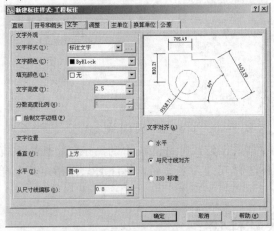

图7-4 【新建标注样式】对话框

- 在【文字】选项卡的【文字样式】下拉列表中选取【标注文字】，在【文字高度】、【从尺寸线偏移】文本框中分别输入 "2.5" 和 "0.8"。

- 进入【直线】选项卡，在【基线间距】、【超出尺寸线】和【起点偏移量】文本框中分别输入 "8"、"1.8" 和 "2"。

- 进入【符号和箭头】选项卡，在【箭头】分组框的【第一项】下拉列表中选取【建筑标记】，在【箭头大小】文本框中输入"1.3"。
- 进入【调整】选项卡，在【标注特征比例】分组框的【使用全局比例】文本框中输入"50"（绘图比例的倒数）。
- 进入【主单位】选项卡，在【单位格式】、【精度】和【小数分隔符】下拉列表中分别选取【小数】、【0.00】和【句点】。

6. 单击 确定 按钮得到一个新的尺寸样式，再单击 置为当前(U) 按钮使新样式成为当前样式。

7.1.2 设置尺寸线、尺寸界线

在【标注样式管理器】对话框中单击 修改(M)... 按钮，打开【修改标注样式】对话框，如图 7-5 所示。在该对话框的【直线】选项卡中可对尺寸线、尺寸界线进行设置。

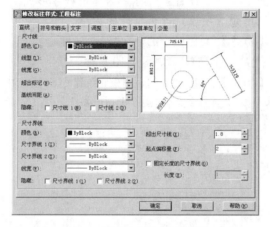

图7-5 【修改标注样式】对话框

【直线】选项卡中的常用选项如下。

- 【基线间距】：此选项决定了平行尺寸线间的距离。例如，当创建基线型尺寸标注时，相邻尺寸线间的距离由该选项控制，如图 7-6 所示。

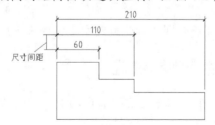

图7-6 控制尺寸线间的距离

- 【超出尺寸线】：控制尺寸界线超出尺寸线的距离，如图 7-7 所示。国家标准规定，尺寸界线一般超出尺寸线 2~3mm，如果准备使用 1:1 的比例出图，则应在【超出尺寸线】文本框中输入数值"2"或"3"。
- 【起点偏移量】：控制尺寸界线起点与标注对象端点间的距离，如图 7-8 所示。通常应使尺寸界线与标注对象不发生接触，这样才能较容易区分尺寸标注和被标注的对象。

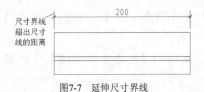
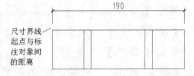

图7-7　延伸尺寸界线

图7-8　控制尺寸界线起点与标注对象端点间的距离

7.1.3　设置尺寸起止符号及圆心标记

在【修改标注样式】对话框中单击【符号和箭头】选项卡，如图 7-9 所示。在此选项卡中可设置尺寸起止符号及圆心标记的形式和大小。

【符号和箭头】选项卡中的常用选项如下。

- 【第一项】和【第二个】：这两个下拉列表用于设置尺寸线两端的起止符号形式。
- 【引线】：通过此下拉列表设置引线标注的起止符号形式。
- 【箭头大小】：利用此选项设定起止符号的大小。
- 【标记】：利用【标注】工具栏上的 ⊕ 按钮创建圆心标记。圆心标记是指标明圆或圆弧圆心位置的小十字线，如图 7-10 所示。
- 【直线】：利用【标注】工具栏上的 ⊕ 按钮创建中心线。中心线是指过圆心并延伸至圆周的水平及竖直直线，如图 7-10 所示。

图7-9　【符号和箭头】选项卡

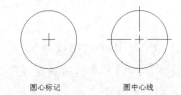

圆心标记　　　圆中心线

图7-10　圆心标记及圆中心线

- 【大小】：利用该选项设定圆心标记或圆中心线的大小。

7.1.4　设置尺寸文本的外观和位置

在【修改标注样式】对话框中单击【文字】选项卡，如图 7-11 所示。在此选项卡中可以调整尺寸文本的外观，并能控制文本的位置。

【文字】选项卡中的常用选项如下。

- 【文字样式】：在此下拉列表中选择文字样式，也可以单击【文字样式】右边的 按钮，打开【文字样式】对话框，创建新的文字样式。
- 【文字高度】：在此文本框中输入文字的高度。若在文本样式中已设定了文字高度，则在此文本框中设置的文本高度无效。
- 【垂直】下拉列表：此下拉列表中包含【置中】、【上方】、【外部】及【JIS】4 个选项。当选取某一选项时，请注意对话框右上角预览图片的变化，通过这张图片用户就可以清楚地了解每一选项的功能。对于国标标注来说，应选取【上方】选项。

- 【水平】下拉列表：此下拉列表中包含有 5 个选项，当选取某一选项时，请注意对话框右上角预览图片的变化，通过这张图片用户就可以清楚地了解每一选项的功能。对于国标标注来说，应选取【置中】选项。

- 【从尺寸线偏移】：该选项设定标注文字与尺寸线间的距离，如图 7-12 所示。

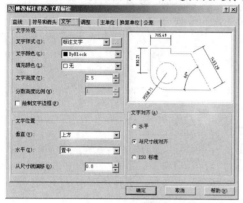

图7-11　【文字】选项卡

图7-12　控制文字相对于尺寸线的偏移量

- 【水平】：使所有标注文本水平放置。
- 【与尺寸线对齐】：使标注文本与尺寸线对齐。对于国标标注来说，应选取此选项。
- 【ISO 标准】：当标注文本在两条尺寸界线的内部时，标注文本与尺寸线对齐，否则标注文字将水平放置。

7.1.5　设置尺寸标注的总体比例

尺寸标注的全局比例因子将影响尺寸标注所有组成元素的大小，如标注文字、尺寸箭头等，如图 7-13 所示。当用户欲以 1：100 的比例将图样打印在标准幅面的图纸上时，为保证尺寸外观合适，应设定标注的全局比例为打印比例的倒数，即 100。

在【修改标注样式】对话框中单击【调整】选项卡，如图 7-14 所示。在该对话框的【使用全局比例】文本框中设定标注的全局比例因子。

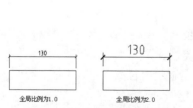

图7-13　全局比例因子对尺寸标注的影响

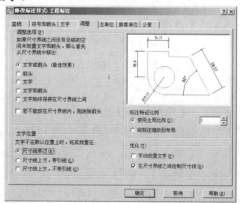

图7-14　【调整】选项卡

7.1.6 设置尺寸精度及尺寸数值比例因子

在【修改标注样式】对话框中单击【主单位】选项卡,如图 7-15 所示。在该选项卡中可以设置尺寸数值的精度及尺寸数值比例因子,并能给标注文本加入前缀或后缀。下面分别对【线性标注】和【角度标注】分组框中的常用选项进行说明。

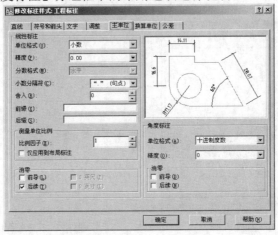

图7-15 【主单位】选项卡

一、 【线性标注】分组框

该分组框用于设置线性尺寸的单位格式和精度。

- 【单位格式】: 在该下拉列表中选择所需的长度单位类型。
- 【精度】: 设定长度型尺寸数字的精度 (小数点后显示的位数)。
- 【小数分隔符】: 若单位类型是十进制, 则可在此下拉列表中选择分隔符的形式。系统提供了 3 种分隔符, 分别为逗点、句点和空格。
- 【舍入】: 该文本框用于设定标注数值的近似规则。例如, 如果在该文本框中输入 0.03, 则系统将标注数字的小数部分近似到最接近 0.03 的整数倍。
- 【前缀】: 在该文本框中输入标注文本的前缀。
- 【后缀】: 在该文本框中输入标注文本的后缀。
- 【比例因子】: 可输入尺寸数字的缩放比例因子。当标注尺寸时, AutoCAD 用此比例因子乘以真实的测量数值, 然后将结果作为标注数值。
- 【前导】: 隐藏长度型尺寸数字前面的 0。例如, 若尺寸数字是 "0.578", 则显示为 ".578"。
- 【后续】: 隐藏长度型尺寸数字后面的 0。例如, 若尺寸数字是 "5.780", 则显示为 "5.78"。

二、 【角度标注】分组框

在该分组框中用户可设置角度尺寸的单位格式和精度。

- 【单位格式】: 在此下拉列表中选择角度的单位类型。
- 【精度】: 设置角度型尺寸数字的精度 (小数点后显示的位数)。
- 【前导】: 隐藏角度型尺寸数字前面的 0。
- 【后续】: 隐藏角度型尺寸数字后面的 0。

7.1.7 修改尺寸标注样式

修改尺寸标注样式的操作是在【修改标注样式】对话框中进行的，当修改操作完成后，图样中所有使用此样式的标注都将发生变化。

【练习7-2】： 修改尺寸标注样式。

1. 在【标注样式管理器】对话框中选择要修改的尺寸样式。
2. 单击 修改(M)... 按钮，弹出【修改标注样式】对话框。
3. 在【修改标注样式】对话框的各选项卡中修改尺寸变量。
4. 关闭【标注样式管理器】对话框后，即可更新所有与此样式相关联的尺寸标注。

7.1.8 临时修改标注样式——标注样式的覆盖方式

修改标注样式后，系统将改变所有与此样式相关联的尺寸标注。但如果想创建个别特殊形式的尺寸标注，如将标注文字水平放置、改变尺寸起止符号等，则用户不能直接去修改尺寸样式，也不必再创建新样式，只需采用当前样式的覆盖方式进行标注就可以了。

【练习7-3】： 建立当前尺寸样式的覆盖形式。

1. 单击 按钮，打开【标注样式管理器】对话框。
2. 再单击 替代(O)... 按钮（注意不要使用 修改(M)... 按钮），打开【替代当前样式】对话框，然后修改尺寸变量。
3. 单击【标注样式管理器】对话框中的 关闭 按钮，返回主窗口。
4. 创建尺寸标注，则 AutoCAD 暂时使用新的尺寸变量控制尺寸外观。
5. 如果要恢复原来的尺寸样式，可再次进入【标注样式管理器】对话框，在该对话框的列表栏中选择该样式，然后单击 置为当前(U) 按钮。此时，系统将打开一个提示性对话框，如图 7-16 所示，单击 确定 按钮，系统就会忽略用户对标注样式所做的修改。

图7-16 提示性对话框

7.1.9 删除和重命名标注样式

删除和重命名标注样式的操作是在【标注样式管理器】对话框中进行的。

【练习7-4】： 删除和重命名标注样式。

1. 在【标注样式管理器】对话框的【样式】列表框中选择要进行操作的样式名。
2. 单击鼠标右键打开快捷菜单，选取【删除】选项删除尺寸样式，如图 7-17 所示。

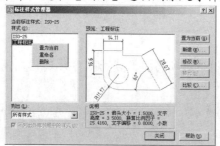

图7-17 【标注样式管理器】对话框

3. 若要重命名样式，则选取【重命名】选项，然后输入新名称，如图7-17所示。

需要注意的是，用户不能删除当前样式及正被使用的尺寸样式，也不能删除样式列表中仅有的一个标注样式。

7.2 创建长度型尺寸

标注长度型尺寸一般可使用以下两种方法：

- 通过在标注对象上指定尺寸线的起始点和终止点创建尺寸标注；
- 直接选取要标注的对象。

在标注过程中，用户可随时修改标注文字及文字的倾斜角度，还能动态地调整尺寸线的位置。

7.2.1 标注水平、竖直及倾斜方向的尺寸

使用DIMLINEAR命令可以标注水平、竖直及倾斜方向的尺寸。标注时，若要使尺寸线倾斜，可输入"R"选项，然后再输入尺寸线的倾角即可。

一、 命令启动方法

- 菜单命令：【标注】/【线性】。
- 工具栏：【标注】工具栏上的 按钮。
- 命令：DIMLINEAR或简写DIMLIN。

【练习7-5】： 练习使用DIMLINEAR命令。

打开附盘文件"7-5.dwg"，用DIMLINEAR命令创建尺寸标注，如图7-18所示。

```
命令：_dimlinear
指定第一条尺寸界线原点或 <选择对象>：int 于
        //指定第一条尺寸界线的起始点A，或按 Enter 键选择要标注的对象，如图7-18所示
指定第二条尺寸界线原点：int 于                    //选取第二条尺寸界线的起始点B
指定尺寸线位置或[多行文字(M)/文字(T)/角度(A)/水平(H)/垂直(V)/旋转(R)]：
        //拖动鼠标光标将尺寸线放置在适当位置，然后单击鼠标左键完成操作
```

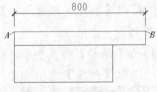

图7-18 标注水平方向的尺寸

二、 命令选项

- 多行文字(M)：使用该选项将打开多行文字编辑器，用户利用此编辑器可输入新的标注文字。

> 要点提示 若修改了系统自动标注的文字，就会失去尺寸标注的关联性，即尺寸数字不随标注对象的改变而改变。

- 文字(T)：此选项使用户可以在命令行上输入新的尺寸文字。

- 角度(A)：通过该选项设置文字的放置角度。
- 水平(H)/垂直(V)：创建水平或垂直型尺寸。用户也可以通过移动鼠标光标指定创建何种类型的尺寸。若左右移动鼠标光标，则将生成垂直尺寸；若上下移动鼠标光标，则将生成水平尺寸。
- 旋转(R)：使用 DIMLINEAR 命令时，系统会自动将尺寸线调整成水平或竖直方向。"旋转(R)"选项可使尺寸线倾斜一个角度，因此可利用此选项标注倾斜的对象，如图 7-19 所示。

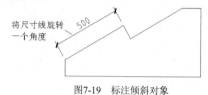

图7-19　标注倾斜对象

7.2.2　创建对齐尺寸

要标注倾斜对象的真实长度可使用对齐尺寸，对齐尺寸的尺寸线平行于倾斜的标注对象。如果用户是选择两个点来创建对齐尺寸，则尺寸线与两点的连线平行。

命令启动方法

- 菜单命令：【标注】/【对齐】。
- 工具栏：【标注】工具栏上的 按钮。
- 命令：DIMALIGNED 或简写 DIMALI。

【练习7-6】：　练习使用 DIMALIGNED 命令。

打开附盘文件 "7-6.dwg"，用 DIMALIGNED 命令创建尺寸标注，如图 7-20 所示。

```
命令: _dimaligned
指定第一条尺寸界线原点或 <选择对象>: int 于
                            //捕捉交点 A，或按回车键选择要标注的对象，如图 7-20 所示
指定第二条尺寸界线原点: int 于              //捕捉交点 B
指定尺寸线位置或[多行文字(M)/文字(T)/角度(A)]:    //移动鼠标光标指定尺寸线的位置
```

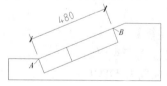

图7-20　标注对齐尺寸

DIMALIGNED 命令各选项的功能参见 7.2.1 小节。

7.2.3　创建连续型及基线型尺寸标注

连续型尺寸标注是一系列首尾相连的标注，而基线型尺寸标注是指所有的尺寸都从同一点开始标注，即它们公用一条尺寸界线。连续型和基线型尺寸的标注方法类似，在创建这两种形式的尺寸时，首先应建立一个尺寸标注，然后发出标注命令，当系统提示"指定第二条

尺寸界线原点或[放弃(U)/选择(S)] <选择>:"时，可采取下面的某种操作方式。

- 直接拾取对象上的点。由于已事先建立了一个尺寸，因此系统将以该尺寸的第一条尺寸界线为基准线生成基线型尺寸，或者以该尺寸的第二条尺寸界线为基准线建立连续型尺寸。
- 若不想在前一个尺寸的基础上生成连续型或基线型尺寸，则按 Enter 键，系统将提示"选择连续标注:"或"选择基准标注:"，此时可选择某条尺寸界线作为建立新尺寸的基准线。

一、 基线标注

命令启动方法

- 菜单命令:【标注】/【基线】。
- 工具栏:【标注】工具栏上的 按钮。
- 命令: DIMBASELINE 或简写 DIMBASE。

【练习7-7】: 练习使用 DIMBASELINE 命令。

打开附盘文件 "7-7.dwg"，用 DIMBASELINE 命令创建尺寸标注，如图 7-21 所示。

命令: _dimbaseline
选择基准标注: //指定 A 点处的尺寸界线为基准线，如图 7-21 所示
指定第二条尺寸界线原点或 [放弃(U)/选择(S)] <选择>: int 于 //指定第二点 B
指定第二条尺寸界线原点或 [放弃(U)/选择(S)] <选择>: int 于 //指定第三点 C
指定第二条尺寸界线原点或 [放弃(U)/选择(S)] <选择>:   //按 Enter 键
选择基准标注: //按 Enter 键结束命令

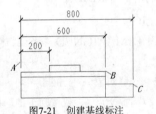

图7-21 创建基线标注

二、 连续标注

命令启动方法

- 菜单命令:【标注】/【连续】。
- 工具栏:【标注】工具栏上的 按钮。
- 命令: DIMCONTINUE 或简写 DIMCONT。

【练习7-8】: 练习使用 DIMCONTINUE 命令。

打开附盘文件 "7-8.dwg"，用 DIMCONTINUE 命令创建尺寸标注，如图 7-22 所示。

命令: _dimcontinue
选择连续标注: //指定 A 点处的尺寸界线为基准线，如图 7-22 所示
指定第二条尺寸界线原点或 [放弃(U)/选择(S)] <选择>: int 于 //指定第二点 B
指定第二条尺寸界线原点或 [放弃(U)/选择(S)] <选择>: int 于 //指定第三点 C
指定第二条尺寸界线原点或 [放弃(U)/选择(S)] <选择>: int 于 //指定第四点 D
指定第二条尺寸界线原点或 [放弃(U)/选择(S)] <选择>:   //按 Enter 键

选择连续标注：   //按 Enter 键结束命令

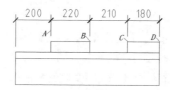

图7-22 创建连续标注

可以对角度型尺寸使用 DIMBASELINE 和 DIMCONTINUE 命令。

7.2.4 例题——设定全局比例因子及标注长度型尺寸

【练习7-9】： 打开附盘文件 "7-9.dwg"，标注此图样，结果如图 7-23 所示。

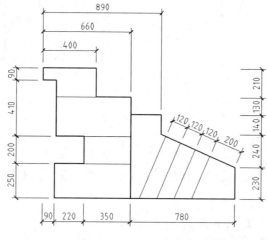

图7-23 标注建筑平面图

 动画演示 —— 见光盘中的 "7-9.avi" 文件

1. 建立一个名为 "建筑–标注" 的图层，设置图层颜色为红色，线型为【Continuous】，并使其成为当前层。

2. 创建新文字样式，样式名为 "标注文字"，与该样式相连的字体文件是【gbenor.shx】和【gbcbig.shx】。

3. 创建一个尺寸样式，名称为 "工程标注"，对该样式进行以下设置。
    - 标注文本连接 "标注文字"，文字高度等于 "2"，精度为【0.0】，小数点格式是【句点】。
    - 标注文本与尺寸线间的距离是 "0.8"。
    - 尺寸起止符号为【建筑标记】，其大小为 "1.3"。
    - 尺寸界线超出尺寸线的长度等于 "1.5"。
    - 尺寸线起始点与标注对象端点间的距离为 "2"。
    - 标注基线尺寸时，平行尺寸线间的距离为 "7"。

- 标注全局比例因子为 "20"。
- 使 "工程标注" 成为当前样式。

4. 打开对象捕捉，设置捕捉类型为【端点】、【交点】。

5. 创建连续标注及基线标注，如图 7-24 所示。

6. 使用 XLINE 命令绘制竖直辅助线 *A* 及水平辅助线 *B*、*C* 等，水平辅助线与竖直辅助线的交点分别是标注尺寸的起始点和终止点。标注尺寸 "230"、"240" 等，如图 7-25 所示。

7. 删除辅助线，创建对齐尺寸，结果如图 7-23 所示。

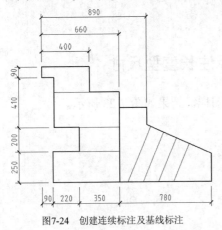

图7-24　创建连续标注及基线标注

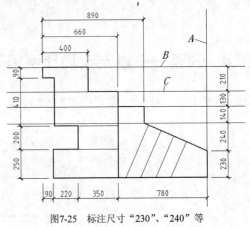

图7-25　标注尺寸 "230"、"240" 等

7.3　创建角度尺寸

标注角度尺寸时，可通过拾取两条边线、3 个点或一段圆弧来创建角度尺寸。

命令启动方法

- 菜单命令:【标注】/【角度】。
- 工具栏:【标注】工具栏上的 △ 按钮。
- 命令: DIMANGULAR 或简写 DIMANG。

【练习7-10】: 练习使用 DIMANGULAR 命令。

打开附盘文件 "7-10.dwg"，用 DIMANGULAR 命令创建尺寸标注，如图 7-26 所示。

命令: _dimangular	
选择圆弧、圆、直线或 <指定顶点>:	//选择角的第一条边 *A*，如图 7-26 所示
选择第二条直线:	//选择角的第二条边 *B*
指定标注弧线位置或 [多行文字(M)/文字(T)/角度(A)]:	//移动鼠标光标指定尺寸线的位置
命令: DIMANGULAR	//重复命令
选择圆弧、圆、直线或 <指定顶点>:	//按 Enter 键
指定角的顶点: int 于	//捕捉 *C* 点
指定角的第一个端点: int 于	//捕捉 *D* 点
指定角的第二个端点: int 于	//捕捉 *E* 点
指定标注弧线位置或 [多行文字(M)/文字(T)/角度(A)]:	//移动鼠标光标指定尺寸线的位置

结果如图 7-26 所示。

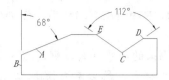

图7-26　创建尺寸标注

选择圆弧时，系统将直接标注圆弧所对应的圆心角，移动鼠标光标到圆心的不同侧时，标注数值不同。

选择圆时，第一个选择点是角度起始点，再单击一点是角度的终止点，系统将标出这两点间圆弧所对应的圆心角。当移动鼠标光标到圆心的不同侧时，标注数值不同。

DIMANGULAR 命令各选项的功能参见 7.2.1 小节。

要点提示　可以使用角度尺寸或长度尺寸的标注命令来查询角度值和长度值。当发出命令并选择对象后，就能看到标注文本，此时按 Esc 键取消正在执行的命令，就不会将尺寸标注出来。

7.3.1　利用尺寸样式覆盖方式标注角度

在建筑图中，角度尺寸的起止符号为箭头，角度数字一律水平放置。此时，可采用当前样式的覆盖方式标注角度，以使标注的外观符合国家标准。

【练习7-11】： 打开附盘文件 "7-11.dwg"，用当前样式覆盖方式标注角度，如图 7-27 所示。

图7-27　利用尺寸样式覆盖方式标注角度

动画演示 —— 见光盘中的 "7-11.avi" 文件

1. 单击 ⟋ 按钮，打开【标注样式管理器】对话框。
2. 单击 替代(O)... 按钮（注意不要单击 修改(M)... 按钮），打开【替代当前样式】对话框。
3. 单击【文字】选项卡，在【文字对齐】分组框中选取【水平】单选项，如图 7-28 所示。

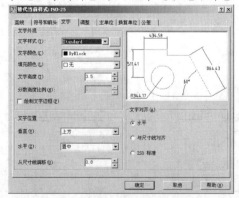

图7-28　【替代当前样式】对话框

4. 返回主窗口，用 DIMANGULAR 和 DIMCONTINUE 命令标注角度尺寸，角度数字将水平放置，如图 7-27 所示。

5. 角度标注完成后，若要恢复原来的尺寸样式，则需进入【标注样式管理器】对话框，在该对话框的列表框中选择尺寸样式，然后单击 置为当前(U) 按钮，此时系统将打开一个提示性对话框，继续单击 确定 按钮完成设置。

7.3.2 使用角度尺寸样式簇标注角度

AutoCAD 可以生成已有尺寸样式（父样式）的子样式，该子样式也称为样式簇，用于控制某一特定类型的尺寸。例如，用户可以通过样式簇控制角度尺寸或直径尺寸的外观。当修改子样式中的尺寸变量时，其父样式将保持不变，反过来，当对父样式进行修改时，子样式中从父样式继承下来的特性将改变，而在创建子样式时新设定的参数将不变。

【练习7-12】：打开附盘文件"7-12.dwg"，利用角度尺寸样式簇标注角度，如图 7-29 所示。

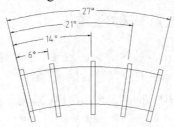

图7-29 利用角度尺寸样式簇标注角度

动画演示 —— 见光盘中的"7-12.avi"文件

1. 单击 按钮，打开【标注样式管理器】对话框，再单击 新建(N)... 按钮，打开【创建新标注样式】对话框，在【用于】下拉列表中选取【角度标注】，如图 7-30 所示。

2. 单击 继续 按钮，打开【新建标注样式】对话框，进入【文字】选项卡，在【文字对齐】分组框中选取【水平】单选项，如图 7-31 所示。

3. 单击 确定 按钮，完成操作。

4. 返回主窗口，用 DIMANGULAR 和 DIMBASELINE 命令标注角度尺寸，此类尺寸的外观由样式簇控制，结果如图 7-29 所示。

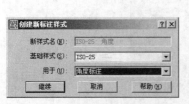

图7-30 【创建新标注样式】对话框

图7-31 【新建标注样式】对话框

7.4　创建直径型和半径型尺寸

在标注直径和半径尺寸时，系统将自动在标注文字前面加入"ϕ"或"R"符号。在实际标注中，直径和半径型尺寸的标注形式多种多样，若通过当前样式的覆盖方式进行标注，会非常方便。

7.4.1　标注直径尺寸

命令启动方法
- 菜单命令:【标注】/【直径】。
- 工具栏:【标注】工具栏上的 ⊘ 按钮。
- 命令: DIMDIAMETER 或简写 DIMDIA。

【练习7-13】: 标注直径尺寸。

打开附盘文件 "7-13.dwg"，用 DIMDIAMETER 命令创建尺寸标注，如图 7-32 所示。

```
命令: _dimdiameter
选择圆弧或圆:                              //选择要标注的圆，如图 7-32 所示
指定尺寸线位置或 [多行文字(M)/文字(T)/角度(A)]: //移动鼠标光标指定标注文字的位置
```
结果如图 7-32 所示。

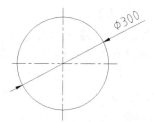

图7-32　标注直径尺寸

DIMDIAMETER 命令各选项的功能参见 7.2.1 小节。

7.4.2　标注半径尺寸

标注半径尺寸的过程与标注直径尺寸的过程类似。

命令启动方法
- 菜单命令:【标注】/【半径】。
- 工具栏:【标注】工具栏上的 ⊙ 按钮。
- 命令: DIMRADIUS 或简写 DIMRAD。

【练习7-14】: 标注半径尺寸。

打开附盘文件 "7-14.dwg"，用 DIMRADIUS 命令创建尺寸标注，如图 7-33 所示。

```
命令: _dimradius
选择圆弧或圆:                              //选择要标注的圆弧，如图 7-33 所示
指定尺寸线位置或 [多行文字(M)/文字(T)/角度(A)]: //移动鼠标光标指定标注文字的位置
```
结果如图 7-33 所示。

图7-33　标注半径尺寸

DIMRADIUS 命令各选项的功能参见 7.2.1 小节。

7.4.3　工程图中直径及半径尺寸的几种典型标注形式

工程图中直径和半径尺寸的典型标注样例如图 7-34 所示，用户可通过尺寸样式覆盖方式创建这些标注形式。下面通过练习介绍具体标注过程。

图7-34　直径和半径尺寸的典型标注样例

【练习7-15】：指定尺寸起止符号为箭头，并将标注文字水平放置。

1.　打开附盘文件 "7-15.dwg"。

2.　单击 ⊿按钮，打开【标注样式管理器】对话框。

3.　单击 替代⑴... 按钮，打开【替代当前样式】对话框。

4.　进入【符号和箭头】选项卡，在【箭头】分组框的【第一项】下拉列表中选取【实心闭合】，再进入【文字】选项卡，在【文字对齐】分组框中选取【水平】单选项。

5.　返回主窗口，标注直径尺寸 ϕ270，结果如图 7-34 左图所示。

【练习7-16】：将尺寸线放在圆弧外面。

缺省情况下，系统将在圆或圆弧内放置尺寸线，但也可以去掉圆或圆弧内的尺寸线。

1.　打开附盘文件 "7-16.dwg"。

2.　打开【标注样式管理器】对话框，在该对话框中单击 替代⑴... 按钮，打开【替代当前样式】对话框。

3.　进入【文字】选项卡，在【文字对齐】分组框中选取【水平】单选项，进入【调整】选项卡，在【优化】分组框中取消对【在尺寸界线之间绘制尺寸线】复选项的选取，如图 7-35 所示。

4.　返回主窗口，标注直径及半径尺寸，如图 7-34 中图和右图所示。

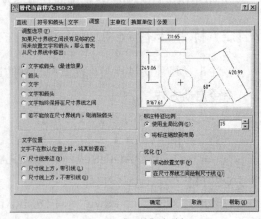

图7-35　【调整】选项卡

7.5　创建引线标注

利用 QLEADER 命令可以画出一条引线来标注对象，在引线末端可输入文字和图形元素。此外，用户在操作中还能设置引线的形式（直线或曲线）、控制尺寸起止符号的外观及注释文字的对齐方式等。

命令启动方法

- 菜单命令：【标注】/【引线】。
- 工具栏：【标注】工具栏上的 按钮。
- 命令：QLEADER 或简写 LE。

【**练习7-17**】：　打开附盘文件"7-17.dwg"，用 QLEADER 命令创建引线标注。

1. 单击 按钮，系统提示"指定第一个引线点或 [设置(S)]<设置>:"，直接按 Enter 键，打开【引线设置】对话框，在【附着】选项卡中选取【最后一行加下划线】复选项，如图 7-36 所示。

图7-36　【引线设置】对话框

2. 单击 确定 按钮，AutoCAD 提示：

 命令：_qleader
 指定第一个引线点或 [设置(S)]<设置>:　　//指定引线起始点 A，如图 7-37 所示
 指定下一点：　　　　　　　　　　　　　//指定引线的下一个点 B
 指定下一点：　　　　　　　　　　　　　//按 Enter 键
 指定文字宽度 <7.9467>:　　　　　　　　//按 Enter 键
 输入注释文字的第一行 <多行文字(M)>:　//按 Enter 键启动多行文字编辑器，然后输入标注
 　　　　　　　　　　　　　　　　　　　文字，如图 7-37 所示

图7-37　创建引线标注

3. 单击 确定 按钮，完成操作。

> **要点提示** 创建引线标注时，若文本或指引线的位置不合适，可利用关键点编辑方式进行调整。当激活标注文字的关键点并移动时，指引线将随之移动，当通过关键点移动指引线时，文本将保持不动。

该命令有一个"设置(S)"选项，此选项用于设置引线和注释的特性。当提示"指定第一个引线点或[设置(S)]<设置>:"时，按 Enter 键打开【引线设置】对话框，如图 7-36 所示。

该对话框包含 3 个选项卡，其中【注释】选项卡主要用于设置引线注释的类型；【引线和箭头】选项卡用于控制引线及箭头的外观特征；当指定引线注释为多行文字时，【附着】选项卡才会显示出来，通过此选项卡可设置多行文本附着于引线末端的位置。

7.6 编辑尺寸标注

尺寸标注的各个组成部分，如文字的大小、尺寸起止符号的形式等，都可以通过调整尺寸样式进行修改，但当变动尺寸样式后，所有与此样式相关联的尺寸标注都将发生变化。如果仅仅想改变某一个尺寸的外观或标注文本的内容该怎么办？本节将通过一个实例介绍编辑单个尺寸标注的方法。

【**练习7-18**】： 以下练习包括修改标注文本的内容、调整标注的位置及更新尺寸标注等内容。

一、 修改尺寸标注文字

如果仅仅是修改尺寸标注文字，那么最佳的方法是使用 DDEDIT 命令，发出该命令后，可以连续修改想要编辑的尺寸标注。

下面使用 DDEDIT 命令修改标注文本的内容。

1. 打开附盘文件 "7-18.dwg"。
2. 输入 DDEDIT 命令，系统提示 "选择注释对象或[放弃(U)]:"，选择尺寸 "6000" 后，打开多行文字编辑器，在该编辑器中输入新的尺寸值 "6040"，如图 7-38 所示。

图7-38 在多行文字编辑器中修改尺寸值

3. 单击 确定 按钮，返回图形窗口，系统继续提示 "选择注释对象或[放弃(U)]:"，此时选择尺寸 "450"，然后输入新尺寸值 "550"，结果如图 7-39 所示。

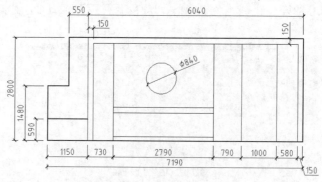

图7-39 修改尺寸文本

二、 利用关键点调整标注的位置

关键点编辑方式非常适合于移动尺寸线和标注文字，这种编辑模式一般通过尺寸线两端的或标注文字所在处的关键点来调整尺寸的位置。

下面使用关键点编辑方式调整尺寸标注的位置。

1. 接上例。选择尺寸 "7190"，并激活文本所在处的关键点，系统将自动进入拉伸编辑模式。

2. 向下移动鼠标光标调整文本的位置，结果如图 7-40 所示。

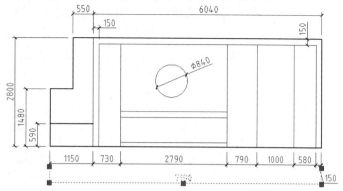

图7-40　调整文本的位置

3. 使用关键点编辑方式调整尺寸 "150"、"1480" 及 "2800" 的位置，结果如图 7-41 所示。

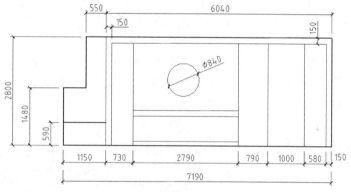

图7-41　调整尺寸的位置

要点提示　使用 STRETCH 命令可以一次调整多个尺寸的位置。

　　调整尺寸标注位置的最佳方法是采用关键点编辑方式，当激活关键点后，即可移动文本或尺寸线到适当的位置。若还不能满足要求，可使用 EXPLODE 命令将尺寸标注分解为单个对象，然后调整它们的位置，以达到满意的效果。

三、 更新标注

　　使用 "-DIMSTYLE" 命令的 "应用(A)" 选项（或单击【标注】工具栏上的 ■ 按钮）可以方便地修改单个尺寸标注的属性。如果发现某个尺寸标注的格式不正确，可修改尺寸样式中的相关尺寸变量，注意要使用尺寸样式的覆盖方式进行修改，然后通过 "-DIMSTYLE" 命令使要修改的尺寸按新的尺寸样式进行更新。在使用此命令时，用户可以连续对多个尺寸进行编辑。

　　下面通过使用 "-DIMSTYLE" 命令将直径尺寸文本水平放置。

1. 接上例。单击 ■ 按钮，打开【标注样式管理器】对话框。
2. 再单击 替代(O)... 按钮，打开【替代当前样式】对话框。
3. 进入【符号和箭头】选项卡，在【箭头】分组框的【第一项】下拉列表中选取【实心闭合】，在【箭头大小】文本框中输入数值 "2.0"。

4. 进入【文字】选项卡，在【文字对齐】分组框中选取【水平】单选项。

5. 返回主窗口，单击██按钮，系统提示"选择对象:"，选择直径尺寸，结果如图7-42所示。

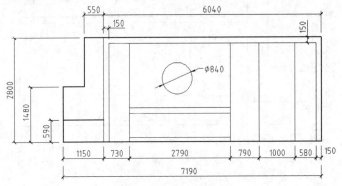

图7-42　更新尺寸标注

7.7　例题——标注 1∶100 的建筑平面图

【练习7-19】：打开附盘文件"7-19.dwg"，该文件中包含一张 A3 幅面的建筑平面图，绘图比例为 1∶100。标注此图样，结果如图 7-43 所示。

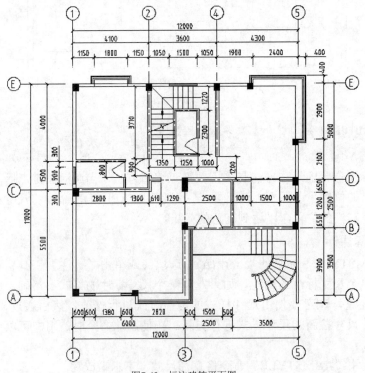

图7-43　标注建筑平面图

动画演示 —— 见光盘中的"7-19.avi"文件

1. 建立一个名为"建筑–标注"的图层，设置图层颜色为红色，线型为【Continuous】，并使其成为当前层。

2. 创建新文字样式，样式名为"标注文字"，与该样式相关联的字体文件是【gbenor.shx】和【gbcbig.shx】。

3. 创建一个尺寸样式，名称为"工程标注"，对该样式进行以下设置。

   * 标注文本连接"标注文字"，文字高度等于"2.5"，精度为【0.0】，小数点格式是【句点】。
   * 标注文本与尺寸线间的距离是"0.8"。
   * 尺寸起止符号为【建筑标记】，其大小为"1.3"。
   * 尺寸界线超出尺寸线的长度等于"1.5"。
   * 尺寸线起始点与标注对象端点间的距离为"0.6"。
   * 标注基线尺寸时，平行尺寸线间的距离为"8"。
   * 标注全局比例因子为"100"。
   * 使"工程标注"成为当前样式。

4. 打开对象捕捉，设置捕捉类型为【端点】、【交点】。

5. 使用 XLINE 命令绘制水平辅助线 *A* 及竖直辅助线 *B*、*C* 等，竖直辅助线是墙体、窗户等结构的引出线，水平辅助线与竖直线的交点是标注尺寸的起始点和终止点。标注尺寸"1150"、"1800"等，结果如图 7-44 所示。

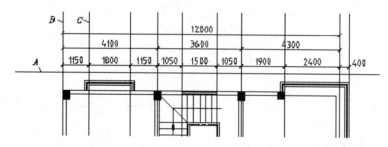

图7-44　标注尺寸"1150"、"1800"等

6. 使用同样的方法标注图样左边、右边及下边的轴线间距尺寸及结构细节尺寸。

7. 标注建筑物内部的结构细节尺寸，如图 7-45 所示。

图7-45　标注细节尺寸

8. 绘制轴线引出线，再绘制半径为 350 的圆，在圆内书写轴线编号，字高为 350，如图 7-46 所示。

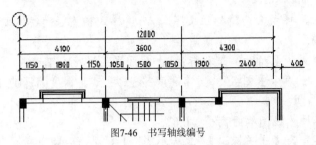

图7-46　书写轴线编号

9.　复制圆及轴线编号，然后使用 DDEDIT 命令修改编号数字，结果如图 7-43 所示。

7.8　例题——标注不同绘图比例的剖面图

【练习7-20】：　打开附盘文件"7-20.dwg"，该文件中包含一张 A3 幅面的图纸，图纸上有两个剖面图，绘图比例分别为 1：20 和 1：10。标注这两个图样，结果如图 7-47 所示。

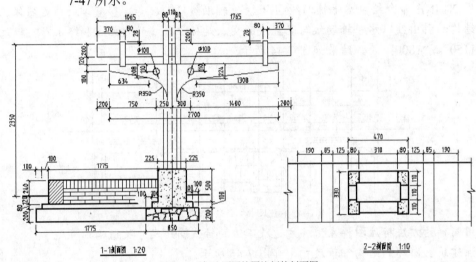

图7-47　标注不同绘图比例的剖面图

动画演示 ——见光盘中的"7-20.avi"文件

1.　建立一个名为"建筑–标注"的图层，设置图层颜色为红色，线型为【Continuous】，并使其成为当前层。

2.　创建新文字样式，样式名为"标注文字"，与该样式相关联的字体文件是【gbeitc.shx】和【gbcbig.shx】。

3.　创建一个尺寸样式，名称为"工程标注"，对该样式进行以下设置。

- 标注文本连接"标注文字"，文字高度等于"2.5"，精度为【0.0】，小数点格式是【句点】。
- 标注文本与尺寸线间的距离是"0.8"。
- 尺寸起止符号为【建筑标记】，其大小为"1.3"。
- 尺寸界线超出尺寸线的长度等于"1.5"。
- 尺寸线起始点与标注对象端点间的距离为"1.5"。

- 标注基线尺寸时，平行尺寸线间的距离为"8"。
- 标注全局比例因子为"20"。
- 使"工程标注"成为当前样式。

4. 打开对象捕捉，设置捕捉类型为【端点】、【交点】。

5. 标注尺寸"370"、"1065"等，再利用当前样式的覆盖方式标注直径和半径尺寸，如图 7-48 所示。

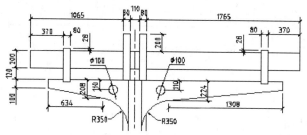

图7-48 标注尺寸"370"、"1065"等

6. 使用 XLINE 命令绘制水平辅助线 A 及竖直辅助线 B、C 等，水平辅助线与竖直线的交点是标注尺寸的起始点和终止点。标注尺寸"200"、"750"等，结果如图 7-49 所示。

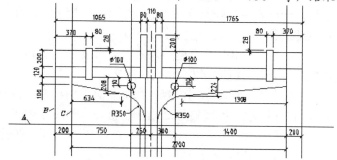

图7-49 标注尺寸"200"、"750"等

7. 标注尺寸"100"、"1775"等，结果如图 7-50 所示。

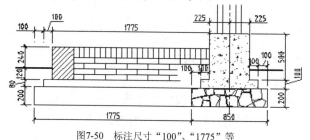

图7-50 标注尺寸"100"、"1775"等

8. 以【工程标注】为基础样式创建新样式，样式名为"工程标注 1-10"。新样式的标注数字比例因子为"0.5"。除此之外，新样式的尺寸变量与基础样式的完全相同。标注数字比例因子的设定方法参见 7.1.6 小节。

要点提示 由于 1∶20 的剖面图是按 1∶1 的比例绘制的，因此 1∶10 的剖面图比真实尺寸放大了两倍。为使标注文字能够正确反映出建筑物的实际大小，应设定标注数字比例因子为 0.5。

9. 使"工程标注 1-10"成为当前样式，然后标注尺寸"310"、"470"等，结果如图 7-51 所示。

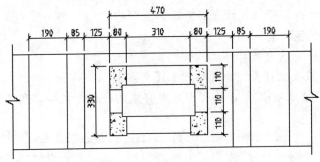

图7-51　标注尺寸"310"、"470"等

7.9　小结

本章主要内容总结如下。

(1)　创建标注样式。标注样式决定了尺寸标注的外观，当尺寸外观不合适时，可通过调整标注样式进行修正。改变标注样式并存储后，所有与此样式相关联的尺寸都将发生变化。

(2)　若要临时改变标注外观，可采用当前样式的覆盖方式进行标注。

(3)　可建立专门用于控制某种特殊类型尺寸的样式簇，使该类型的尺寸由样式簇来控制。在 AutoCAD 中可创建直径、半径及角度等样式簇。

(4)　在 AutoCAD 中可以标注出多种类型的尺寸，如长度型、对齐型、直径型、半径型及角度型等。在标注过程中，用户还能方便地修改标注文字。

(5)　使用 DDEDIT 命令修改标注文字的内容，利用关键点编辑方式调整标注的位置。

(6)　如果想全局修改尺寸标注，可调整与尺寸标注相关联的尺寸样式。但若要编辑单个尺寸的属性，则应使用尺寸更新命令（单击█按钮启动该命令）。用户可先利用当前样式的覆盖方式改变标注样式，然后启动尺寸更新命令修改单个尺寸。

7.10　习题

一、　思考题

(1)　AutoCAD 中的尺寸对象由哪几部分组成？

(2)　尺寸样式的作用是什么？

(3)　创建基线标注时，如何控制尺寸线间的距离？

(4)　怎样调整尺寸界线起点与标注对象端点间的距离？

(5)　标注样式的覆盖方式有何作用？

(6)　标注尺寸前一般应做哪些工作？

(7)　如何设定标注全局比例因子？它的作用是什么？

(8)　如何建立样式簇？它的作用是什么？

(9)　怎样修改标注文字的内容及调整标注的位置？

二、　打开附盘文件"xt-5.dwg"，标注该图样，结果如图 7-52 所示。标注文字采用的字体为【gbenor.shx】，字高为"2.5"，标注全局比例因子为"50"

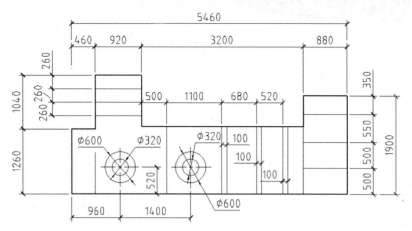

图7-52 尺寸标注综合练习一

三、 打开附盘文件"xt-6.dwg",标注该图样,结果如图 7-53 所示。标注文字采用的字体为【gbenor.shx】,字高为"2.5",标注全局比例因子为"150"

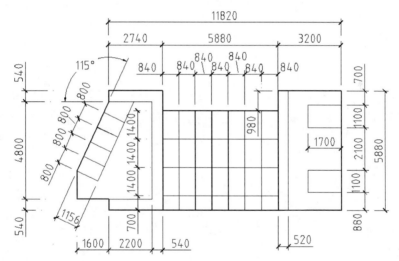

图7-53 尺寸标注综合练习二

第8章 查询信息、创建块属性及设计工具

在 AutoCAD 中可以测量两点间的距离、某一区域的面积和周长等，这些功能都有助于用户了解图形信息，从而达到辅助绘图的目的。

块属性是图块中的文字信息，当用户在图形中插入块时可输入属性值，或对已有图块的属性进行编辑。

外部参照使用户能以引用的方式将外部图形放置到当前图形中。当多人共同完成一项设计任务时，利用外部参照来辅助工作是非常好的方法。设计时，每个设计人员都可引用同一幅图形，这使大家能够共享设计数据并能彼此协调设计结果。

AutoCAD 设计中心是一个直观、高效的信息管理工具，与 Windows 资源管理器类似，利用它可以很方便地对图形文件进行管理，并能轻易实现各图形间信息资源的共享。

工具选项板主要用于组织、共享图块及填充图案。用户可以将常用的图块及图案放入工具板中，当需要时直接将其从工具板中拖入到当前图形中即可。

本章将介绍如何查询图形信息及创建块属性，并讲解外部引用、设计中心及工具选项板的用法。

8.1 获取图形信息

本节介绍获取图形信息的一些命令。

8.1.1 测量距离

使用 DIST 命令可以测量两点之间的距离，同时还能计算出与两点连线相关的某些角度。

命令启动方法

- 菜单命令:【工具】/【查询】/【距离】。
- 工具栏:【查询】工具栏上的 ▦ 按钮。
- 命令: DIST 或简写 DI。

【练习8-1】: 练习使用 DIST 命令。

启动 DIST 命令，AutoCAD 提示:

```
命令: '_dist 指定第一点: end 于        //捕捉端点 A，如图 8-1 所示
指定第二点: end 于                     //捕捉端点 B
距离 = 942.1305, XY 平面中的倾角 = 45,   与 XY 平面的夹角 = 0
X 增量 = 671.7521,   Y 增量 = 660.5748,   Z 增量 = 0.0000
```

图8-1 测量距离

DIST 命令显示的测量值意义如下。

- 距离：两点间的距离。
- XY 平面中的倾角：两点连线在 xy 平面上的投影与 x 轴间的夹角。
- 与 XY 平面的夹角：两点连线与 xy 平面间的夹角。
- X 增量：两点的 x 坐标差值。
- Y 增量：两点的 y 坐标差值。
- Z 增量：两点的 z 坐标差值。

 使用 DIST 命令时，两点的选择顺序不影响距离值，但影响该命令的其他测量值。

8.1.2 计算图形面积和周长

使用 AREA 命令可以计算出圆、面域、多边形或一个指定区域的面积和周长，还可以进行面积的加、减运算。

一、命令启动方法

- 菜单命令：【工具】/【查询】/【面积】。
- 工具栏：【查询】工具栏上的 按钮。
- 命令：AREA 或简写 AA。

【练习8-2】： 练习使用 AREA 命令。

打开附盘文件 "8-2.dwg"，启动 AREA 命令，AutoCAD 提示：

```
命令: _area
指定第一个角点或 [对象(O)/加(A)/减(S)]: end 于        //捕捉端点 A，如图 8-2 所示
指定下一个角点或按 ENTER 键全选: end 于                //捕捉端点 B
指定下一个角点或按 ENTER 键全选: end 于                //捕捉端点 C
指定下一个角点或按 ENTER 键全选: end 于                //捕捉端点 D
指定下一个角点或按 ENTER 键全选: end 于                //捕捉端点 E
指定下一个角点或按 ENTER 键全选: end 于                //捕捉端点 F
指定下一个角点或按 ENTER 键全选: end 于                //捕捉端点 G
指定下一个角点或按 ENTER 键全选:                        //按 Enter 键结束命令
面积 = 803838.9310，周长 = 4356.4305
```

图8-2 计算面积

二、　命令选项

(1)　对象(O)：求出所选对象的面积，有以下几种情况。

- 用户选择的对象是圆、椭圆、面域、正多边形或矩形等闭合图形。
- 对于非封闭的多段线及样条曲线，系统将假定有一条连线使其闭合，然后计算出闭合区域的面积，而所计算出的周长则是多段线或样条曲线的实际长度。

(2)　加(A)：进入"加"模式，该选项使用户可以将新测量的面积加入到总面积中。

(3)　减(S)：利用此选项可使系统把新测量的面积从总面积中扣除。

要点提示　用户可以将复杂的图形创建成面域，然后利用"对象(O)"选项查询面积和周长。

8.1.3　列出对象的图形信息

使用 LIST 命令将列表显示对象的图形信息，这些信息随对象类型的不同而不同，一般包括以下内容：

(1)　对象的类型、图层及颜色；

(2)　对象的一些几何特性，如线段的长度、端点坐标、圆心位置、半径大小及圆的面积和周长等。

命令启动方法

- 菜单命令：【工具】/【查询】/【列表显示】。
- 工具栏：【查询】工具栏上的 按钮。
- 命令：LIST 或简写 LI。

【练习8-3】：　练习使用 LIST 命令。

启动 LIST 命令，AutoCAD 提示：

```
命令: list
选择对象: 找到 1 个          //选择圆, 如图 8-3 所示
选择对象:                    //按 Enter 键结束命令, 系统将打开【AutoCAD 文本窗口】
        圆        图层: 0
                空间: 模型空间
                句柄 = 144
                圆心 点, X=7429.7380  Y=-1904.4193  Z=   0.0000
                半径  574.8241
                周长 3611.7262
                面积 1038053.5730
```

图8-3　列表显示对象的图形信息

要点提示 使用 LIST 命令时，系统将打开【AutoCAD 文本窗口】以显示图形对象的信息。若信息较多，则将分成多屏进行显示，每显示一屏后暂停，按 Enter 键将继续显示，按 Esc 键则退出。

8.1.4 查询图形信息综合练习

【练习8-4】：　打开附盘文件"8-4.dwg"，如图 8-4 所示，计算该图形的面积和周长。

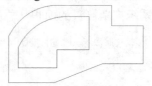

图8-4　计算图形的面积和周长

1. 使用 REGION 命令将图形外轮廓线框及内部线框创建成面域。
2. 使用 LIST 命令查询外轮廓线面域的面积和周长，结果为面积等于 437365.5701，周长等于 2872.3732。
3. 使用 LIST 命令查询内部线框面域的面积和周长，结果为面积等于 142814.4801，周长等于 1667.5426。
4. 用外轮廓线框构成的面域"减去"内部线框构成的面域。
5. 使用 LIST 命令查询新面域的面积和周长，结果为面积等于 294551.0900，周长等于 4539.9158。

8.2 动态块

在 4.7 节中介绍了块对象。图块是一组对象构成的单一对象，当插入块时，用户可通过输入缩放比例因子及旋转角度设定块的大小和方向。要想改变已插入的块的大小和方向，则可利用 PROPERTIES 命令改变缩放比例因子及旋转角度。

除利用 SCALE 命令或指定缩放比例因子的方法改变块对象的大小外，用户无法通过其他编辑命令对块的大小进行编辑。要使已有块对象的尺寸具有可编辑性，必须将块创建成动态块。动态块包含有尺寸参数及与参数相关联的动作，常用的参数有长度、角度等，与这些参数相关的动作有拉伸、旋转等。图 8-5 所示是一个动态块，该块已经指定了距离参数和拉伸动作，用户可通过关键点编辑方式或 PROPERTIES 命令改变距离参数的值，从而使图块的长度发生变化。

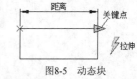

图8-5　动态块

【练习8-5】：　创建动态块。

动画演示 —— 见光盘中的"8-5.avi"文件

1. 选取菜单命令【工具】/【块编辑器】，打开【编辑块定义】对话框，在【要创建或编辑的块】文本框中输入新图块的名称"BF-1"，如图 8-6 所示。
2. 单击 确定 按钮，打开块编辑器，在此编辑器中绘制块图形，如图 8-7 所示。块编辑器专门用于创建块定义及添加块的动态行为。

图8-6 【编辑块定义】对话框

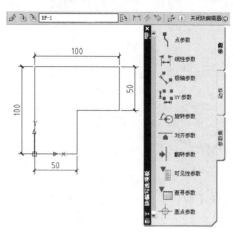

图8-7 块编辑器

块编辑器由以下 3 部分组成。

(1) 绘图区域。在此区域中绘制及编辑图形，该区域内有一个坐标系图标，坐标系原点是块的插入基点。

(2) 【块编辑】工具栏。该工具栏上显示了正在编辑的块的名称，并提供了定义动态块的命令按钮，常用按钮功能如下。

- ：创建及编辑图块。
- ：保存图块。
- ：以其他名称另存图块。
- ：打开或关闭【块编写选项板】窗口。
- ：给块添加线性、角度等参数。
- ：添加与参数相关联的动作。
- ：定义块属性，这方面的内容见 8.3 节。

(3) 【块编写选项板】窗口。该选项板窗口包含【参数】、【动作】和【参数集】3 个选项板，选项板上包含许多工具，用于创建动态块的参数和动作。要使用某一工具时，只需单击工具的名称选项即可。

3. 选取【参数】选项板上的【线性参数】工具，AutoCAD 提示：

```
命令: _BParameter 线性
指定起点: end 于                        //捕捉 A 点，如图 8-8 所示
指定端点: end 于                        //捕捉 B 点
指定标签位置:                           //单击一点放置参数标签
```

结果如图 8-8 所示。

添加线性参数后，将出现一个警告图标，表明现在的参数还未与动作关联起来。

4. 选中"距离"参数，单击鼠标右键，在弹出的快捷菜单中选取【特性】选项，打开【特性】对话框，如图 8-9 所示。在【距离类型】及【夹点数】下拉列表中分别选取【增量】和【1】，在【距离标签】及【距离增量】文本框中分别输入"长度"和"20"，设定好参数的增量值后，块编辑器绘图区域中将出现与增量值相对应的一系列短划线。

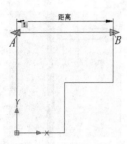

图8-8 添加线性参数　　　　　　　　　　　　　图8-9 【特性】对话框

5. 选取【动作】选项板上的【拉伸动作】工具，AutoCAD 提示：

命令：_BActionTool 拉伸

选择参数：　　　　　　　　　　　　　　//选择"长度"参数，如图 8-10 所示

指定要与动作关联的参数点：　　　　　　//选择图形右边的关键点

指定拉伸框架的第一个角点或 [圈交(CP)]：　//单击 C 点

指定对角点：　　　　　　　　　　　　　//单击 D 点

指定要拉伸的对象　　　　　　　　　　　//在 C 点附近单击一点

选择对象：指定对角点：找到 6 个　　　　//在 D 点附近单击一点

选择对象：　　　　　　　　　　　　　　//按 Enter 键

指定动作位置或 [乘数(M)/偏移(O)]：　　//单击一点放置动作标签

结果如图 8-10 所示。

6. 进入【参数集】选项板，该选项板中的工具可同时给动态块添加参数及动作。选取【线性拉伸】工具，AutoCAD 提示：

命令：_BParameter 线性

指定起点：end 于　　　　　　　　　　　//捕捉 E 点

指定端点：end 于　　　　　　　　　　　//捕捉 F 点

指定标签位置：　　　　　　　　　　　　//单击一点放置标签

再使用 PROPERTIES 命令将参数名称修改为"宽度"，结果如图 8-11 所示。

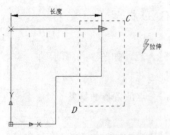

图8-10 添加与参数相关联的动作

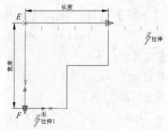

图8-11 同时添加参数及动作

7. 双击"拉伸 1"旁边的黄色警示图标，AutoCAD 提示：

命令：_.BACTIONSET

指定拉伸框架的第一个角点或 [圈交(CP)]：　//单击 G 点，如图 8-12 所示

指定对角点：　　　　　　　　　　　　　//单击 H 点

指定要拉伸的对象

选择对象：	//在 G 点附近单击一点
指定对角点：找到 7 个	//在 H 点附近单击一点
选择对象：	//按 Enter 键

结果如图 8-12 所示。

8. 选取【参数】选项板上的【翻转参数】工具，AutoCAD 提示：

命令：_BParameter 翻转	
指定投影线的基点：end 于	//捕捉 J 点，如图 8-13 所示
指定投影线的端点：end 于	//捕捉 K 点
指定标签位置：	//单击一点放置参数标签

结果如图 8-13 所示。

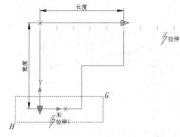

图8-12 将动作与图形对象关联起来

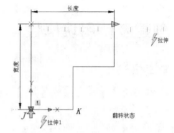

图8-13 添加翻转参数

9. 选取【动作】选项板上的【翻转动作】工具，AutoCAD 提示：

命令：_BActionTool 翻转	
选择参数：	//选择翻转参数
指定动作的选择集	
选择对象：找到 14 个	//选择所有图形对象
选择对象：	//按 Enter 键
指定动作位置：	//单击一点放置动作标签

再使用 MOVE 命令向下移动翻转关键点，结果如图 8-14 所示。

10. 单击 按钮，保存动态块。

11. 在当前图形中插入动态块"BF-1"，选中它，图块中将出现 3 个关键点，如图 8-15 左图所示。激活右边的关键点，向右调整图块的长度尺寸，使长度值增加 100。再单击鼠标右键，在弹出的快捷菜单中选取【特性】选项，打开【特性】对话框，在该对话框的【宽度】文本框中输入数值"60"，结果如图 8-15 右图所示。

12. 单击翻转关键点，结果如图 8-16 所示。

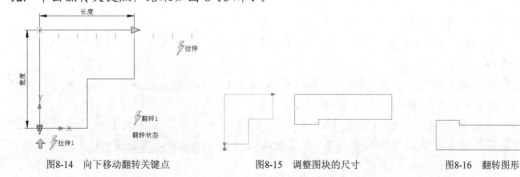

图8-14 向下移动翻转关键点   图8-15 调整图块的尺寸   图8-16 翻转图形

8.3 块属性

在 AutoCAD 中可以使块附带属性，这里的属性类似于商品的标签，包含了图块所不能表达的其他各种文字信息，如型号、日期等，存储在属性中的信息一般称为属性值。当用 BLOCK 命令创建块时，将已定义的属性与图形一起生成块，这样块中就包含属性了。当然，用户也可以仅将属性本身创建成一个块。

当在图样中插入带属性的图块时，AutoCAD 会提示用户输入属性值。插入图块后，还可对属性进行编辑。块属性的这种特性在建筑图的绘制中非常有用，例如，可创建附带属性的门、窗块，设定属性值为门和窗的型号等。这样当插入这些块时就可以同时输入型号数据，或事后编辑这些数据了。

8.3.1 创建及使用块属性

命令启动方法

- 菜单命令：【绘图】/【块】/【定义属性】。
- 命令：ATTDEF 或简写 ATT。

在下面的练习中将演示定义属性及使用属性的具体过程。

【练习8-6】： 创建轴线编号块。

1. 打开附盘文件 "8-6.dwg"，在此图形中绘制一个直径为 8 的圆，该圆是轴线编号符号。
2. 启动 ATTDEF 命令，打开【属性定义】对话框，如图 8-17 所示。在【属性】分组框中输入下列内容。

   标记： 编号
   提示： 请输入轴线编号
   值： 1

3. 在【文字样式】下拉列表中选取【工程文字】，在【高度】文本框中输入数值 "3.5"。
4. 单击 ┃ 确定 ┃ 按钮，AutoCAD 提示：

   指定起点： //在圆内指定编号的插入点 A，如图 8-18 所示

> **要点提示** 创建属性后，用户可对其进行编辑，常用的命令是 DDEDIT 和 PROPERTIES，前者可修改属性标记、提示及默认值，后者能修改属性定义的更多项目。

5. 将属性与图形一起创建成图块。单击【绘图】工具栏上的 按钮，打开【块定义】对话框，在该对话框的【名称】文本框中输入新建图块的名称 "轴线编号"，在【对象】分组框中选取【保留】单选项，如图 8-19 所示。
6. 单击 按钮（选择对象），返回绘图窗口，系统提示 "选择对象:"，选择圆及属性，如图 8-18 所示。
7. 指定块的插入基点。单击 按钮（拾取点），AutoCAD 返回绘图窗口，系统提示 "指定插入基点:"，拾取圆心，如图 8-18 所示。
8. 插入带属性的块。单击【绘图】工具栏上的 按钮，打开【插入】对话框，在【名称】下拉列表中选取【轴线编号】，在【缩放比例】分组框的【X】、【Y】文本框中输入图块的缩放比例因子，如图 8-20 所示。

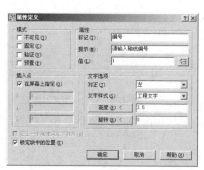

图8-17 【属性定义】对话框 　　　　图8-18 定义属性 　　　　图8-19 【块定义】对话框

9. 单击 确定 按钮，AutoCAD 提示：

　　命令: _insert

　　指定插入点或 [基点(B)/比例(S)/预览旋转(PR)]: end 于 //捕捉轴线的端点

　　请输入轴线编号 <1>: 2 　　　　　　　　　　　　　//输入属性值

再修剪圆内多余的轴线，结果如图 8-21 所示。

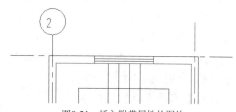

图8-20 【插入】对话框参数设置 　　　　図8-21 插入附带属性的图块

　　【属性定义】对话框中常用选项的功能如下。

　　(1) 【不可见】：控制属性值在图形中的可见性。如果想使图中包含属性信息，但又不想使其在图形中显示出来，可选取该复选项。

　　(2) 【固定】：选取该复选项后属性值将变为常量。

　　(3) 【验证】：设置是否对属性值进行校验。若选取该复选项，则插入块并输入属性值后，系统将再次给出提示让用户校验输入值是否正确。

　　(4) 【预置】：该复选项用于设定是否将实际属性值设置成默认值。若选取该复选项，则插入块时，文本框将不再提示用户输入新属性值，实际属性值等于【值】文本框中的默认值。

　　(5) 【对正】：该下拉列表中包含了十多种属性文字的对齐方式，如调整、中心、中间、左和右等。这些选项的功能与 DTEXT 命令对应的选项功能相同，参见 6.2.2 小节。

　　(6) 【文字样式】：从该下拉列表中选择文字样式。

　　(7) 高度(E) < ：用户可直接在文本框中输入属性文字的高度，或单击 高度(E) < 按钮切换到绘图窗口，在绘图区中拾取两点以指定高度。

　　(8) 旋转(R) < ：设定属性文字的旋转角度。

8.3.2 编辑块属性

　　若属性已被创建成为块，则用户可用 EATTEDIT 命令来编辑属性值和属性的其他特性。

命令启动方法

- 菜单命令:【修改】/【对象】/【属性】/【单个】。
- 工具栏:【修改Ⅱ】工具栏上的 按钮。
- 命令: EATTEDIT。

【练习8-7】: 练习使用 EATTEDIT 命令。

打开附盘文件 "8-7.dwg"。启动 EATTEDIT 命令,系统提示 "选择块:",选择要编辑的轴线编号块后,系统将打开【增强属性编辑器】对话框,如图 8-22 所示,在该对话框中用户可对块属性进行编辑。

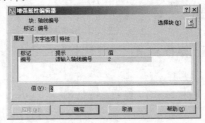

图8-22 【增强属性编辑器】对话框

【增强属性编辑器】对话框中有【属性】、【文字选项】和【特性】3 个选项卡,它们的功能如下。

(1) 【属性】选项卡。

该选项卡列出了所选块对象中属性的标记、提示及值,如图 8-22 所示。用户可在【值】文本框中修改属性的值。

(2) 【文字选项】选项卡。

该选项卡用于修改属性文字的一些特性,如文字样式、字高等,如图 8-23 所示。该选项卡中各选项的含义与【文字样式】对话框中同名选项的含义相同,请参见 6.1.1 小节。

(3) 【特性】选项卡。

在该选项卡中可以修改属性文字的图层、线型及颜色等,如图8-24 所示。

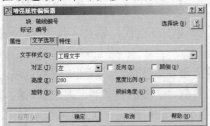

图8-23 【文字选项】选项卡

图8-24 【特性】选项卡

8.3.3 创建建筑图例库

建筑图例库包含了建筑图中常用的图例,如门、窗及室内家具等,这些图例以块的形式保存在图形文件中。在绘制建筑图时,用户可以通过设计中心或工具选项板插入图例库中的图块。图块一般都绘制在 1×1 的正方形中,插入时可以很方便地确定块的缩放比例。用户也可将图例块创建成动态块,以便在插入图块后利用关键点编辑方式或 PROPERTIES 命令修改图块的尺寸。

8.4　使用外部引用

当用户将其他图形以块的形式插入到当前图样中时，被插入的图形就成为当前图样的一部分，但用户可能并不想如此，而仅仅是要把另一个图形作为当前图形的一个样例，或者想观察一下正在设计的模型与相关的其他模型是否匹配，此时就可以通过外部引用（也称为Xref）将其他图形文件放置到当前图形中。

Xref 使用户能方便地以引用的方式看到其他图样，被引用的图并不成为当前图样的一部分，当前图形中仅记录了外部引用文件的位置和名称。虽然如此，用户仍然可以控制被引用图形层的可见性，并能进行对象捕捉。

利用 Xref 获得其他图形文件比插入文件块有更多的优点。

(1)　由于外部引用的图形并不是当前图样的一部分，因而利用 Xref 组合的图样比通过文件块构成的图样要小。

(2)　每当系统装载图样时，都将加载最新的 Xref 版本，因此若外部图形文件有所改动，则用户装入的引用图形也将随之变动。

(3)　利用外部引用将有利于多人共同完成一个设计项目，因为 Xref 使设计者之间可以很容易地察看对方的设计图样，从而协调设计内容。另外，Xref 也使设计人员能同时使用相同的图形文件进行分工设计。例如，一个建筑设计小组的所有成员通过外部引用就能同时参照建筑物的平面图，然后分别开展电路、管道等方面的设计工作。

8.4.1　引用及更新外部参照

命令启动方法

- 菜单命令:【插入】/【外部参照】
- 工具栏:【参照】工具栏上的 ![按钮] 按钮。
- 命令: XREF 或简写 XR，或 Externalreferences。

调用 XREF 命令，系统将弹出【外部参照】对话框，如图 8-25 所示。利用该对话框，用户可加载及重新加载外部图形。

该对话框中有 ![图标] 和 ![图标] 两个常用按钮，单击 ![图标] 右边的 · 按钮，系统会弹出以下选项。

(1)　附着 DWG(D):选取此选项，打开【选择参照文件】对话框，在该对话框中选择所需文件后，单击 ![打开⑩] 按钮，弹出【外部参照】对话框，如图 8-26 所示。通过该对话框，用户可将外部文件插入到当前图形中。

该【外部参照】对话框中常用选项的功能如下。

- 【名称】:该列表显示了当前图形中包含的外部参照文件名称。用户可在列表中直接选取文件，或单击 ![浏览⑧] 按钮查找其他参照文件。
- 【附着型】:若图形文件 A 嵌套了其他的 Xref，而且这些文件是以【附着型】方式被引用的，则当有新文件引用图形 A 时，用户不仅可以看到图形 A 本身，而且还能看到图形 A 中嵌套的 Xref。附着方式的 Xref 不能循环嵌套，即如果图形 A 引用了图形 B，而图形 B 又引用了图形 C，则图形 C 不能再引用图形 A。
- 【覆盖型】:若图形 A 中有多层嵌套的 Xref，且它们均以【覆盖型】方式被引用，则当其他图形引用图形 A 时，就只能看到图形 A 本身，而其包含的任何 Xref 都不会显示出来。覆盖方式的 Xref 可以循环引用，这使设计人员可以灵活地察看其他任何图形文件，而无需为图形之间的嵌套关系担忧。

图8-25 【外部参照】对话框（1）

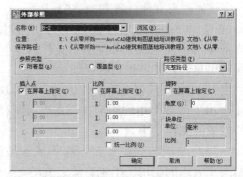

图8-26 【外部参照】对话框（2）

- 【插入点】：在该分组框中指定外部参照文件的插入基点，可直接在【X】、【Y】及【Z】文本框中输入插入点坐标，也可选取【在屏幕上指定】复选项，然后在屏幕上指定插入点。
- 【比例】：在该分组框中指定外部参照文件的缩放比例，可直接在【X】、【Y】及【Z】文本框中输入沿这 3 个方向的比例因子，也可选取【在屏幕上指定】复选项，然后在屏幕上指定。
- 【旋转】：确定外部参照文件的旋转角度，可直接在【角度】文本框中输入角度值，也可选取【在屏幕上指定】复选项，然后在屏幕上指定。

(2) 附着图像(I)：选取此选项，系统将打开【选择图像文件】对话框，选择图像文件后，单击 打开(O) 按钮，系统打开如图 8-27 所示的【图像】对话框。用户可在该对话框中设置图像文件的插入点、缩放比例等，然后插入所选择的图像文件。

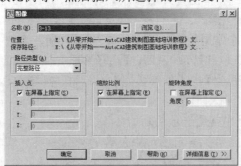

图8-27 【图像】对话框

(3) 附着 DWF(F)：选取此选项，系统将打开【选择 DWF 文件】对话框，选择文件后，单击 打开(O) 按钮，系统打开如图 8-28 所示的【附着 DWF 参考底图】对话框。用户可在该对话框中设置图像文件的插入点、缩放比例等，然后插入所选择的图像文件。

选择所引用的外部参照，单击鼠标右键，系统弹出快捷菜单，如图 8-29 所示。

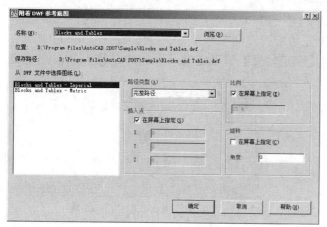

图8-28　【附着 DWF 参考底图】对话框

图8-29　快捷菜单

- 【打开】：选取此选项，系统会在新建窗口中打开选定的外部参照文件。
- 【附着】：打开与选定的参照类型相对应的对话框。
- 【卸载】：暂时移走当前图形中的某个外部参照文件，但在列表框中仍保留该文件的路径，当希望再次使用此文件时，选取【重载】选项即可。
- 【重载】：在不退出当前图形文件的情况下更新外部引用文件。
- 【拆离】：若要将某个外部参照文件去除，可先在列表框中选中该文件，然后单击此按钮。
- 【绑定】：通过此选项将外部参照文件永久地插入到当前图形中，使之成为当前文件的一部分。

8.4.2　将外部引用文件的内容转化为当前图形内容

由于被引用的图形本身并不是当前图形的内容，因此引用图形的命名项目，如图层、文本样式及尺寸标注样式等时，这些内容将会以特有的格式表示出来。Xref 的命名项目表示形式为"Xref 名称|命名项目"，通过这种方式，系统将引用文件的命名项目与当前图形的命名项目区别开来。

用户可以把外部引用文件的内容转化为当前图形内容，转化后 Xref 就变为图样中的一个图块，另外，也能把引用图形的命名项目，如图层、文字样式等转变为当前图形的一部分。通过这种方法，可以很容易地使所有图纸的图层、文字样式等命名项目保持一致。

在【外部参照】对话框（如图 8-25 所示）中选择要转化的图形文件，然后单击鼠标右键，打开【绑定外部参照】对话框，如图 8-30 所示。

该对话框中有两个单选项，它们的功能如下。

- 【绑定】：选取该单选项时，引用图形所有命名项目的名称由"Xref 名称|命名项目"变为"Xref 名称N命名项目"，其中字母 N 是可自动增加的整数，以避免与当前图样中的项目名称重复。
- 【插入】：使用此选项类似于先拆离引用文件，然后再以块的形式插入外部文件。当合并外部图形后，命名项目的名称前不加任何前缀。例如，外部引用文件中有图层 WALL，当利用【插入】单选项转化外部图形时，若当前图形中无 WALL 层，则系统将会创建 WALL 层，否则继续使用原来的 WALL 层。

在命令行上输入 XBIND 命令或单击【参照】工具栏上的 按钮，打开【外部参照绑定】对话框，如图 8-31 所示。在对话框左边的列表框中选择要添加到当前图形中的项目，然后单击 添加(A) -> 按钮，把命名项添加到【绑定定义】列表框中，再单击 确定 按钮完成操作。

图8-30 【绑定外部参照】对话框　　　　　　　图8-31 【外部参照绑定】对话框

要点提示 用户可以通过 Xref 连接一系列的库文件，如果想要使用库文件中的内容，可利用 XBIND 命令将库文件中的有关项目，如尺寸样式、图块等转化成当前图样的一部分。

8.5 AutoCAD 设计中心

设计中心为用户提供了一种直观的、高效的、与 Windows 资源管理器相似的操作界面，用户通过它可以很容易地查找和组织本地局域网络或 Internet 上存储的图形文件，同时还能方便地利用其他图形资源及图形文件中的块、文本样式及尺寸样式等内容。此外，当用户打开多个文件时，还能通过设计中心对其进行有效管理。

AutoCAD 设计中心的主要功能可以概括为以下几点。

(1) 可以从本地磁盘、网络，甚至 Internet 上浏览图形文件的内容，并可通过设计中心打开文件。

(2) 设计中心可以将某一图形文件中包含的块、图层、文本样式及尺寸样式等信息展示出来，并提供预览功能。

(3) 通过拖放操作可以将一个图形文件或块、图层、文字样式等插入到另一个图形中使用。

(4) 可以快速查找存储在其他位置的图样、图块、文字样式、标注样式及图层等信息。搜索完成后，可将结果加载到设计中心或直接拖入当前图形中使用。

下面通过几个练习帮助读者了解设计中心的使用方法。

8.5.1 浏览及打开图形

【练习8-8】：　利用设计中心查看及打开图形。

1. 单击【标准】工具栏上的 按钮，打开【设计中心】对话框，如图 8-32 所示。该对话框包含以下 4 个选项卡。

- 【文件夹】：显示本地计算机及网上邻居的信息资源，与 Windows 资源管理器类似。

- 【打开的图形】：列出当前 AutoCAD 中所有打开的图形文件。单击文件名前的图标 "田"，设计中心将会列出该图形所包含的命名项目，如图层、文字样式及图块等。

- 【历史记录】：显示最近访问过的图形文件，包括文件的完整路径。
- 【联机设计中心】：访问联机设计中心网页。该网页包含块、符号库、制造商及联机目录等内容。

2. 查找"AutoCAD 2007"子目录，选中子目录中的"Sample"文件夹并将其展开。单击对话框顶部的 ⊞▼ 按钮，选取【大图标】，结果设计中心将在右边的窗口中显示出文件夹内图形文件的小型图片，如图 8-32 所示。

3. 选中"colorwh.dwg"图形文件的小型图标，【文件夹】选项卡下部将显示出相应的预览图片及文件路径。

4. 单击鼠标右键，弹出快捷菜单，如图 8-33 所示，选取【在应用程序窗口中打开】选项，打开此文件。

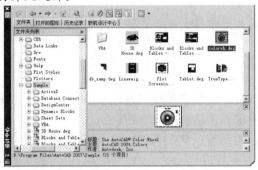

图8-32 预览文件内容

图8-33 快捷菜单

菜单中常用选项的功能如下。

(1) 【浏览】：列出文件中块、图层及文本样式等命名项目。

(2) 【添加到收藏夹】：在收藏夹中创建图形文件的快捷方式，当用户单击设计中心的 ▩ 按钮时，能快速找到这个文件的快捷图标。

(3) 【附着为外部参照】：以附着或覆盖的方式引用外部图形。

(4) 【块编辑器】：打开【块编辑器】对话框，该对话框的绘图区域内将显示图形文件。

(5) 【插入为块】：将图形文件以块的形式插入到当前图样中。

(6) 【创建工具选项板】：创建以文件名命名的工具选项板，该选项板包含图形文件中的所有图块。

8.5.2 插入建筑图例库中的图块

【练习8-9】： 利用设计中心插入建筑图例库中的图块。

1. 打开设计中心，查找"AutoCAD 2007\Sample"子目录，选中子目录中的"DesignCenter"文件夹并展开它。

2. 选中"House Designer.dwg"文件，设计中心将在右边的窗口中列出图层、图块及文字样式等项目，如图 8-34 所示。

3. 选中项目【块】，单击鼠标右键，在弹出的菜单中选取【浏览】选项，设计中心将列出图形中的所有图块，如图 8-35 所示。

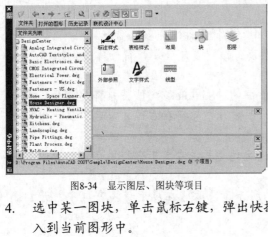

图8-34　显示图层、图块等项目　　　　　　　　　图8-35　列出图块信息

4. 选中某一图块，单击鼠标右键，弹出快捷菜单，选取【插入块】选项，即可将此图块插入到当前图形中。

5. 用类似的方法还可将图层、标注样式及文字样式等项目插入到当前图形中。

8.6 工具选项板窗口

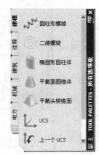

工具选项板窗口包含一系列工具选项板，这些选项板以选项卡的形式布置在选项板窗口中，如图 8-36 所示。选项板中包含图块、填充图案等对象，这些对象常被称为工具。用户可以从工具选项板中直接将某个工具拖入到当前图形中（或单击工具以启动它），也可以将新建的图块、填充图案等放入工具选项板中，还可以把整个工具选项板输出，或是创建新的工具选项板。总之，工具选项板提供了组织、共享图块及填充图案的有效方法。

图8-36　工具选项板窗口

8.6.1 利用工具选项板插入图块及图案

命令启动方法

- 菜单命令:【工具】/【选项板】/【工具选项板】。
- 工具栏:【标准】工具栏上的 按钮。
- 命令: TOOLPALETTES 或简写 TP。

启动 TOOLPALETTES 命令，打开工具选项板窗口，该窗口中包含【注释】、【建筑】、【机械】、【电力】、【土木工程/结构】、【图案填充】及【命令工具】等选项板。当需要向图形中添加块或填充图案时，可单击工具以启动它或是将其从工具选项板中直接拖入到当前图形中。

【练习8-10】：从工具选项板中插入块。

1. 打开附盘文件 "8-10.dwg"。

2. 单击【标准】工具栏上的 按钮，打开工具选项板窗口，再单击【建筑】选项卡，显示【建筑】工具板，如图 8-37 右图所示。

3. 单击工具板中的 "门-公制" 工具，再指定插入点将 "门" 插入到图形中，结果如图 8-37 左图所示。

4. 用 ROTATE 命令调整门的方向，再用关键点编辑方式改变门的大小及开启角度，结果如图 8-38 所示。

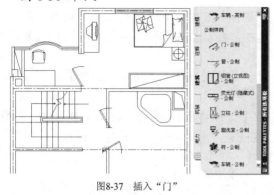
图8-37　插入"门"

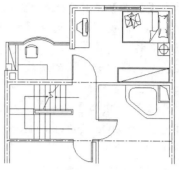
图8-38　调整门的方向、大小和开启角度

要点提示　对于工具选项板上的块工具，源图形文件必须始终可用。如果源图形文件被移动到其他文件夹中，则必须对块工具的源文件特性进行修改，方法是用鼠标右键单击块工具，然后在【工具特性】对话框中指定新的源文件位置。

8.6.2　修改工具选项板

修改工具选项板一般包含以下几方面的内容。

(1) 向工具选项板上添加新工具。在绘图窗口中将直线、圆、尺寸标注、文字及填充图案等对象拖入到工具选项板上，创建相应的新工具。用户可使用该工具快速生成与原始对象特性相同的新对象。生成新工具的另一种方法是，先利用设计中心显示出某一图形中的块及填充图案，然后将其从设计中心拖入到工具选项板上。

(2) 将常用命令添加到工具选项板上。在工具选项板的空白处单击鼠标右键，弹出快捷菜单，选取【自定义选项板】选项，打开【自定义】对话框，此时按住鼠标左键将工具栏上的命令按钮拖至工具选项板上，就可在工具选项板上创建相应的命令工具。

(3) 将一选项板上的工具移动或复制到另一选项板上。在工具选项板上选中一个工具，单击鼠标右键，弹出快捷菜单，利用【复制】或【剪切】选项拷贝该工具，然后切换到另一工具选项板，单击鼠标右键，弹出快捷菜单，选取【粘帖】选项，就可添加该工具。

(4) 修改工具选项板某一工具的插入特性及图案特性，例如，可以事先设定块插入时的缩放比例或填充图案的角度和比例。在要修改的工具上单击鼠标右键，弹出快捷菜单，选取【特性】选项，打开【工具特性】对话框，该对话框中列出了工具的插入特性及基本特性，用户可选择某一特性进行修改。

(5) 从工具选项板上删除工具。在工具选项板上选中一个工具，单击鼠标右键，弹出快捷菜单，选取【删除】选项，即可删除该工具。

8.6.3　创建建筑图例工具选项板

在绘制建筑工程图时，经常会使用图例来表示建筑构件，如绿化图例、门窗图例及室内用具图例等。将这些图例创建成图块，并放入到工具选项板上，就可以在需要的时候快速查找及插入图例。

【练习8-11】： 创建建筑图例工具选项板。

1. 打开附盘文件"8-11.dwg"。

2. 单击【标准】工具栏上的 按钮，打开工具选项板窗口，在窗口的空白区域单击鼠标右键，弹出快捷菜单，选取【新建选项板】选项，然后在亮显的文本框中输入新工具选项板的名称"建筑图例"。

3. 在绘图区域中选中门的图块，按住鼠标左键，将该图块拖放到【建筑图例】选项板上，结果如图 8-39 所示。

4. 打开【设计中心】对话框，在该对话框的【文件夹】选项卡中找到文件"AutoCAD 2007\Sample\DesignCenter\Home-Space Planner.dwg"，显示该文件所包含的图块，结果如图 8-40 所示。

图8-39　给选项板添加工具

图8-40　显示文件中包含的图块

5. 选中其中一个图块（例如床块），然后按住鼠标左键将其拖入到【建筑图例】选项板上，此图块将成为选项板上的一个新工具，如图 8-41 所示。

6. 在【设计中心】对话框的【文件夹】选项卡中找到文件"AutoCAD 2007\Sample\DesignCenter\House Designer.dwg"，选中该文件，单击鼠标右键，在弹出的快捷菜单中选取【创建工具选项板】选项，生成名为"House Designer"的新选项板，如图 8-42 所示，新选项板中包含了"House Designer.dwg"中的所有图块工具。

图8-41　通过设计中心添加一个新工具

图8-42　通过图形文件创建选项板

8.6.4　输出及输入工具选项板

用户可以将当前的工具选项板输出为".xtp"类型的文件，这样就可以在其他图形中使用该工具选项板了。

输出及输入工具选项板的方法如下。

1. 用鼠标右键单击工具选项板窗口，弹出快捷菜单，选取【自定义选项板】选项，打开

【自定义】对话框，如图 8-43 所示。

2. 在【自定义】对话框中【选项板】列表框的空白处单击鼠标右键，弹出快捷菜单，选取【输入】选项，打开【输入选项板】对话框，选择要输入的选项板文件。

3. 在【选项板】列表框中选择要输出的工具选项板，单击鼠标右键，弹出快捷菜单，选取【输出】选项，打开【输出选项板】对话框，利用该对话框将选中的工具选项板输出为 ".xtp" 格式的文件。

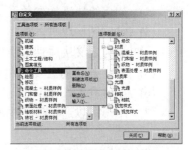

图8-43 【自定义】对话框

8.7 小结

本章主要内容总结如下。

(1) 获取对象几何信息主要有以下命令。

- ID: 查询点的坐标。
- DIST: 计算两点间的距离。
- AREA: 计算面积和周长。当图形很复杂时，可先将图形创建成面域再进行查询。
- LIST: 列表显示对象的图形信息。

(2) 使用块编辑器创建动态块，动态块包含参数及动作，用户可通过关键点编辑方式及 PROPERTIES 命令改变其大小和方向。

(3) 块属性。属性是附加到图块中的文字信息，在定义属性时，需要输入属性标签、提示信息及属性的缺省值。属性定义完成后，将它与有关图形放置在一起创建成图块，这样就建立了带有属性的块。

(4) 外部引用。Xref 使用户能方便地在自己的图形中以引用的方式看到其他图样，其部分特性与块类似，但图块保存在当前图形中，而 Xref 则存储在外部文件里，因此采用 Xref 将使图形更小一些。Xref 的一个重要用途是使多个用户可以同时使用相同的图形数据开展设计工作，并且相互间能随时观察对方的设计结果，这些优点对于在网络环境下进行分工设计是特别有用的。

(5) 设计中心。设计中心是一个直观的、高效的图形资源管理工具，用户可利用设计中心浏览、查找及组织图形，还能把某一图形的图块、图层、文字样式及标注样式等内容插入到当前图形中，从而使已有资源得到再利用，提高工作效率。

(6) 工具选项板。工具选项板是组织、共享图块及填充图案的强有力工具，其上放置了许多图块及填充图案，用户只需进行简单的拖放操作，就能将它们插入到当前图形中。用户可以修改工具选项板上的内容，也可根据需要创建新的工具选项板。

8.8 习题

一、思考题

(1) 用 AREA 命令可以轻易地计算出多边形的面积，若图形很复杂，比如带有曲线边界，此时该怎样操作才能用该命令获得图形面积？

(2) 如何给块添加参数及动作使其成为动态块？

(3) 定制图例块时，有时会将块图形绘制在 1×1 的正方形中，为什么要这样做？

(4) 如何定义块属性？块属性有何用途？

(5) Xref 与块的主要区别是什么？其用途有哪些？

(6) 如何利用设计中心浏览及打开图形？

(7) 用户可以通过设计中心列出图形文件中的哪些信息？如何在当前图样中使用这些信息？

(8) 怎样在工具板上添加工具或从中删除工具？

(9) 如何创建新的工具选项板？

(10) 如何输入及输出工具选项板？

二、 打开附盘文件"xt-7.dwg"，如图 8-44 所示。试计算该图形的面积和周长

三、 创建标高符号块并添加属性，如图 8-45 所示

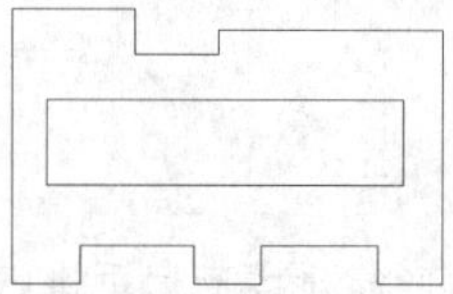

图8-44　计算该图形的面积和周长

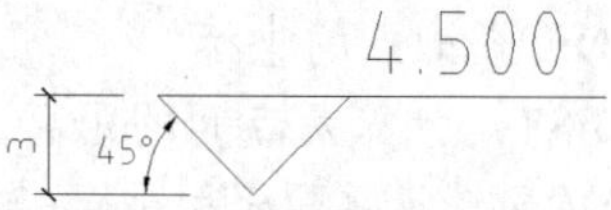

图8-45　创建块并添加属性

四、 创建窗户动态块，尺寸由读者自定，如图 8-46 所示。该块包含"距离"和"距离1"两个参数，它们分别与"拉伸"和"缩放"相关联

图8-46　创建动态块

五、 创建新图形文件，在新图形中引用附盘文件"xt-8.dwg"，然后利用设计中心插入"xt-9.dwg"中的图块，块名称为"双人床"、"电视"及"电脑桌"，结果如图 8-47 所示

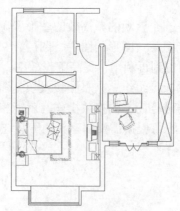

图8-47　引用图形及插入图块

第9章 轴测图

轴测图是反映物体三维形状的二维图形，它富有立体感，能帮助人们更快、更清楚地认识物体的结构，因此，工程设计中轴测图的使用是很广泛的。

需要注意的是，轴测图与 AutoCAD 中建立的三维模型是有区别的，它本质上仍然是一种二维图形，只是由于采用的投影方向与投影物体间的位置较为特殊，而使投影视图上反映出了更多的几何结构特征，因此产生出一种三维立体感。

本章将介绍绘制轴测图的轴测模式及一些基本的作图方法。

9.1 轴测面和轴测轴

长方体的等轴测投影如图 9-1 所示，其投影中只有 3 个平面是可见的。为便于绘图，将这 3 个面作为画线、找点等操作的基准平面，并称它们为轴测面，根据其位置的不同分别是左轴测面、右轴测面和顶轴测面。当激活了轴测模式后，用户就可以在这 3 个面间进行切换，同时系统会自动改变十字光标及栅格的形状，以使它们看起来好像处于当前轴测面内。图 9-1 所示为切换至顶轴测面时光标与栅格的外观。

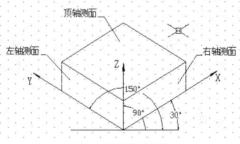

图9-1 轴测面和轴测轴

在如图 9-1 所示的轴测图中，长方体的可见边与水平线间的夹角分别是 30°、90° 和 150°。现在，在轴测图中建立一个假想的坐标系，该坐标系的坐标轴称为轴测轴，它们所处的位置如下：

- x 轴与水平位置的夹角是 30°；
- y 轴与水平位置的夹角是 150°；
- z 轴与水平位置的夹角是 90°。

进入轴测模式后，十字光标将始终与当前轴测面的轴测轴方向一致。

9.2　激活轴测投影模式

在 AutoCAD 中用户可以利用轴测投影模式辅助绘图。当激活此模式后，十字光标及栅格都会自动调整到与当前指定的轴测面一致的位置。

用户可以使用以下方法激活轴测投影模式。

【练习9-1】：　激活轴测投影模式。

1. 选取菜单命令【工具】/【草图设置】，打开【草图设置】对话框，进入【捕捉和栅格】选项卡，如图 9-2 所示。
2. 在【捕捉类型】分组框中选取【等轴测捕捉】单选项，激活轴测投影模式。
3. 单击 确定 按钮，退出对话框，十字光标将处于左轴测面内，如图 9-3 所示。
4. 按 F5 键可切换至顶轴测面，再按 F5 键可切换至右轴测面。

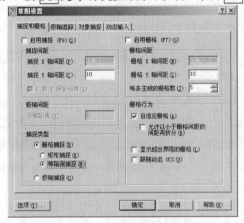

图9-2　【草图设置】对话框

图9-3　切换不同的轴测面

9.3　在轴测投影模式下作图

进入轴测模式后，用户仍然是利用基本的二维绘图命令来创建直线、椭圆等图形对象，但要注意这些图形对象轴测投影的特点，如水平直线的轴测投影将变为斜线，而圆的轴测投影将变为椭圆。

9.3.1　在轴测模式下画直线

在轴测模式下画直线常采用以下 3 种方法。

(1) 通过输入点的极坐标来绘制直线。当所绘直线与不同的轴测轴平行时，输入的极坐标角度值将不同，有以下几种情况：

- 所画直线与 x 轴平行时，极坐标角度应输入 30° 或-150°；
- 所画直线与 y 轴平行时，极坐标角度应输入 150° 或-30°；
- 所画直线与 z 轴平行时，极坐标角度应输入 90° 或-90°；
- 如果所画直线与任何轴测轴都不平行，则必须先找出直线上的两点，然后连线。

(2) 打开正交模式辅助画线，此时所绘直线将自动与当前轴测面内的某一轴测轴方向一致。例如，若处于右轴测面且打开正交模式，那么所画直线的方向为 30°或 90°。

　　(3)　利用极轴追踪、自动追踪功能画线。打开极轴追踪、自动捕捉和自动追踪功能，并设定自动追踪的角度增量为【30】，这样就能很方便地画出 30°、90°或 150°方向的直线。

【练习9-2】：　　在轴测模式下画线。

1.　用鼠标右键单击 极轴 按钮，选取【设置】选项，打开【草图设置】对话框，在该对话框【捕捉和栅格】选项卡里的【捕捉类型】分组框中选取【等轴测捕捉】单选项，激活轴测投影模式。

2.　输入点的极坐标画线。

命令：　<等轴测平面　右>	//按两次 F5 键切换到右轴测面
命令：_line 指定第一点：	//单击 A 点，如图 9-4 所示
指定下一点或 [放弃(U)]：@100<30	//输入 B 点的相对坐标
指定下一点或 [放弃(U)]：@150<90	//输入 C 点的相对坐标
指定下一点或 [闭合(C)/放弃(U)]：@40<-150	//输入 D 点的相对坐标
指定下一点或 [闭合(C)/放弃(U)]：@95<-90	//输入 E 点的相对坐标
指定下一点或 [闭合(C)/放弃(U)]：@60<-150	//输入 F 点的相对坐标
指定下一点或 [闭合(C)/放弃(U)]：c	//使线框闭合

　　结果如图 9-4 所示。

3.　打开正交状态画线。

命令：　<等轴测平面　左>	//按 F5 键切换到左轴测面
命令：　<正交　开>	//打开正交
命令：_line 指定第一点：int 于	//捕捉 A 点，如图 9-5 所示
指定下一点或 [放弃(U)]：100	//输入线段 AG 的长度
指定下一点或 [放弃(U)]：150	//输入线段 GH 的长度
指定下一点或 [闭合(C)/放弃(U)]：40	//输入线段 HI 的长度
指定下一点或 [闭合(C)/放弃(U)]：95	//输入线段 IJ 的长度
指定下一点或 [闭合(C)/放弃(U)]：end 于	//捕捉 F 点
指定下一点或 [闭合(C)/放弃(U)]：	//按 Enter 键结束命令

　　结果如图 9-5 所示。

4.　打开极轴追踪、对象捕捉及自动追踪功能。指定极轴追踪角度增量为【30】，设定对象捕捉方式为【端点】、【交点】，设置沿所有极轴角进行自动追踪。

命令：　<等轴测平面　上>	//按 F5 键切换到顶轴测面
命令：　<等轴测平面　右>	//按 F5 键切换到右轴测面
命令：_line 指定第一点：20	//从 A 点沿 30°方向追踪并输入追踪距离
指定下一点或 [放弃(U)]：30	//从 K 点沿 90°方向追踪并输入追踪距离
指定下一点或 [放弃(U)]：50	//从 L 点沿 30°方向追踪并输入追踪距离
指定下一点或 [闭合(C)/放弃(U)]：	//从 M 点沿-90°方向追踪并捕捉交点 N
指定下一点或 [闭合(C)/放弃(U)]：	//按 Enter 键结束命令

　　结果如图 9-6 所示。

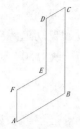
图9-4 在右轴测面内画线（1）

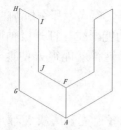
图9-5 在左轴测面内画线

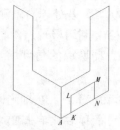
图9-6 在右轴测面内画线（2）

9.3.2 在轴测面内画平行线

通常情况下是用 OFFSET 命令绘制平行线，但在轴测面内画平行线与在标准模式下画平行线的方法有所不同。如图 9-7 所示，在顶轴测面内作直线 A 的平行线 B，要求它们之间沿 30° 方向的间距是 30，如果使用 OFFSET 命令，并直接输入偏移距离 30，则平移后两线间的垂直距离等于 30，而沿 30° 方向的间距并不是 30。为避免上述情况发生，常使用 COPY 命令或者 OFFSET 命令的"通过(T)"选项来绘制平行线。

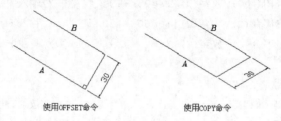

使用OFFSET命令   使用COPY命令

图9-7 画平行线

COPY 命令可以在二维和三维空间中对对象进行拷贝。使用此命令时，系统提示输入两个点或一个位移值。如果指定两点，则从第一点到第二点间的距离和方向就表示了新对象相对于原对象的位移。如果在"指定基点或 [位移(D)]:"提示下直接输入一个坐标值（直角坐标或极坐标），然后在第二个"指定第二个点:"的提示下按 Enter 键，那么输入的值就会被认为是新对象相对于原对象的移动值。

【练习9-3】： 在轴测面内作平行线。

1. 打开附盘文件"9-3.dwg"。

2. 打开极轴追踪、对象捕捉及自动追踪功能。指定极轴追踪角度增量为【30】，设定对象捕捉方式为【端点】、【交点】，设置沿所有极轴角进行自动追踪。

3. 用 COPY 命令生成平行线。

```
命令: _copy
选择对象：找到 1 个                          //选择线段 A，如图 9-8 所示
选择对象：                                  //按 Enter 键
指定基点或 [位移(D)] <位移>：                //单击一点
指定第二个点或 <使用第一个点作为位移>：26      //沿-150°方向追踪并输入追踪距离
指定第二个点或 [退出(E)/放弃(U)] <退出>:52    //沿-150°方向追踪并输入追踪距离
指定第二个点或 [退出(E)/放弃(U)] <退出>：      //按 Enter 键结束命令
命令:COPY                                   //重复命令
```

选择对象：找到 1 个	//选择线段 B
选择对象：	//按 Enter 键
指定基点或 [位移(D)] <位移>：15<90	//输入拷贝的距离和方向
指定第二个点或 <使用第一个点作为位移>：	//按 Enter 键结束命令

结果如图 9-8 所示。

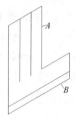

图9-8　画平行线

9.3.3　在轴测模式下绘制角

在轴测面内绘制角时，不能按角度的实际值进行绘制，因为在轴测投影图中，投影角度值与实际角度值是不相符的。在这种情况下，应先确定角边上点的轴测投影，并将点连线，以获得实际的角轴测投影。

【练习9-4】：　绘制角的轴测投影。

1. 打开附盘文件 "9-4.dwg"。
2. 打开极轴追踪、对象捕捉及自动追踪功能。指定极轴追踪角度增量为【30】，设定对象捕捉方式为【端点】、【交点】，设置沿所有极轴角进行自动追踪。
3. 绘制线段 B、C、D 等，如图 9-9 左图所示。

命令：_line 指定第一点：50	//从 A 点沿 30°方向追踪并输入追踪距离
指定下一点或 [放弃(U)]：80	//从 A 点沿−90°方向追踪并输入追踪距离
指定下一点或 [放弃(U)]：	//按 Enter 键结束命令

复制线段 B，再连线 C、D，然后修剪多余的线条，结果如图 9-9 右图所示。

图9-9　形成角的轴测投影

9.3.4　绘制圆的轴测投影

圆的轴测投影是椭圆，当圆位于不同轴测面内时，椭圆的长、短轴位置也将不同。手工绘制圆的轴测投影比较麻烦，在 AutoCAD 中可直接使用 ELLIPSE 命令的"等轴测圆(I)"选项进行绘制，该选项仅在轴测模式被激活的情况下才出现。

键入 ELLIPSE 命令，AutoCAD 提示：

```
命令：_ellipse
```

指定椭圆轴的端点或 [圆弧(A)/中心点(C)/等轴测圆(I)]： I　　　//输入 "I"

指定等轴测圆的圆心：　　　　　　　　　　　　　　//指定圆心

指定等轴测圆的半径或 [直径(D)]：　　　　　　　　//输入圆半径

选取 "等轴测圆(I)" 选项，再根据提示指定椭圆中心并输入圆的半径值，则 AutoCAD 会自动在当前轴测面中绘制出相应圆的轴测投影。

绘制圆的轴测投影时，首先要利用 F5 键切换到合适的轴测面，使之与圆所在的平面对应起来，这样才能使椭圆看起来是在轴测面内，如图 9-10 左图所示。否则，所画椭圆的形状是不正确的，如图 9-10 右图所示，圆的实际位置在正方体的顶面，而所绘轴测投影却位于右轴测面内，结果轴测圆与正方体的投影就显得不匹配了。

绘制轴测图时经常要画线与线间的圆滑过渡，此时过渡圆弧变为椭圆弧。绘制这个椭圆弧的方法是在相应的位置画一个完整的椭圆，然后使用 TRIM 命令修剪多余的线条，如图 9-11 所示。

　　　　　　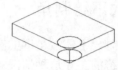

图9-10　绘制轴测圆　　　　　　　　　　图9-11　绘制过渡的椭圆弧

【练习9-5】：　　在轴测图中绘制圆及过渡圆弧。

1. 打开附盘文件 "9-5.dwg"。

2. 用鼠标右键单击 极轴 按钮，选取【设置】选项，打开【草图设置】对话框，在该对话框【捕捉和栅格】选项卡中的【捕捉类型】分组框里选取【等轴测捕捉】单选项，激活轴测投影模式。

3. 打开极轴追踪、对象捕捉及自动追踪功能。指定极轴追踪角度增量为【30】，设定对象捕捉方式为【端点】、【交点】，设置沿所有极轴角进行自动追踪。

4. 切换到顶轴测面，启动 ELLIPSE 命令，AutoCAD 提示：

命令：_ellipse

指定椭圆轴的端点或 [圆弧(A)/中心点(C)/等轴测圆(I)]： I //使用 "等轴测圆(I)" 选项

指定等轴测圆的圆心：tt　　　　　　　//建立临时参考点

指定临时对象追踪点：20　　　　　　　//从 A 点沿 30° 方向追踪并输入 B 点到 A 点的距离，如图 9-12 左图所示

指定等轴测圆的圆心：20　　　　　　　//从 B 点沿 150° 方向追踪并输入追踪距离

指定等轴测圆的半径或 [直径(D)]：20　//输入圆半径

命令：ELLIPSE　　　　　　　　　　　//重复命令

指定椭圆轴的端点或 [圆弧(A)/中心点(C)/等轴测圆(I)]： i

//使用 "等轴测圆(I)" 选项

指定等轴测圆的圆心：tt　　　　　　　//建立临时参考点

指定临时对象追踪点：50　　　　　　　//从 A 点沿 30° 方向追踪并输入 C 点到 A 点的距离

指定等轴测圆的圆心：60　　　　　　　//从 C 点沿 150° 方向追踪并输入追踪距离

指定等轴测圆的半径或 [直径(D)]：15　//输入圆半径

结果如图 9-12 左图所示。修剪多余的线条，结果如图 9-12 右图所示。

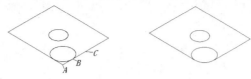

图9-12 在轴测图中绘制圆及过渡圆弧

9.3.5 例题——绘制组合体轴测图

【**练习9-6**】： 根据平面视图绘制正等轴测图，如图 9-13 所示。

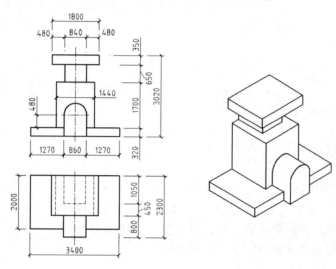

图9-13 绘制组合体轴测图

动画演示 —— 见光盘中的 "9-6.avi" 文件

1. 设定绘图区域的大小为 10000×10000。
2. 激活轴测投影模式，打开极轴追踪、对象捕捉及自动追踪功能。指定极轴追踪角度增量为【30】，设定对象捕捉方式为【端点】、【中点】、【交点】，设置沿所有极轴角进行自动追踪。
3. 按 F5 键切换到顶轴测面，用 LINE 命令绘制线框 *A*，如图 9-14 所示。
4. 将线框 *A* 复制到 *B* 处，再连线 *C*、*D*、*E*，如图 9-15 左图所示。删除多余的线条，结果如图 9-15 右图所示。
5. 用 LINE 命令绘制线框 *F*，再将此线框复制到 *G* 处，如图 9-16 所示。

图9-14 绘制线框 *A*

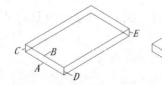

图9-15 复制对象及连线

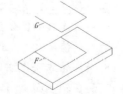

图9-16 绘制线框 *F* 并将其复制

6. 连线 *H*、*I* 等，如图 9-17 左图所示。删除多余的线条，结果如图 9-17 右图所示。
7. 用与第 5、6 步相同的方法绘制对象 *J*，如图 9-18 所示。

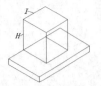
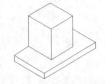

图9-17 连线及删除多余的线条

图9-18 绘制对象 J

8. 用与第 5、6 步相同的方法绘制对象 K，如图 9-19 所示。

9. 按 F5 键切换到右轴测面，用 ELLIPSE、COPY 及 LINE 命令生成对象 L，如图 9-20 左图所示。删除多余的线条，结果如图 9-20 右图所示。

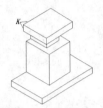

图9-19 绘制对象 K

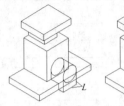

图9-20 生成对象 L

9.4 在轴测图中书写文本

为了使某个轴测面中的文本看起来像是在该轴测面内，就必须根据各轴测面的位置特点将文字倾斜某一角度，以使它们的外观与轴测图协调起来，否则立体感不好。图 9-21 所示是在轴测图的 3 个轴测面上采用适当倾角书写文本后的结果。

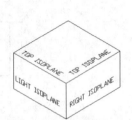

图9-21 轴测面上的文本

轴测面上各文本的倾斜规律如下：

- 在左轴测面上，文本需采用-30°的倾斜角；
- 在右轴测面上，文本需采用 30°的倾斜角；
- 在顶轴测面上，当文本平行于 x 轴时，采用-30°的倾斜角；
- 在顶轴测面上，当文本平行于 y 轴时，需采用 30°的倾角。

由以上规律可以看出，各轴测面内的文本或是倾斜 30°，或是倾斜-30°，因此在轴测图中书写文字时，应事先建立倾角分别为 30°和-30°的两种文本样式。只要利用合适的文本样式控制文本的倾斜角度，就能够保证文本外观看起来是正确的。

【练习9-7】： 创建倾角分别为 30°和-30°的两种文字样式，然后在各轴测面内书写文字。

1. 打开附盘文件 "9-7.dwg"。

2. 选取菜单命令【格式】/【文字样式】，打开【文字样式】对话框，如图 9-22 所示。

3. 单击 新建(N)... 按钮，建立名为 "样式-1" 的文本样式。在【字体名】下拉列表中将文本样式所连接的字体设定为【楷体-GB2312】，在【效果】分组框的【倾斜角度】文本框中输入数值 "30"，如图 9-22 所示。

4. 用同样的方法建立倾角为-30°的文字样式 "样式-2"。

下面在轴测面上书写文字。

5. 激活轴测模式，并切换至右轴测面。

```
命令: dtexted

输入 DTEXTED 的新值 <0>: 1                 //设置系统变量 DTEXTED 为 1
```

命令：dt　　　　　　　　　　　　　　　　//利用 DTEXT 命令书写单行文本

　　　　TEXT

　　　　指定文字的起点或 [对正(J)/样式(S)]：s　　//使用选项"S"指定文字的样式

　　　　输入样式名或 [?] <样式-2>：样式-1　　//选择文字样式"样式-1"

　　　　指定文字的起点或 [对正(J)/样式(S)]：　　//选取适当的起始点 *A*，如图 9-23 所示

　　　　指定高度 <22.6472>：16　　　　　　//输入文本的高度

　　　　指定文字的旋转角度 <0>：30　　　　//指定单行文本的书写方向

　　　　输入文字：使用 STYLE1　　　　　　//输入单行文字

　　　　输入文字：　　　　　　　　　　　　//按 Enter 键结束命令

6. 按 F5 键切换至左轴测面。

　　　　命令：dt　　　　　　　　　　　　　//重复前面的命令

　　　　TEXT

　　　　指定文字的起点或 [对正(J)/样式(S)]：s　　//使用选项"S"指定文字的样式

　　　　输入样式名或 [?] <样式-1>：样式-2　　//选择文字样式"样式-2"

　　　　指定文字的起点或 [对正(J)/样式(S)]：　　//选取适当的起始点 *B*

　　　　指定高度 <22.6472>：16　　　　　　//输入文本的高度

　　　　指定文字的旋转角度 <0>：-30　　　//指定单行文本的书写方向

　　　　输入文字：使用 STYLE2　　　　　　//输入单行文字

　　　　输入文字：　　　　　　　　　　　　//按 Enter 键结束命令

7. 按 F5 键切换至顶轴测面。

　　　　命令：dt　　　　　　　　　　　　　//沿 *x* 轴方向（30°）书写单行文本

　　　　TEXT

　　　　指定文字的起点或 [对正(J)/样式(S)]：s　　//使用选项"S"指定文字的样式

　　　　输入样式名或 [?] <样式-2>：　　　//按 Enter 键采用"样式-2"

　　　　指定文字的起点或 [对正(J)/样式(S)]：　　//选取适当的起始点 *D*

　　　　指定高度 <16>：16　　　　　　　　//输入文本的高度

　　　　指定文字的旋转角度 <330>：30　　//指定单行文本的书写方向

　　　　输入文字：使用 STYLE2　　　　　　//输入单行文字

　　　　输入文字：　　　　　　　　　　　　//按 Enter 键结束命令

　　　　命令：　　　　　　　　　　　　　　//重复上一次的命令

　　　　TEXT　　　　　　　　　　　　　　//沿 *y* 轴方向（-30°）书写单行文本

　　　　指定文字的起点或 [对正(J)/样式(S)]：s　　//使用选项"S"指定文字的样式

　　　　输入样式名或 [?] <样式-2>：样式-1　　//选择文字样式"样式-1"

　　　　指定文字的起点或 [对正(J)/样式(S)]：　　//选取适当的起始点 *C*

　　　　指定高度 <16>：　　　　　　　　　//按 Enter 键指定文本高度为 16

　　　　指定文字的旋转角度 <30>：-30　　//指定单行文本的书写方向

　　　　输入文字：使用 STYLE1　　　　　　//输入单行文字

　　　　输入文字：　　　　　　　　　　　　//按 Enter 键结束命令

　　结果如图 9-23 所示。

图9-22 【文字样式】对话框

图9-23 书写文本

9.5 标注尺寸

当用标注命令在轴测图中创建尺寸后，其外观看起来与轴测图本身并不协调。为了让某个轴测面内的尺寸标注看起来就像是在这个轴测面内，就需要将尺寸线、尺寸界线倾斜某一角度，以使它们与相应的轴测轴平行。此外，标注文本也必须设置成倾斜某一角度的形式，才能使文本的外观也具有立体感。图 9-24 所示是标注的初始状态与调整外观后结果的比较。

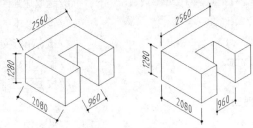

图9-24 标注的外观

在轴测图中标注尺寸时，一般采取以下步骤：

(1) 创建两种尺寸样式，这两种样式所控制的标注文本的倾斜角度分别是 30°和-30°；

(2) 由于在等轴测图中只有沿与轴测轴平行的方向进行测量才能得到真实的距离值，因此创建轴测图的尺寸标注时应使用 DIMALIGNED 命令（对齐尺寸）；

(3) 标注完成后，利用 DIMEDIT 命令的"倾斜(O)"选项修改尺寸界线的倾斜角度，使尺寸界线的方向与轴测轴的方向一致，这样才能使标注的外观具有立体感。

【练习9-8】： 打开附盘文件"9-8.dwg"，标注此轴测图，如图 9-25 所示。

动画演示 —— 见光盘中的"9-8.avi"文件

1. 建立倾斜角分别为 30°和-30°的两种文本样式，样式名分别为"样式-1"和"样式-2"。这两个样式所连接的字体文件是【gbenor.shx】。

2. 再创建两种尺寸样式，样式名分别为"DIM-1"和"DIM-2"，其中"DIM-1"连接文本样式【样式-1】，"DIM-2"连接文本样式【样式-2】。

3. 打开极轴追踪、对象捕捉及自动追踪功能。指定极轴追踪角度增量为【30】，设定对象捕捉方式为【端点】、【交点】，设置沿所有极轴角进行自动追踪。

4. 指定尺寸样式"DIM-1"为当前样式，然后使用 DIMALIGNED 和 DIMCONTINUE 命令标注尺寸"500"、"2500"等，如图 9-26 所示。

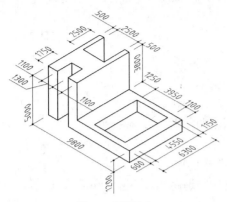

图9-25 标注尺寸

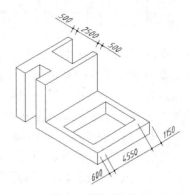

图9-26 标注对齐尺寸

5. 使用 DIMEDIT 命令的"倾斜(O)"选项将尺寸界线倾斜到 30°或-30°的方向,再利用关键点编辑方式调整标注文字及尺寸线的位置,结果如图 9-27 所示。

| 命令: _dimedit | //单击【标注】工具栏上的▲按钮 |

输入标注编辑类型 [默认(H)/新建(N)/旋转(R)/倾斜(O)] <默认>: o

//使用"倾斜(O)"选项

选择对象:总计 3 个　　　　　　　　　//选择尺寸"500"、"2500"、"500"

选择对象:　　　　　　　　　　　　　//按 Enter 键

输入倾斜角度 (按 ENTER 表示无): 30　　//输入尺寸界线的倾斜角度

命令:DIMEDIT　　　　　　　　　　　//重复命令

输入标注编辑类型 [默认(H)/新建(N)/旋转(R)/倾斜(O)] <默认>: o

//使用"倾斜(O)"选项

选择对象:总计 3 个　　　　　　　　　//选择尺寸"600"、"4550"和"1150"

选择对象:　　　　　　　　　　　　　//按 Enter 键

输入倾斜角度 (按 ENTER 表示无): -30　//输入尺寸界线的倾斜角度

6. 指定尺寸样式"DIM-2"为当前样式,单击【标注】工具栏上的██按钮,选择尺寸"600"、"4550"和"1150"进行更新,结果如图 9-28 所示。

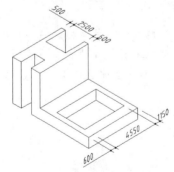

图9-27 修改尺寸界线的倾角

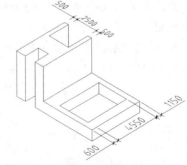

图9-28 更新尺寸标注

7. 用类似的方法标注其余尺寸,结果如图 9-25 所示。

 有时也使用引线在轴测图中进行标注,但外观一般不能满足要求,此时可用 EXPLODE 命令将标注分解,然后分别调整引线和文本的位置。

9.6 绘制正面斜等测投影图

前面介绍了正等轴测图的画法。在建筑图中，管网系统立体图及通风系统立体图常采用正面斜等测投影图，这种图的特点是平行于屏幕，其斜等测投影图反映实形。斜等测图的画法与正等测类似，这两种图沿 3 个轴测轴的轴测比例都为 1，只是轴测轴方向不同，如图 9-29 所示。

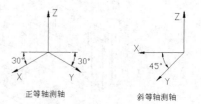

图9-29 轴测轴

系统没有提供斜等测投影模式，但用户只要在作图时打开极轴追踪、对象捕捉及自动追踪功能，并设定极轴追踪角度增量为 45°，就能很方便地绘制斜等测图。

【练习9-9】： 根据平面视图绘制斜等测图，如图 9-30 所示。

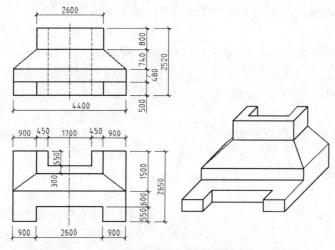

图9-30 绘制组合体斜等测图

动画演示 —— 见光盘中的 "9-9.avi" 文件

1. 设定绘图区域的大小为 10000×10000。

2. 激活轴测投影模式，打开极轴追踪、对象捕捉及自动追踪功能。指定极轴追踪角度增量为 【45】，设定对象捕捉方式为【端点】、【交点】，设置沿所有极轴角进行自动追踪。

3. 用 LINE 命令绘制线框 A，将线框 A 向上复制到 B 处，再连线 C、D 和 E，如图 9-31 左图所示。删除多余的线条，结果如图 9-31 右图所示。

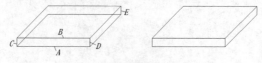

图9-31 绘制线框 A、B 等

4. 用 LINE 及 COPY 命令生成对象 F、G，如图 9-32 左图所示。删除多余的线条，结果如图 9-32 右图所示。

5. 用 LINE、MOVE 和 COPY 命令生成对象 H，如图 9-33 左图所示。删除多余的线条，结果如图 9-33 右图所示。

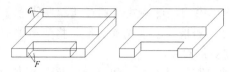

图9-32　生成对象 *F*、*G* 并删除多余的线条

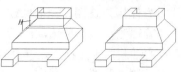

图9-33　生成对象 *H* 并删除多余的线条

9.7　例题——绘制送风管道轴测图

【练习9-10】：　绘制送风管道正面斜等测图，如图 9-34 所示。

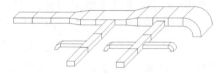

图9-34　绘制送风管道斜等测图

动画演示 ——　见光盘中的 "9-10.avi" 文件

1.　设定绘图区域的大小为 16000×16000。

2.　激活轴测投影模式，打开极轴追踪、对象捕捉及自动追踪功能。指定极轴追踪角度增量为【45】，设定对象捕捉方式为【端点】、【中点】和【交点】，设置沿所有极轴角进行自动追踪。

3.　用 LINE 命令绘制一个 630×400 的矩形 *A*，再复制矩形并连线，如图 9-35 左图所示。删除多余的线条，结果如图 9-35 右图所示。

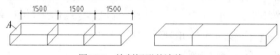

图9-35　绘制矩形并连线（1）

4.　绘制一个 1000×400 的矩形 *B*，再复制矩形并连线，如图 9-36 上图所示。删除多余的线条，结果如图 9-36 下图所示。

5.　用类似的方法绘制轴测图其余部分，请读者自己完成。作图所需的主要细节尺寸如图 9-37 所示，其他尺寸读者自定。

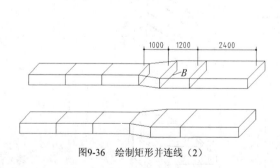

图9-36　绘制矩形并连线（2）

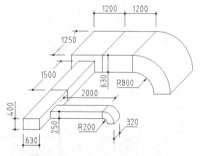

图9-37　主要细节尺寸

9.8　小结

本章主要内容总结如下。

(1) 为方便用户作图，AutoCAD 提供了轴测投影模式，此模式可通过【草图设置】对话框中的【等轴测捕捉】单选项激活。激活该模式后，栅格和十字光标的形状将变得如同是在某个特定的轴测面上一样，这样就使作图过程变得更加直观。

(2) 在绘制轴测图的过程中，用户可以打开极轴追踪、对象捕捉和自动追踪功能来辅助绘图。一般应设定极轴追踪的角度增量为 30°，这样就能很容易地沿 3 个轴测轴方向进行追踪定位，从而大大提高了作图效率。

(3) 激活轴测投影模式后，即可利用 ELLIPSE 命令的"等轴测圆(I)"选项绘制圆的轴测投影。作图时，首先要利用 F5 键切换到合适的轴测面，使之与圆所在的平面对应起来，这样才能使 ELLIPSE 命令生成的椭圆看起来是在轴测面内。

(4) 在轴测面内绘制平行线时应使用 COPY 命令，而不是使用 OFFSET 命令。

(5) 在轴测图中书写文字时，应事先建立倾角分别为 30°和-30°的文本样式，通过这两个文本样式控制文本的倾斜角度，使文字看起来是在轴测面内。

(6) 标注轴测图时应使用 DIMALIGNED 命令（对齐尺寸）。标注完成后，利用 DIMEDIT 命令的"倾斜(O)"选项修改尺寸界线的倾斜角度，使尺寸界线的方向与轴测轴的方向一致，以便使标注的外观具有立体感。

9.9 习题

一、思考题

(1) 怎样激活轴测投影模式？

(2) 轴测图是真正的三维图形吗？

(3) 为了便于沿轴测轴方向追踪定位，一般应设定极轴追踪的角度增量为多少？

(4) 在轴测面内绘制平行线时可采取哪些方法？

(5) 如何绘制轴测图中的过渡圆弧？

(6) 为了使轴测面上的文字具有立体感，应将文字的倾斜角度设定为多少？

(7) 如何在轴测图中标注尺寸？常使用哪几个命令来创建尺寸？

二、根据平面视图绘制正等轴测图及斜等轴测图，如图 9-38 所示

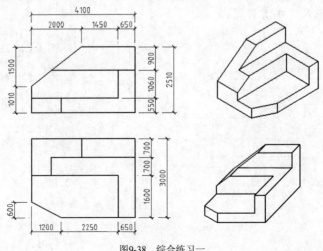

图9-38　综合练习一

三、 根据平面视图绘制正等轴测图及斜等轴测图，如图 9-39 所示

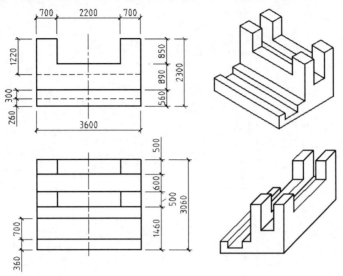

图9-39 综合练习二

第10章　建筑施工图

　　建筑平面图、立面图和剖面图是建筑施工工程图中最基本的图样，通过这 3 个基本图样，就可以表示出建筑物的概貌。从事建筑设计的工程技术人员除了应掌握 AutoCAD 二维绘图的基本知识外，还应了解在建筑工程中用 AutoCAD 进行设计的一般方法和实用技巧，只有这样才能更有效地使用 AutoCAD，从而极大地提高工作效率。

10.1　绘制建筑总平面图

　　在设计和建造一幢房屋前，需要一张总平面图说明建筑物的地点、位置、朝向及周围的环境等，总平面图表示了一项工程的整体布局。

　　建筑总平面图是一水平投影图（俯视图），绘制时按照一定的比例在图纸上画出房屋轮廓线及其他设施水平投影的可见线，以表示建筑物和周围设施在一定范围内的总体布置情况，其图示的主要内容如下：

　　(1)　建筑物的位置和朝向；

　　(2)　室外场地、道路布置、绿化配置等情况；

　　(3)　新建建筑物与相邻建筑物及周围环境的关系。

10.1.1　用 AutoCAD 绘制总平面图的步骤

　　绘制总平面图的主要步骤如下。

　　(1)　将建筑物所在位置的地形图以块的形式插入到当前图形中，然后用 SCALE 命令缩放地形图，使其大小与实际地形尺寸相吻合。例如，若地形图上有一条表示长度为 10m 的线段，则将地形图插入到 AutoCAD 中后，启动 SCALE 命令，利用该命令的"参照(R)"选项将该线段由原始尺寸缩放到 10000（单位为 mm）个图形单位。

　　(2)　绘制新建建筑物周围的原有建筑、道路系统及绿化设施等。

　　(3)　在地形图中绘制新建建筑物的轮廓。若已有该建筑物的平面图，则可将该平面图复制到总平面图中，删除不必要的线条，仅保留平面图的外形轮廓线即可。

　　(4)　插入标准图框，并以绘图比例的倒数缩放图框。

　　(5)　标注新建建筑物的定位尺寸、室内地面标高及室外整平地面的标高等。设置标注为绘图比例的倒数。

10.1.2　总平面图绘制实例

　　【练习10-1】：绘制如图 10-1 所示的建筑总平面图，绘图比例为 1∶500，采用 A3 幅面的图框。

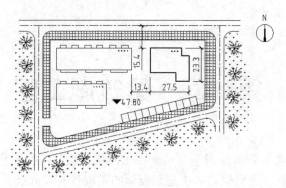

图10-1 绘制总平面图

动画演示 —— 见光盘中的 "10-1.avi" 文件

1. 创建以下图层。

名称	颜色	线型	线宽
总图-新建	白色	Continuous	0.7
总图-原有	白色	Continuous	默认
总图-道路	蓝色	Continuous	默认
总图-绿化	绿色	Continuous	默认
总图-车场	白色	Continuous	默认
总图-标注	白色	Continuous	默认

   当创建不同种类的对象时, 应切换到相应图层。

2. 设定绘图区域的大小为 200000×200000, 设置总体线型比例因子为 500 (绘图比例的倒数)。

3. 打开极轴追踪、对象捕捉及自动追踪功能。设置极轴追踪角度增量为【90】, 设定对象捕捉方式为【端点】、【交点】, 设置仅沿正交方向进行自动追踪。

4. 用 XLINE 命令绘制水平和竖直的作图基准线, 然后利用 OFFSET、LINE、BREAK、FILLET 及 TRIM 等命令形成道路及停车场, 如图 10-2 所示。图中所有圆角的半径均为 6000。

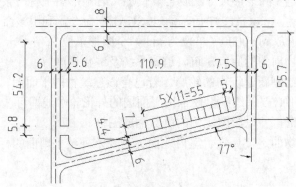

图10-2 绘制道路及停车场

5. 用 OFFSET、TRIM 等命令形成原有建筑和新建建筑, 细节尺寸及结果如图 10-3 所示。用 DONUT 命令绘制表示建筑物层数的圆点, 圆点直径为 1000。

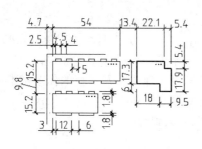
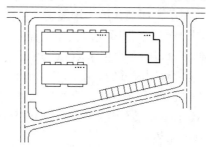

图10-3　绘制原有建筑和新建建筑

6. 利用设计中心插入"图例.dwg"中的图块【树木】，再用 PLINE 命令绘制辅助线 *A*、
   B、*C*，然后填充剖面图案，图案名称为【GRASS】和【ANGLE】，如图 10-4 所示。

7. 删除辅助线，结果如图 10-1 所示。

8. 打开附盘文件"10-A3.dwg"，该文件中包含一个 A3 幅面的图框，利用 Windows 的复制/
   粘贴功能将 A3 幅面的图纸拷贝到总平面图中，用 SCALE 命令缩放图框，缩放比例为
   500，将总平面图布置在图框中，结果如图 10-5 所示。

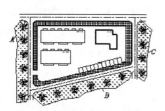

图10-4　插入图块及填充剖面图案

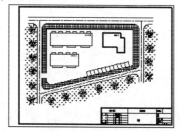

图10-5　插入图框

9. 标注尺寸。尺寸文字的字高为 2.5，全局比例因子为 500，尺寸数值比例因子为 0.001。

当以 1：500 的比例打印图纸时，标注字高为 2.5，标注文本是以"米"为单位的数值。

10. 利用设计中心插入"图例.dwg"中的图块【室外地坪标高】、【标高】及【指北针】，块
    的缩放比例因子为 500。

10.2　绘制建筑平面图

　　假想用一个剖切平面在门窗洞的位置将房屋剖切开，对剖切平面以下的部分进行正投影
而形成的图样就是建筑平面图。该图是建筑施工图中最基本的图样之一，主要用于表示建筑
物的平面形状以及沿水平方向的布置和组合关系等。

　　建筑平面图的主要内容如下：

(1)　房屋的平面形状、大小及房间的布局；

(2)　墙体、柱及墩的位置和尺寸；

(3)　门、窗及楼梯的位置和类型。

10.2.1　用 AutoCAD 绘制平面图的步骤

　　用 AutoCAD 绘制平面图的总体思路是先整体后局部，主要绘制过程如下。

(1) 创建图层，如墙体层、轴线层、柱网层等。

(2) 绘制一个表示作图区域大小的矩形，单击【标准】工具栏上的 ⊕ 按钮，将该矩形全部显示在绘图窗口中，再用 EXPLODE 命令分解矩形，形成作图基准线。此外，也可利用 LIMITS 命令设定绘图区域的大小，然后用 LINE 命令绘制水平及竖直的作图基准线。

(3) 用 OFFSET 和 TRIM 命令绘制水平及竖直的定位轴线。

(4) 用 MLINE 命令绘制外墙体，形成平面图的大致形状。

(5) 绘制内墙体。

(6) 用 OFFSET 和 TRIM 命令在墙体上形成门窗洞口。

(7) 绘制门窗、楼梯及其他局部细节。

(8) 插入标准图框，并以绘图比例的倒数缩放图框。

(9) 标注尺寸，尺寸标注总体比例为绘图比例的倒数。

(10) 书写文字，文字字高为图纸上的实际字高与绘图比例倒数的乘积。

10.2.2 平面图绘制实例

【练习10-2】：绘制建筑平面图，如图 10-6 所示，绘图比例为 1：100，采用 A2 幅面的图框。为使图形简洁，图中仅标出了总体尺寸、轴线间距尺寸及部分细节尺寸。

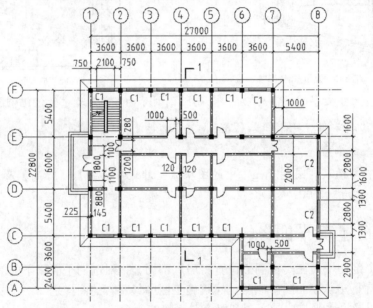

图10-6 绘制建筑平面图

动画演示 —— 见光盘中的"10-2.avi"文件

1. 创建以下图层。

名称	颜色	线型	线宽
建筑-轴线	蓝色	Center	默认
建筑-柱网	白色	Continuous	默认
建筑-墙体	白色	Continuous	0.7

建筑-门窗	红色	Continuous	默认
建筑-台阶及散水	红色	Continuous	默认
建筑-楼梯	红色	Continuous	默认
建筑-标注	白色	Continuous	默认

当创建不同种类的对象时，应切换到相应图层。

2. 设定绘图区域的大小为 40000×40000，设置总体线型比例因子为 100（绘图比例的倒数）。

3. 打开极轴追踪、对象捕捉及自动追踪功能。设置极轴追踪角度增量为【90】，设定对象捕捉方式为【端点】、【交点】，设置仅沿正交方向进行自动追踪。

4. 用 LINE 命令绘制水平及竖直的作图基准线，然后利用 OFFSET、BREAK 及 TRIM 等命令绘制轴线，如图 10-7 所示。

5. 在屏幕的适当位置绘制柱的横截面，尺寸如图 10-8 左图所示，先画一个正方形，再连接两条对角线，然后用【SOLID】图案填充图形，如图 10-8 右图所示。正方形两条对角线的交点可作为柱截面的定位基准点。

6. 用 COPY 命令形成柱网，如图 10-9 所示。

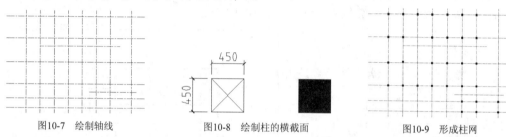

图10-7　绘制轴线　　　　图10-8　绘制柱的横截面　　　　图10-9　形成柱网

7. 创建两个多线样式。

样式名	元素	偏移量
墙体-370	两条直线	145、-225
墙体-240	两条直线	120、-120

8. 关闭"建筑—柱网"层，指定"墙体-370"为当前样式，用 MLINE 命令绘制建筑物外墙体，再设定"墙体-240"为当前样式，绘制建筑物内墙体，如图 10-10 所示。

9. 用 MLEDIT 命令编辑多线相交的形式，再分解多线，修剪多余线条。

10. 用 OFFSET、TRIM 和 COPY 命令形成所有的门窗洞口，如图 10-11 所示。

11. 利用设计中心插入"图例.dwg"中的门窗图块，这些图块分别是 M1000、M1200、M1800 及 C370×100，再复制这些图块，如图 10-12 所示。

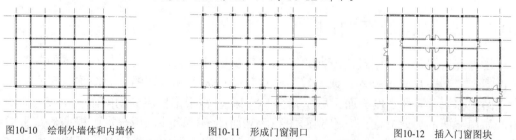

图10-10　绘制外墙体和内墙体　　　　图10-11　形成门窗洞口　　　　图10-12　插入门窗图块

12. 绘制室外台阶及散水，细节尺寸和结果如图 10-13 所示。

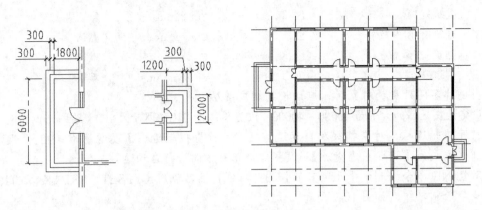

图10-13 绘制室外台阶及散水

13. 绘制楼梯，楼梯尺寸如图 10-14 所示。

14. 打开附盘文件 "10-A2.dwg"，该文件中包含一个 A2 幅面的图框，利用 Windows 的复制/粘贴功能将 A2 幅面的图纸拷贝到平面图中，用 SCALE 命令缩放图框，缩放比例为 100，然后把平面图布置在图框中，如图 10-15 所示。

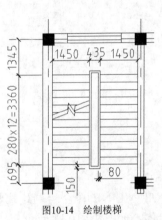

图10-14 绘制楼梯

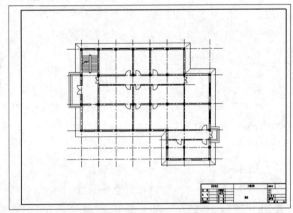

图10-15 插入图框

15. 标注尺寸，尺寸文字的字高为 2.5，全局比例因子为 100。

16. 利用设计中心插入 "图例.dwg" 中的标高块及轴线编号块，并填写属性文字，块的缩放比例因子为 100。

17. 将文件以名称 "平面图.dwg" 保存，该文件将用于绘制立面图和剖面图。

10.3 绘制建筑立面图

建筑立面图是按不同投影方向绘制的房屋侧面外形图，它主要反映房屋的外貌和立面装饰情况，其中反映主要入口或比较显著地反映房屋外貌特征的立面图称为正立面图，其余立面图称为背立面、侧立面。房屋有 4 个朝向，常根据房屋的朝向命名相应方向的立面图，如南立面图、北立面图、东立面图和西立面图等。此外，用户也可根据建筑平面图中的首尾轴线命名立面图，如①～⑦立面图等。当观察者面向建筑物时，采用从左往右的轴线顺序。

10.3.1　用 AutoCAD 绘制立面图的步骤

可将平面图作为绘制立面图的辅助图形。先从平面图绘制竖直投影线，将建筑物的主要特征投影到立面图上，然后再绘制立面图的各部分细节。

绘制立面图的主要过程如下。

(1) 创建图层，如建筑轮廓层、窗洞层及轴线层等。

(2) 通过外部引用方式将建筑平面图插入到当前图形中，或者打开已有的平面图，将其另存为一个文件，以此文件为基础绘制立面图。也可利用 Windows 的复制/粘贴功能从平面图中获取有用的信息。

(3) 从平面图绘制建筑物轮廓的竖直投影线，再绘制地平线、屋顶线等，这些线条构成了立面图的主要布局线。

(4) 利用投影线形成各层门窗洞口线。

(5) 以布局线为作图基准线，绘制墙面细节，如阳台、窗台及壁柱等。

(6) 插入标准图框，并以绘图比例的倒数缩放图框。

(7) 标注尺寸，尺寸标注总体比例为绘图比例的倒数。

(8) 书写文字，文字字高为图纸上的实际字高与绘图比例倒数的乘积。

10.3.2　立面图绘制实例

【练习10-3】：　绘制建筑立面图，如图 10-16 所示。绘图比例为 1∶100，采用 A3 幅面的图框。

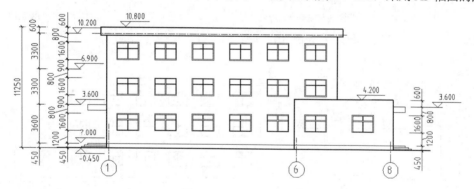

图10-16　绘制建筑立面图

动画演示 —— 见光盘中的 "10-3.avi" 文件

1. 创建以下图层。

名称	颜色	线型	线宽
建筑-轴线	蓝色	Center	默认
建筑-构造	白色	Continuous	默认
建筑-轮廓	白色	Continuous	0.7
建筑-地坪	白色	Continuous	1.0
建筑-窗洞	红色	Continuous	0.35
建筑-标注	白色	Continuous	默认

当创建不同种类的对象时，应切换到相应图层。

2. 设定绘图区域的大小为 40000×40000，设置总体线型比例因子为 100（绘图比例的倒数）。

3. 打开极轴追踪、对象捕捉及自动追踪功能。设置极轴追踪角度增量为【90】，设定对象捕捉方式为【端点】、【交点】，设置仅沿正交方向进行自动追踪。

4. 利用外部引用方式将上节创建的文件"平面图.dwg"插入到当前图形中，再关闭该文件的"建筑-标注"及"建筑-柱网"层。

5. 从平面图绘制竖直投影线，再用 LINE、OFFSET 及 TRIM 命令绘制屋顶线、室外地坪线和室内地坪线等，细部尺寸和结果如图 10-17 所示。

6. 从平面图绘制竖直投影线，再用 OFFSET 及 TRIM 命令形成窗洞线，如图 10-18 所示。

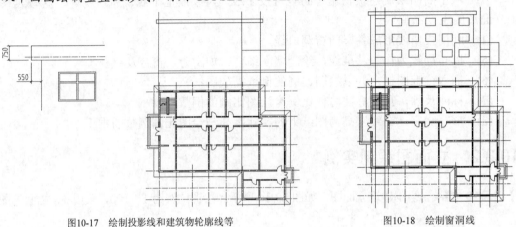

图10-17 绘制投影线和建筑物轮廓线等   图10-18 绘制窗洞线

7. 绘制窗户，细部尺寸和结果如图 10-19 所示。

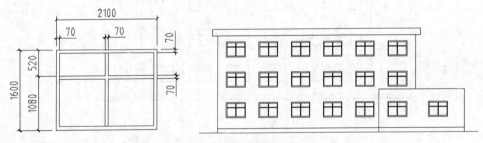

图10-19 绘制窗户

8. 从平面图绘制竖直投影线，再用 OFFSET 及 TRIM 命令绘制雨篷及室外台阶，结果如图 10-20 所示。雨篷厚度为 500，室外台阶分 3 个踏步，每个踏步高 150。

9. 拆离外部引用文件，再打开附盘文件"10-A3.dwg"，该文件中包含一个 A3 幅面的图框，利用 Windows 的复制/粘贴功能将 A3 幅面的图纸拷贝到立面图中，用 SCALE 命令缩放图框，缩放比例为 100，然后把立面图布置在图框中，如图 10-21 所示。

10. 标注尺寸，尺寸文字的字高为 2.5，全局比例因子为 100。

11. 利用设计中心插入"图例.dwg"中的标高块及轴线编号块，并填写属性文字，块的缩放比例因子为 100。

12. 将文件以名称"立面图.dwg"保存，该文件将用于绘制剖面图。

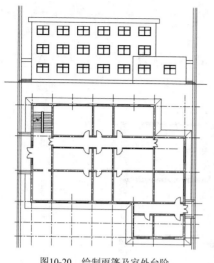

图10-20   绘制雨篷及室外台阶

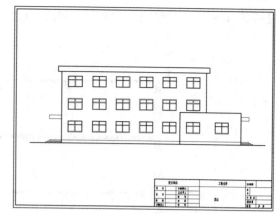

图10-21   插入图框

10.4   绘制建筑剖面图

剖面图主要用于反映房屋内部的结构形式、分层情况及各部分的联系等，它的绘制方法是假想用一个铅垂的平面剖切房屋，移去挡住的部分，然后将剩余的部分按正投影原理绘制出来。

剖面图反映的主要内容如下：

(1)   垂直方向上房屋各部分的尺寸及组合；

(2)   建筑物的层数、层高；

(3)   房屋在剖面位置上的主要结构形式、构造方式等。

10.4.1   用 AutoCAD 绘制剖面图的步骤

可将平面图、立面图作为绘制剖面图的辅助图形。将平面图旋转 90°，并布置在适当的位置，从平面图、立面图绘制竖直及水平的投影线，以形成剖面图的主要特征，然后绘制剖面图各部分的细节。

绘制剖面图的主要过程如下：

(1)   创建图层，如墙体层、楼面层及构造层等；

(2)   将平面图、立面图布置在一个图形中，以这两个图为基础绘制剖面图；

(3)   从平面图、立面图绘制建筑物轮廓的投影线，修剪多余线条，形成剖面图的主要布局线；

(4)   利用投影线形成门窗高度线、墙体厚度线及楼板厚度线等；

(5)   以布局线为作图基准线，绘制未剖切到的墙面细节，如阳台、窗台及墙垛等；

(6)   插入标准图框，并以绘图比例的倒数缩放图框；

(7)   标注尺寸，尺寸标注总体比例为绘图比例的倒数；

(8)   书写文字，文字字高为图纸上的实际字高与绘图比例倒数的乘积。

10.4.2　剖面图绘制实例

【练习10-4】：　绘制建筑剖面图，如图 10-22 所示，绘图比例为 1∶100，采用 A3 幅面的图框。

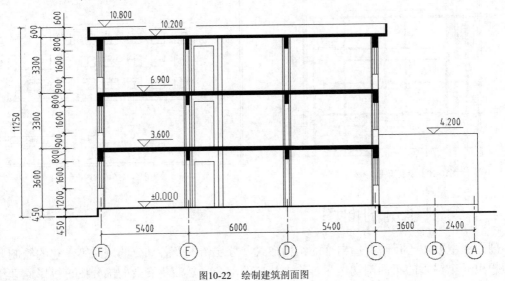

图10-22　绘制建筑剖面图

动画演示 —— 见光盘中的"10-4.avi"文件

1.　创建以下图层。

名称	颜色	线型	线宽
建筑–轴线	蓝色	Center	默认
建筑–楼面	白色	Continuous	0.7
建筑–墙体	白色	Continuous	0.7
建筑–地坪	白色	Continuous	1.0
建筑–门窗	红色	Continuous	默认
建筑–构造	红色	Continuous	默认
建筑–标注	白色	Continuous	默认

当创建不同种类的对象时，应切换到相应图层。

2.　设定绘图区域的大小为 30000×30000，设置总体线型比例因子为 100（绘图比例的倒数）。

3.　打开极轴追踪、对象捕捉及自动追踪功能。设置极轴追踪角度增量为【90】，设定对象捕捉方式为【端点】、【交点】，设置仅沿正交方向进行自动追踪。

4.　利用外部引用方式将已创建的文件"平面图.dwg"和"立面图.dwg"插入到当前图形中，再关闭两文件的"建筑－标注"层。

5.　将建筑平面图旋转90°，并将其布置在适当位置。从立面图和平面图向剖面图绘制投影线，再绘制屋顶的左、右端面线，如图 10-23 所示。

6.　从平面图绘制竖直投影线，投影墙体，如图 10-24 所示。

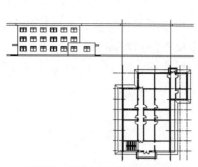

图10-23 绘制投影线及屋顶端面线

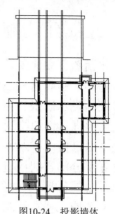

图10-24 投影墙体

7. 从立面图绘制水平投影线，再用 OFFSET、TRIM 等命令形成楼板、窗洞及檐口，如图 10-25 所示。

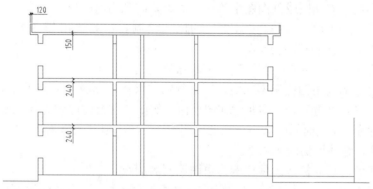

图10-25 绘制楼板、窗洞及檐口

8. 绘制窗户、门、柱及其他细节，如图 10-26 所示。

9. 拆离外部引用文件，再打开附盘文件 "10-A3.dwg"，该文件中包含一个 A3 幅面的图框，利用 Windows 的复制/粘贴功能将 A3 幅面的图纸拷贝到剖面图中，用 SCALE 命令缩放图框，缩放比例为 100，然后把剖面图布置在图框中，如图 10-27 所示。

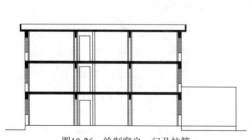

图10-26 绘制窗户、门及柱等

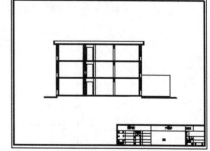

图10-27 插入图框

10. 标注尺寸，尺寸文字的字高为 2.5，全局比例因子为 100。

11. 利用设计中心插入 "图例.dwg" 中的标高块及轴线编号块，并填写属性文字，块的缩放比例因子为 100。

12. 将文件以名称 "剖面图.dwg" 保存。

10.5　绘制建筑施工详图

建筑平面图、立面图及剖面图主要表达了建筑物平面布置情况、外部形状和垂直方向上的结构构造等。由于这些图样的绘图比例较小，而反映的内容却很多，因而建筑物的细部结构很难清晰地表示出来。为了满足施工要求，常要对楼梯、墙身、门窗及阳台等局部结构采用较大的比例进行详细绘制，这样画出的图样称为建筑详图。

详图主要包括以下内容：

(1)　某部分的详细构造及详细尺寸；

(2)　使用的材料、规格及尺寸；

(3)　有关施工要求及制作方法的文字说明。

绘制建筑详图的主要过程如下。

(1)　创建图层，如轴线层、墙体层及装饰层等。

(2)　将平面图、立面图或剖面图中的有用对象复制到当前图形中，以减少工作量。

(3)　不同绘图比例的详图都按 1∶1 的比例绘制。可先画出作图基准线，然后利用 OFFSET 及 TRIM 命令形成图样细节。

(4)　插入标准图框，并以出图比例的倒数缩放图框。

(5)　对绘图比例与出图比例不同的详图进行缩放操作，缩放比例因子等于绘图比例与出图比例的比值，然后再将所有详图布置在图框内。例如，有绘图比例为 1∶20 和 1∶40 的两张详图，要布置在 A3 幅面的图纸内，出图比例为 1∶40，则布图前，应先用 SCALE 命令缩放 1∶20 的详图，缩放比例因子为 2。

(6)　标注尺寸，尺寸标注总体比例为出图比例的倒数。

(7)　对于已缩放 n 倍的详图，应采用新样式进行标注。标注总体比例为出图比例的倒数，尺寸数值比例因子为 $1/n$。

(8)　书写文字，文字字高为图纸上的实际字高与绘图比例倒数的乘积。

【练习10-5】：　绘制建筑详图，如图 10-28 所示。两个详图的绘图比例分别为 1∶10 和 1∶20，图幅采用 A3 幅面，出图比例为 1∶10。

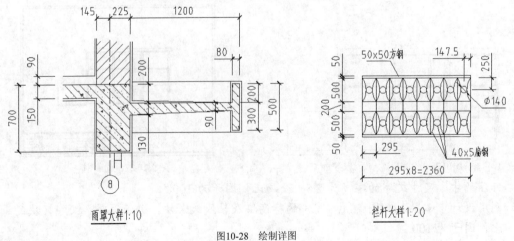

图10-28　绘制详图

![动画演示] —— 见光盘中的"10-5.avi"文件

1. 创建以下图层。

名称	颜色	线型	线宽
建筑-轴线	蓝色	Center	默认
建筑-楼面	白色	Continuous	0.7
建筑-墙体	白色	Continuous	0.7
建筑-门窗	红色	Continuous	默认
建筑-构造	红色	Continuous	默认
建筑-标注	白色	Continuous	默认

当创建不同种类的对象时，应切换到相应图层。

2. 设定绘图区域的大小为 4000×4000，设置总体线型比例因子为 10（出图比例的倒数）。

3. 打开极轴追踪、对象捕捉及自动追踪功能。设置极轴追踪角度增量为【90】，设定对象捕捉方式为【端点】、【交点】，设置仅沿正交方向进行自动追踪。

4. 用 LINE 命令绘制轴线及水平作图基准线，然后用 OFFSET、TRIM 命令形成墙体、楼板及雨篷等，如图 10-29 所示。

5. 用 OFFSET、LINE 及 TRIM 命令形成墙面、门及楼板面构造等，再填充剖面图案，如图 10-30 所示。

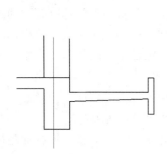

图10-29 绘制墙体、楼板及雨篷等

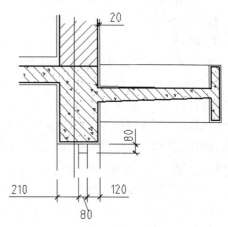

图10-30 绘制墙面、门及楼板面构造等

6. 用与第 4、5 步类似的方法绘制栏杆的大样图。

7. 打开附盘文件"10-A3.dwg"，该文件中包含一个 A3 幅面的图框。利用 Windows 的复制/粘贴功能将 A3 幅面的图纸拷贝到详图中，用 SCALE 命令缩放图框，缩放比例为 10。

8. 用 SCALE 命令缩放栏杆大样图，缩放比例为 0.5，然后把两个详图布置在图框中，如图 10-31 所示。

9. 创建尺寸标注样式"详图 1:10"，尺寸文字的字高为 2.5，全局比例因子为 10。再以"详图 1:10"为基础样式创建新样式"详图 1:20"，该样式的尺寸数值比例因子为 2。

10. 标注尺寸及书写文字，文字字高为 35。

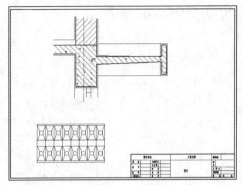

图10-31　插入图框

10.6　创建样板图

从前面几节的绘图实例可以看出，每次建立新图样时，都要生成图层，设置颜色、线型和线宽，设定绘图区域的大小，创建标注样式、文字样式等，这些工作都是一些重复性劳动，非常耗费时间。另外，若每次重复这些设定，也很难保证所有图样的图层、文字样式及标注样式等项目的一致性。要解决以上问题，可采取下面的方法。

一、从已有工程图生成新图形

打开已有工程图，删除不必要的内容，将其另存为一个新文件，则新图样具有与原图样相同的绘图环境。

二、利用自定义样板图生成新图形

工程图中常用的图纸幅面包括 A0、A1、A2 和 A3 等，可针对每种标准幅面的图纸定义一个样板图，其扩展名为".dwt"，包含的内容有各类图层、工程文字样式、工程标注样式、图框、标题栏及会签栏等。当要创建新图样时，用户可指定已定义的样板图为原始图，这样就将样板图中的标准设置全部传递给了新图样。

【练习10-6】：定义 A3 幅面的样板图。

1. 建立用于保存样板文件的文件夹，设定其名称为"工程样板文件"。
2. 新建一个图形，在该图形中绘制 A3 幅面的图框、标题栏及会签栏。可将标题栏及会签栏创建成表格对象，这样更便于填写文字。
3. 创建图层，如"建筑–轴线"层、"建筑–墙体"层等，并设定图层的颜色、线型及线宽等属性。
4. 新建文字样式"工程文字"，设定该样式连接的字体文件为【gbenor.shx】和【gbcbig.shx】。
5. 创建名为"工程标注"的标注样式，该样式连接的文字样式是【工程文字】。
6. 选取菜单命令【文件】/【另存为】，打开【图形另存为】对话框，在该对话框的【保存于】下拉列表中找到文件夹"工程样板文件"，在【文件名】文本框中输入样板文件的名称"A3"，再通过【文件类型】下拉列表设定文件的扩展名为".dwt"。
7. 单击 保存(S) 按钮，打开【样板说明】对话框，如图 10-32 所示。在【说明】列表框中输入关于样板文件的说明文字，单击 确定 按钮，完成操作。

8. 选取菜单命令【工具】/【选项】，打开【选项】对话框，在该对话框中将文件夹"工程样板文件"添加到 AutoCAD 自动搜索样板文件的路径中，如图 10-33 所示。这样每次建立新图形时，系统都会自动打开"工程样板文件"文件夹，并显示其中的样板文件。

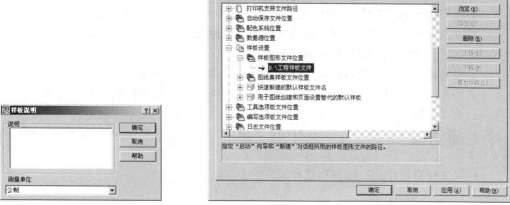

图10-32　【样板说明】对话框　　　　　　　　　图10-33　【选项】对话框

10.7　小结

本章主要内容总结如下。

(1)　怎样绘制总平面图。将建筑物所在位置的地形图插入到当前图形中，在地形图上绘制新建筑物周围的原有建筑、道路系统及绿化设施等，然后画出新建筑物的轮廓。

(2)　怎样绘制建筑平面。先画出轴线、柱及墙体等的分布情况，然后定出门窗位置并绘制细部特征。

(3)　怎样绘制建筑立面图。以平面图为辅助图，先画出外墙轮廓线、地坪线和屋顶线等，这些线条构成主要布局线，然后绘制墙面细节特征。

(4)　怎样绘制建筑剖面图。以平面图、立面图为辅助图，先画出剖切位置处的主要轮廓线，然后形成门窗高度线、墙体厚度线、楼板厚度线及墙面细节等。

(5)　怎样绘制建筑详图。总的作图思路是先整体后局部，首先绘制结构定位线、重要边线等，然后以这些线条为基准线，用 OFFSET、LINE 及 TRIM 命令绘制图样细节。

房屋建筑图的绘制具有以下一些特点。

(1)　作图时先从平面图开始绘制，然后再绘制立面图和剖面图。

(2)　对于某一个图样，在绘制时要先画出建筑物的大致形状及主要的作图基准线，然后再由整体到局部，逐步完成绘制。

(3)　平面、立面、剖面图之间必须满足投影规律。例如，平面图与立面图间的长度关系要一致，而立面图与剖面图间的高度关系也需一致。作图时可将平面图、立面图布置在适当的位置，然后用 XLINE 命令画出竖直、水平投影线，将主要的几何特征向剖面图投影。

(4)　用 MLINE 命令绘制墙体，对于不同厚度的墙体可建立相应的多线样式。

(5)　可将门、窗等反复用到的建筑构件生成块，以便提高作图效率。

10.8 习题

1. 用 AutoCAD 绘制平面图、立面图及剖面图的主要步骤是什么？

2. 除用 LIMITS 命令设定绘图区域的大小外，还可用哪些方法进行设定？

3. 如何插入标准图框？

4. 若绘图比例为 1：150，则标注尺寸时全局比例因子应设置为多少？

5. 绘制剖面图时，可用哪些方法从平面图、立面图中获取有用的信息？

6. 如何将图例库中的图块插入到当前图形中？

7. 若要将图例库中的所有图块一次插入到当前图形中，应如何操作？

8. 若要在同一张图纸上布置多个不同绘图比例的详图，应怎样操作？

9. 已将详图放大一倍，要使尺寸标注数值反映原始长度，应怎样设定？

10. 绘图比例为 1：100 时，要使打印在图纸上的文字高度为 3.5，则书写文字时的高度应为多少？

11. 样板文件有何作用？如何创建样板文件？

第11章 结构施工图

上一章介绍的建筑施工图表现了建筑物的外形、内部布置及细部构造等，但建筑物承重构件（如梁、板和柱等）的结构及布置情况还未能表现出来，需要通过结构施工图进行表达。结构施工图属于整套施工图中的第二部分图纸。

用 AutoCAD 绘制结构施工图时，用户可从已有的建筑施工图中复制有用的信息，从而提高设计效率。

本章将介绍绘制结构施工图的方法和技巧。

11.1 基础平面图

基础平面图用于表达建筑物的平面布局及详细构造。其图示特点是假想用一水平剖切平面在相对标高±0.000 处将建筑物剖开，移去上面部分，去除基础周围的回填土后绘制水平投影。

11.1.1 绘制基础平面图的步骤

基础平面图的绘图比例一般与建筑平面图相同，两图的轴线分布情况应一致。绘制基础平面图的步骤如下：

(1) 创建图层，如墙体层、基础层及标注层等；
(2) 绘制轴线、柱网及墙体，或从建筑平面图中复制这些对象；
(3) 用 XLINE、OFFSET 及 TRIM 等命令绘制基础轮廓线；
(4) 插入标准图框，并以绘图比例的倒数缩放图框；
(5) 标注尺寸，尺寸标注全局比例为绘图比例的倒数；
(6) 书写文字，文字字高为图纸上的实际字高与绘图比例倒数的乘积。

11.1.2 基础平面图绘制实例

【练习11-1】：绘制建筑物基础平面图，如图 11-1 所示，绘图比例为 1：100，采用 A2 幅面的图框。

动画演示 —— 见光盘中的 "11-1.avi" 文件

1. 打开附盘文件 "建筑平面图.dwg"，关闭 "建筑–标注"、"建筑–楼梯" 等图层，只保留 "建筑–轴线"、"建筑–墙体"、"建筑–柱网" 层。

2. 创建新图形，设定绘图区域的大小为 40000×40000，设置全局线型比例因子为 100（绘图比例的倒数）。

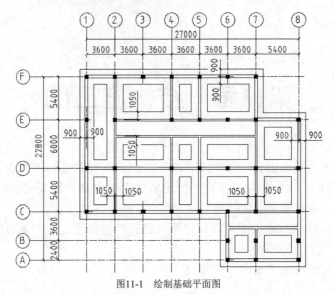

图11-1　绘制基础平面图

3. 利用 Windows 的复制/粘贴功能将"建筑平面图.dwg"中的轴线、墙体及柱网拷贝到新图形中，再利用 ERASE、EXTEND 及 STRETCH 命令使断开的墙体连接起来，结果如图 11-2 所示。

4. 将新图形中的"建筑–轴线"、"建筑–墙体"、"建筑–柱网"层改名为"结构–轴线"、"结构–基础墙体"、"结构–柱网"，然后创建以下图层。

名称	颜色	线型	线宽
结构–基础	白色	Continuous	0.35
结构–标注	红色	Continuous	默认

当创建不同种类的对象时，应切换到相应图层。

5. 利用 XLINE、OFFSET 及 TRIM 命令生成基础墙两侧的基础外形轮廓，如图 11-3 所示。

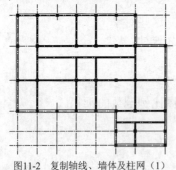

图11-2　复制轴线、墙体及柱网（1）

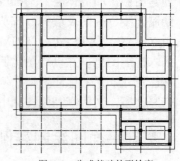

图11-3　生成基础外形轮廓

6. 接下来插入标准图框、标注尺寸及书写文字，请读者自己完成。

11.2　结构平面图

结构平面图是表示室外地坪以上建筑物各层梁、板、柱和墙等构件平面布置情况的图样，其图示特点是假想沿着楼板上表面将建筑物剖开，移去上面部分，然后从上往下进行投影。

11.2.1　绘制结构平面图的步骤

绘制结构平面图时，一般应选用与建筑平面图相同的绘图比例，绘制出与建筑平面图完全一致的轴线。

绘制结构平面图的步骤如下：

(1)　创建图层，如墙体层、钢筋层及标注层等；

(2)　绘制轴线、柱网及墙体，或从建筑平面图中复制这些对象；

(3)　绘制板、梁等构件的轮廓线；

(4)　使用 PLINE 或 LINE 命令在屏幕的适当位置绘制钢筋线，然后用 COPY、ROTATE 及 MOVE 命令在板内布置钢筋；

(5)　插入标准图框，并以绘图比例的倒数缩放图框；

(6)　标注尺寸，尺寸标注全局比例为绘图比例的倒数；

(7)　书写文字，文字字高为图纸上的实际字高与绘图比例倒数的乘积。

11.2.2　结构平面图绘制实例

【练习11-2】：　绘制楼层结构平面图，如图 11-4 所示，绘图比例为 1∶100，采用 A2 幅面的图框。安排这个例题的目的是为读者演示绘制结构平面图的步骤，因此仅画出了楼板的部分配筋。

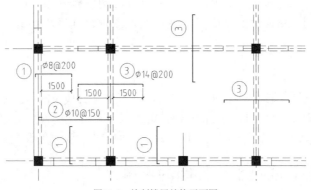

图11-4　绘制楼层结构平面图

动画演示　——　见光盘中的"11-2.avi"文件

1. 打开附盘文件"建筑平面图.dwg"，关闭"建筑–标注"、"建筑–楼梯"等图层，只保留"建筑–轴线"、"建筑–墙体"和"建筑–柱网"层。

2. 创建新图形，设定绘图区域的大小为 40000×40000，设置全局线型比例因子为 100（绘图比例的倒数）。

3. 利用 Windows 的复制/粘贴功能将"建筑平面图.dwg"中的轴线、墙体及柱网拷贝到新图形中，利用 ERASE、EXTEND 及 STRETCH 命令使断开的墙体连接起来，如图 11-5 所示。

4. 将新图形中的"建筑–轴线"、"建筑–墙体"、"建筑–柱网"层改名为"结构–轴线"、"结构–墙体"、"结构–柱网"，然后创建以下图层。

名称	颜色	线型	线宽
结构-钢筋	白色	Continuous	0.70
结构-标注	红色	Continuous	默认

当创建不同种类的对象时，应切换到相应图层。

5. 使用 PLINE 或 LINE 命令在屏幕的适当位置绘制钢筋，如图 11-6 所示。

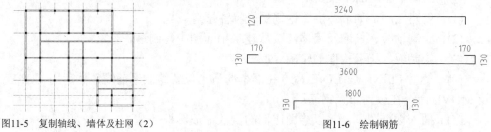

图11-5 复制轴线、墙体及柱网（2）　　　　　　　　图11-6 绘制钢筋

6. 用 COPY、ROTATE 及 MOVE 等命令在楼板内布置钢筋，结果如图 11-7 所示。

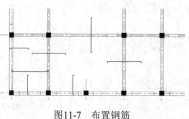

图11-7 布置钢筋

7. 在楼梯间绘制交叉对角线，再将楼板下的不可见构件修改为虚线。
8. 请读者自己绘制楼板内的其余配筋，然后插入图框、标注尺寸及书写文字。

11.3　钢筋混凝土构件图

钢筋混凝土构件图表达了构件的形状大小、钢筋本身及其在混凝土中的布置情况。该图的图示特点是假定混凝土是透明的，然后将构件进行投影，这样构件内的钢筋就可以是可见的，其分布情况即可一目了然。必要时，用户还可将钢筋抽出来绘制钢筋详图并列出钢筋表。

11.3.1　绘制钢筋混凝土构件图的步骤

绘制钢筋混凝土构件图时，一般先画出构件的外形轮廓，然后绘制构件内的钢筋。绘制此类图的步骤如下。

(1) 创建图层，如钢筋层、梁层及标注层等。

(2) 可将已有施工图中的有用对象复制到当前图形中，以减少工作量。

(3) 不同绘图比例的构件详图都按 1∶1 的比例绘制。一般先画出轴线、重要轮廓边线等，再以这些线为作图基准线，用 OFFSET 及 TRIM 命令生成构件外形轮廓。

(4) 在屏幕的适当位置用 PLINE 或 LINE 命令绘制钢筋线，然后用 COPY、ROTATE 及 MOVE 命令将钢筋布置在构件中，也可以构件轮廓线为基准线，用 OFFSET 及 TRIM 命令生成钢筋。

(5) 用 DONUT 命令绘制出表示钢筋断面的圆点，圆点外径等于图纸上圆点直径尺寸与出图比例倒数的乘积。

(6) 插入标准图框，并以出图比例的倒数缩放图框。

(7) 对绘图比例与出图比例不同的构件详图进行缩放，缩放比例因子等于绘图比例与出图比例的比值，然后再将所有详图布置在图框内。例如，有绘图比例为 1：20 和 1：40 的两张详图要布置在 A3 幅面的图纸内，出图比例为 1：40，布图前应先用 SCALE 命令缩放 1：20 的详图，缩放比例因子为 2。

(8) 标注尺寸，尺寸标注全局比例为出图比例的倒数。

(9) 对于已缩放 n 倍的详图，应采用新样式进行标注，标注总体比例为出图比例的倒数，尺寸数值比例因子为 $1/n$。

(10) 书写文字，文字字高为图纸上的实际字高与绘图比例倒数的乘积。

11.3.2 钢筋混凝土构件图绘制实例

【练习11-3】：绘制钢筋混凝土梁结构详图，如图 11-8 所示，绘图比例分别为 1：25 和 1：10，图幅采用 A2 幅面，出图比例为 1：25。

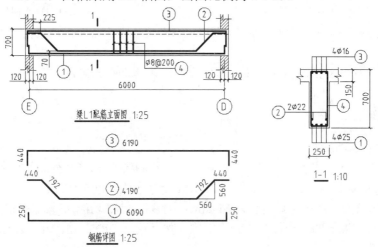

图11-8 画梁的结构详图

动画演示 —— 见光盘中的 "11-3.avi" 文件

1. 创建以下图层。

名称	颜色	线型	线宽
结构-轴线	蓝色	Center	默认
结构-梁	白色	Continuous	默认
结构-钢筋	白色	Continuous	0.7
结构-标注	红色	Continuous	默认

当创建不同种类的对象时，应切换到相应图层。

2. 设定绘图区域的大小为 10000×10000，设置全局线型比例因子为 25（出图比例的倒数）。

3. 打开极轴追踪、对象捕捉及自动追踪功能。设置极轴追踪角度增量为【90】，设定对象捕捉方式为【端点】、【交点】，设置仅沿正交方向进行自动追踪。

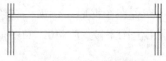

4. 用 LINE 命令绘制轴线及水平作图基准线，然后用 OFFSET、TRIM 命令生成墙体及梁的轮廓线，如图 11-9 所示。

图11-9　生成墙体及梁的轮廓线

5. 使用 PLINE 或 LINE 命令在屏幕的适当位置绘制钢筋，然后用 COPY、MOVE 等命令在梁内布置钢筋，结果如图 11-10 所示。钢筋保护层的厚度为 25。

6. 用 LINE、OFFSET 及 DONUT 命令绘制梁的断面图，如图 11-11 所示。图中圆点的直径为 20。

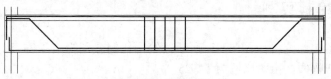

图11-10　布置钢筋

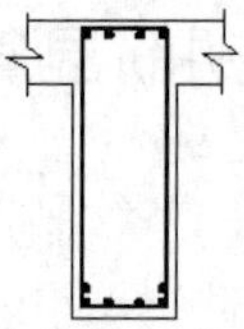

图11-11　绘制梁的断面图

7. 用 SCALE 命令缩放断面图，缩放比例为 2.5，该值等于断面图的绘图比例与出图比例的比值。

8. 接下来插入标准图框、标注尺寸及书写文字，请读者自己完成。

11.4　小结

本章主要内容总结如下。

(1) 怎样绘制基础平面图。利用 Windows 的复制/粘贴功能从建筑平面图中复制轴线、柱网及墙体，然后用 XLINE、OFFSE 及 TTRIM 命令生成基础轮廓线。

(2) 怎样绘制结构平面图。利用 Windows 的复制/粘贴功能从建筑平面图中复制轴线、柱网及墙体，再在屏幕的适当位置绘制钢筋线，然后用 COPY、MOVE 及 ROTATE 命令在楼板内布置钢筋。

(3) 怎样绘制钢筋混凝土构件详图。先画出轴线及重要的轮廓边线，以这些线条为基准线，用 OFFSET 及 TRIM 命令生成构件的轮廓线，再绘制构件内的钢筋分布情况。

11.5　习题

1. 绘制基础平面图、楼层结构平面图及钢筋混凝土构件图的主要步骤是什么？

2. 绘制结构平面图时，可用何种方法从建筑平面图中获取有用的信息？

3. 与 LINE 命令相比，用 PLINE 命令绘制钢筋线有何优点？

4. 出图比例为 1：30，若要求图纸上钢筋断面的直径为 1.5mm，则用 DONUT 命令绘制断面圆点时，应设定圆点外径为多少？

5. 要在标准图纸上布置两个结构详图，详图的绘图比例分别为 1：10 和 1：30，若将出图比例设定为 1：30，则应对哪个图样进行缩放？缩放比例是多少？图样缩放后，怎样才能使标注文字反映构件的真实大小？

第12章 打印图形

图纸设计的最后一步是出图打印，通常意义上的打印是把图形打印在图纸上。在 AutoCAD 中用户也可以生成一份电子图纸，以便在互联网上访问。打印图形的关键问题之一是打印比例。图样是按 1∶1 的比例绘制的，输出图形时需考虑选用多大幅面的图纸及图形的缩放比例，有时还要调整图形在图纸上的位置和方向。

AutoCAD 有两种图形环境，即图纸空间和模型空间。缺省情况下，系统都是在模型空间上绘图，并从该空间出图。采用这种方法输出不同绘图比例的多张图纸时比较麻烦，需将其中的一些图纸进行缩放，再将所有图纸布置在一起形成更大幅面的图纸输出。而图纸空间能轻易地满足用户的这种需求，该绘图环境提供了标准幅面的虚拟图纸，用户可在虚拟图纸上以不同的缩放比例布置多个图形，然后按 1∶1 的比例出图。

本章将重点学习如何从模型空间出图，此外还将扼要介绍从图纸空间出图的相关知识。

12.1 打印图形的过程

在模型空间中将工程图样布置在标准幅面的图框内，在标注尺寸及书写文字后，就可以输出图形了。输出图形的主要过程如下。

(1) 指定打印设备，可以是 Windows 系统打印机或在 AutoCAD 中安装的打印机。

(2) 选择图纸幅面及打印份数。

(3) 设定要输出的内容，例如可指定将某一矩形区域中的内容输出，或将包围所有图形的最大矩形区域输出。

(4) 调整图形在图纸上的位置及方向。

(5) 选择打印样式，详见 12.2.2 小节。若不指定打印样式，则按对象原有属性进行打印。

(6) 设定打印比例。

(7) 预览打印效果。

【练习12-1】： 从模型空间打印图形。

动画演示 —— 见光盘中的 "12-1.avi" 文件

1. 打开附盘文件 "12-1.dwg"。通过 AutoCAD 的添加绘图仪向导配置一台绘图仪【DesignJet 450C C4716A】。

2. 选取菜单命令【文件】/【打印】，打开【打印-模型】对话框，如图 12-1 所示，在该对话框中完成以下设置。

   • 在【打印机/绘图仪】分组框的【名称（M）】下拉列表中选择打印设备【DesignJet 450C C4716A.pc3】。

   • 在【图纸尺寸】下拉列表中选择 A2 幅面的图纸。

- 在【打印份数】文本框中输入打印份数。
- 在【打印范围】下拉列表中选取【范围】选项。
- 在【打印比例】分组框中设置打印比例为【1：100】。
- 在【打印偏移】分组框中指定打印原点为（100,60）。
- 在【图形方向】分组框中设定打印方向为【横向】。
- 在【打印样式表】分组框的下拉列表中选择打印样式【monochrome.ctb】（将所有颜色打印为黑色）。

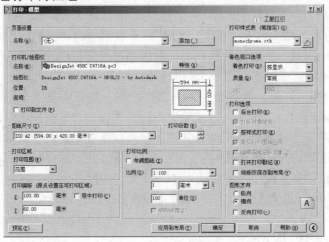

图12-1 【打印–模型】对话框

3. 单击 预览(P)... 按钮，预览打印效果，如图 12-2 所示。若满意，按 Esc 键返回【打印–模型】对话框，再单击 确定 按钮开始打印。

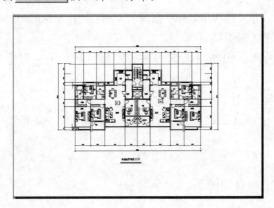

图12-2 预览打印效果

12.2 设置打印参数

在 AutoCAD 中，用户可使用内部打印机或 Windows 系统打印机输出图形，并能方便地修改打印机设置及其他打印参数。选取菜单命令【文件】/【打印】，打开【打印–模型】对话框，如图 12-3 所示，在该对话框中可配置打印设备及选择打印样式，还能设定图纸幅面、打印比例及打印区域等参数。下面介绍该对话框的主要功能。

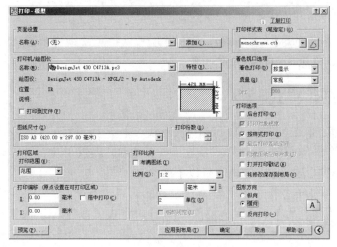

图12-3 【打印–模型】对话框

12.2.1 选择打印设备

用户可在【打印机/绘图仪】分组框的【名称（**M**）】下拉列表中选择 Windows 系统打印机或 AutoCAD 内部打印机（".pc3"文件）作为输出设备。请注意，这两种打印机名称前的图标是不一样的。当用户选定某种打印机后，【名称（**M**）】下拉列表下面将显示被选中设备的名称、连接端口以及其他有关打印机的注释信息。

若要将图形输出到文件中，则应在【打印机/绘图仪】分组框中选取【打印到文件】复选项。此后，当单击【打印】对话框中的 确定 按钮时，系统将自动弹出【浏览打印文件】对话框，通过此对话框可指定输出文件的名称及地址。

如果想修改当前打印机的设置，可单击 特性(R)... 按钮，打开【绘图仪配置编辑器】对话框，如图 12-4 所示。在该对话框中用户可以重新设定打印机端口及其他输出设置，如打印介质、图形特性、物理笔配置、自定义特性、校准及自定义图纸尺寸等。

图12-4 【绘图仪配置编辑器】对话框

【绘图仪配置编辑器】对话框中包含【基本】、【端口】、【设备和文档设置】这 3 个选项卡，各选项卡功能如下。

- 【基本】：该选项卡包含了打印机配置文件（".pc3"文件）的基本信息，如配置文件的名称、驱动程序信息及打印机端口等，用户可在此选项卡的【说明】列表框中加入其他注释信息。
- 【端口】：通过此选项卡用户可修改打印机与计算机的连接设置，如选定打印端口、指定打印到文件及后台打印等。

要点提示 若使用后台打印，则允许用户在打印的同时运行其他应用程序。

- 【设备和文档设置】：在该选项卡中用户可以指定图纸的来源、尺寸和类型，并能修改颜色深度和打印分辨率等。

12.2.2 设置打印样式

打印样式是对象的一种特性，如同颜色、线型一样，如果为某个对象选择了一种打印样式，则输出图形后，对象的外观由样式决定。AutoCAD 提供了几百种打印样式，并将其组合成一系列的打印样式表，打印样式表有以下两类。

- 颜色相关打印样式表：颜色相关打印样式表以 ".ctb" 为文件扩展名保存，该表以对象的颜色为基础，共包含 255 种打印样式，每种 ACI 颜色对应一个打印样式，样式名分别为 "颜色 1"、"颜色 2" 等。用户不能添加或删除颜色相关打印样式，也不能改变它们的名称。若当前图形文件与颜色相关打印样式表相连，则系统会自动根据对象的颜色分配打印样式。用户不能选择其他打印样式，但可以对已分配的样式进行修改。
- 命名相关打印样式表：命名相关打印样式表以 ".stb" 为文件扩展名保存，该表包括一系列已命名的打印样式，用户可修改打印样式的设置及其名称，还可添加新的样式。若当前图形文件与命名相关打印样式表相连，则用户可以给对象指定样式表中的任意一种打印样式，而不管对象的颜色是什么。

AutoCAD 新建的图形不是处于"颜色相关"模式下，就是处于"命名相关"模式下，这和创建图形时选择的样板文件有关。若是采用无样板方式新建图形，则可事先设定新图形的打印样式模式。发出 OPTIONS 命令后，系统将会弹出【选项】对话框，进入【打印和发布】选项卡，再单击 打印样式表设置(S)... 按钮，打开【打印样式表设置】对话框，如图 12-5 所示，通过该对话框设置新图形的缺省打印样式模式。当选取【使用命名打印样式】单选项并指定打印样式表后，用户还可从样式表中选取对象或图层 0 所采用的默认打印样式。

在【打印-模型】对话框【打印样式表】分组框的【名称】（无标签）下拉列表中包含了当前图形中的所有打印样式表，如图 12-6 所示，用户可选择其中之一或不作任何选择。若不指定打印样式表，则系统将按对象的原有属性进行打印。

当要修改打印样式时，可单击【名称】下拉列表右边的 按钮，打开【打印样式表编辑器】对话框，利用该对话框可查看或改变当前打印样式表中的参数。

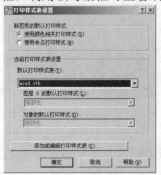

图12-5 【打印样式表设置】对话框

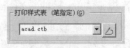

图12-6 使用打印样式

选取菜单命令【文件】/【打印样式管理器】，打开 "plot styles" 文件夹，该文件夹中包含打印样式表文件及添加打印样式表向导快捷方式，双击此快捷方式就能创建新的打印样式表。

12.2.3 选择图纸幅面

在【打印-模型】对话框的【图纸尺寸】下拉列表中指定图纸大小，如图 12-7 所示，【图纸尺寸】下拉列表中包含了已选打印设备可用的标准图纸尺寸。当选择某种幅面的图纸时，该列表右上角会出现所选图纸及实际打印范围的预览图像（打印范围用阴影表示出来，可在【打印区域】分组框中设定）。将鼠标光标移动到图像上面后，在光标位置处就会显示出精确的图纸尺寸及图纸上可打印区域的尺寸。

图12-7 【图纸尺寸】下拉列表

除了从【图纸尺寸】下拉列表中选择标准图纸外，用户也可以创建自定义的图纸尺寸。此时，用户需要修改所选打印设备的配置，方法如下。

【练习12-2】：修改所选打印设备的配置。

1. 在【打印-模型】对话框的【打印机/绘图仪】分组框中单击 特性(R)... 按钮，打开【绘图仪配置编辑器】对话框，在【设备和文档设置】选项卡中选取【自定义图纸尺寸】选项，如图 12-8 所示。

2. 单击 添加(A)... 按钮，弹出【自定义图纸尺寸-开始】对话框，如图 12-9 所示。

图12-8 【设备和文档设置】选项卡

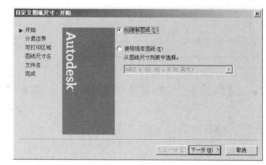

图12-9 【自定义图纸尺寸-开始】对话框

3. 连续单击 下一步(N) > 按钮，并根据提示设置图纸参数，最后单击 完成(F) 按钮完成设置。

4. 返回【打印-模型】对话框，系统将在【图纸尺寸】下拉列表中显示自定义图纸尺寸。

12.2.4 设定打印区域

在【打印-模型】对话框的【打印区域】分组框中设置要输出的图形范围，如图 12-10 所示。

【打印范围】下拉列表中包含 4 个选项，下面利用如图 12-11 所示的图样说明这些选项的功能。

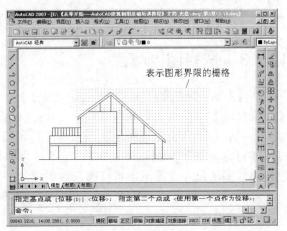

图12-11　设置打印区域

图12-10　【打印区域】分组框

- 【图形界限】：从模型空间打印时，【打印范围】下拉列表中将显示出【图形界限】选项。选取该选项，系统将把设定的图形界限范围（用 LIMITS 命令设置图形界限）打印在图纸上，结果如图 12-12 所示。

  从图纸空间打印时，【打印范围】下拉列表中将显示出【布局】选项。选取该选项，系统将打印虚拟图纸上可打印区域内的所有内容。

- 【范围】：打印图样中的所有图形对象，结果如图 12-13 所示。

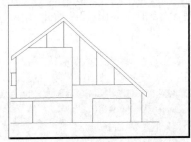

图12-12　打印结果（1）

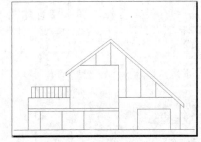

图12-13　打印结果（2）

- 【显示】：打印整个图形窗口，打印结果如图 12-14 所示。

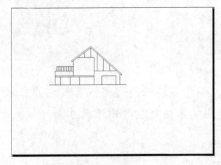

图12-14　打印结果（3）

- 【窗口】：打印用户自己设定的区域。选取此选项后，系统提示指定打印区域的两个角点，同时在【打印–模型】对话框中显示　窗口(Q)<　按钮，单击此按钮，可重新设定打印区域。

12.2.5 设定打印比例

在【打印-模型】对话框的【打印比例】分组框中设置出图比例，如图 12-15 所示。绘制阶段用户根据实物按 1∶1 的比例绘图，出图阶段需依据图纸尺寸确定打印比例，该比例是图纸尺寸单位与图形单位的比值。当测量单位是 mm，打印比例设定为 1∶2 时，表示图纸上的 1mm 代表两个图形单位。

图12-15 【打印比例】分组框

【比例】下拉列表中包含一系列的标准缩放比例值，此外还有【自定义】选项，该选项使用户可以自己指定打印比例。

从模型空间打印时，【打印比例】的默认设置是【布满图纸】，此时，系统将缩放图形以便将其充满所选定的图纸。

12.2.6 调整图形打印方向和位置

图形在图纸上的打印方向可通过【图形方向】分组框中的选项进行调整，如图 12-16 所示。该分组框包含一个图标，此图标表明图纸的放置方向，图标中的字母代表图形在图纸上的打印方向。

【图形方向】分组框中包含以下 3 个选项。

- 【纵向】：图形在图纸上的放置方向是水平的。
- 【横向】：图形在图纸上的放置方向是竖直的。
- 【反向打印】：使图形颠倒打印，此选项可与【纵向】、【横向】选项结合使用。

图形在图纸上的打印位置由【打印偏移】分组框中的选项确定，如图 12-17 所示。缺省情况下，系统设置从图纸左下角打印图形。打印原点处在图纸左下角位置，坐标是（0,0），用户可在【打印偏移】分组框中设定新的打印原点，这样图形在图纸上将沿 x 和 y 轴移动。

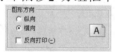

图12-16 【图形方向】分组框

图12-17 【打印偏移】分组框

【打印偏移】分组框中包含以下 3 个选项。

- 【居中打印】：在图纸的正中间打印图形（自动计算 x 和 y 方向的偏移值）。
- 【X】：指定打印原点在 x 方向的偏移值。
- 【Y】：指定打印原点在 y 方向的偏移值。

> 要点提示 如果用户不能确定打印机如何确定原点，可试着改变一下打印原点的位置并预览打印结果，然后根据图形的移动距离推测原点位置。

12.2.7 预览打印效果

打印参数设置完成后，可通过打印预览观察图形的打印效果。如果不合适，可重新进行调整，以免浪费图纸。

单击【打印-模型】对话框下面的 预览⑫... 按钮，系统将显示出实际的打印效果。由于系统要重新生成图形，因此对于复杂图形来说需要耗费较多的时间。

预览效果时光标会变成"🔍+"状，此时可以进行实时缩放操作，预览完毕后，按 Esc 或 Enter 键返回【打印–模型】对话框。

12.2.8　保存打印设置

用户选择好打印设备并设置完打印参数（如图纸幅面、比例及方向等）后，可以将所有设置保存在页面设置中，以便以后使用。

在【打印–模型】对话框【页面设置】分组框的【名称】下拉列表中列出了所有已命名的页面设置，若要保存当前的页面设置，就要单击该列表右边的 添加(.)... 按钮，打开【添加页面设置】对话框，如图 12-18 所示。在该对话框的【新页面设置名】文本框中输入页面名称，然后单击 确定(O) 按钮，即可存储页面设置。

用户也可以从其他图形中输入已定义的页面设置。在【页面设置】分组框的【名称】下拉列表中选取【输入】选项，打开【从文件选择页面设置】对话框，选择并打开所需的图形文件，弹出【输入页面设置】对话框，如图 12-19 所示。该对话框显示了图形文件中所包含的页面设置，选择其中一种设置，单击 确定(O) 按钮完成操作。

图12-18　【添加页面设置】对话框　　　　　　　图12-19　【输入页面设置】对话框

12.3　将多张图纸布置在一起打印

为了节省图纸，常常需要将几个图样布置在一起打印，具体方法如下。

【练习12-3】：　附盘文件"12-3-A.dwg"和"12-3-B.dwg"都采用 A2 幅面的图纸，绘图比例均为 1：100，现将它们布置在一起输出到 A1 幅面的图纸上。

🐾 动画演示 —— 见光盘中的"12-3.avi"文件

1.　选取菜单命令【文件】/【新建】，建立一个新文件。
2.　单击【绘图】工具栏上的 按钮，打开【插入】对话框，再单击 浏览(B)... 按钮，打开【选择图形文件】对话框，通过该对话框找到要插入的图形文件"12-3-A.dwg"。

🐾 要点提示　也可利用外部参照的方式插入要打印的图形。

3.　设定插入文件时的缩放比例为 1：1。插入图样后，用 SCALE 命令缩放图形，缩放比例为 1：100 (图样的绘图比例)。

4. 用与第 2 步相同的方法插入文件 "12-3-B.dwg"，插入时的缩放比例为 1：1。插入图样后，用 SCALE 命令缩放图形，缩放比例为 1：100。

要点提示 当将多个图样插入到同一个文件中时，若新插入文件的文字样式与当前图形文件的文字样式名称相同，则新插入的文件将使用当前图形的文字样式。

5. 使用 MOVE 命令调整图样的位置，使其组成 A1 幅面的图纸，如图 12-20 所示。

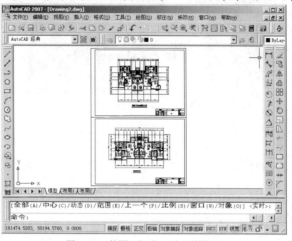

图12-20　使图形组成 A1 幅面的图纸

6. 选取菜单命令【文件】/【打印】，打开【打印–模型】对话框，如图 12-21 所示，在该对话框中进行以下设置。

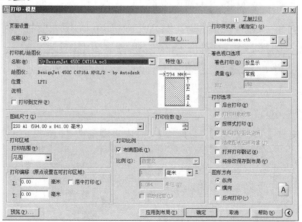

图12-21　【打印–模型】对话框

- 在【打印机/绘图仪】分组框的【名称（M）】下拉列表中选择打印设备【DesignJet 450C C4716A.pc3】。
- 在【图纸尺寸】下拉列表中选择 A1 幅面的图纸。
- 在【打印样式表】分组框的下拉列表中选择打印样式【monochrome.ctb】（将所有颜色打印为黑色）。
- 在【打印范围】下拉列表中选取【范围】选项。
- 在【打印比例】分组框中选取【布满图纸】复选项。

- 在【图形方向】分组框中选取【纵向】单选项。

7. 单击 预览(P)... 按钮，预览打印效果，如图 12-22 所示。若满意，单击 按钮开始打印。

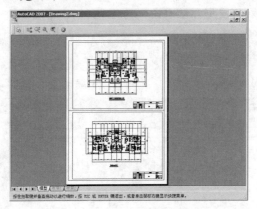

图12-22　预览打印效果

12.4　创建电子图纸

用户可以通过 AutoCAD 的电子打印功能将图形存储为可以在 Web 上使用的 ".dwf" 格式的文件，此种格式的文件具有以下特点：

(1)　它是矢量格式的图形；

(2)　可使用 Internet 浏览器或 AutoDesk 的 DWF Viewer 软件查看和打印此种格式的文件，并能对其进行平移和缩放操作，还可控制图层、命名视图等；

(3)　".dwf" 文件是压缩格式的文件，便于在 Web 上传输。

系统提供了用于创建 ".dwf" 文件的 "DWF6 ePlot.pc3" 文件，利用它可以生成针对打印和查看而优化的电子图形，这些图形具有白色背景和图纸边界。用户可以修改预定义的 "DWF6 ePlot.pc3" 文件，或通过【绘图仪管理器】中的【添加绘图仪】向导创建新的 ".dwf" 打印机配置。

【练习12-4】：创建 ".dwf" 文件。

1.　选取菜单命令【文件】/【打印】，打开【打印—模型】对话框，如图 12-23 所示。

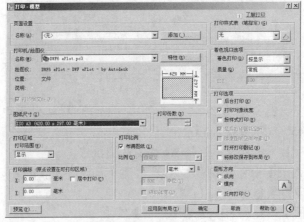

图12-23　【打印—模型】对话框

2. 在【打印机/绘图仪】分组框的【名称（M）】下拉列表中选择【DWF6 ePlot.pc3】打印机。

3. 设定图纸幅面、打印区域及打印比例等参数。

4. 单击 确定 按钮，弹出【浏览打印文件】对话框，通过该对话框指定要生成的 ".dwf" 文件的名称和位置。

12.5　在虚拟图纸上布图、标注尺寸及打印虚拟图纸

AutoCAD 提供了两种图形环境，即模型空间和图纸空间。模型空间用于绘制图形，图纸空间用于布置图形。进入图纸空间后，图形区中将出现一张虚拟图纸，用户可设定该图纸的幅面，并能将模型空间中的图形布置在虚拟图纸上。布图的方法是通过浮动视口显现图形，系统一般会自动在图纸上建立一个视口，此外，也可通过单击【视口】工具栏上的 按钮创建视口。可以认为视口是虚拟图纸上观察模型空间的一个窗口，该窗口的位置和大小可以调整，窗口内图形的缩放比例可以设定。激活视口后，其所在范围就是一个小的模型空间，在其中用户可对图形进行各类操作。

在虚拟图纸上布置所需的图形并设定缩放比例后，就可以标注尺寸及书写文字了（注意，一般不要进入模型空间标注尺寸或书写文字），设定全局比例因子为 1，文字高度等于打印在图纸上的实际高度。

下面介绍在图纸空间布图及出图的方法。

【练习12-5】：　在图纸空间布图及从图纸空间出图。

 动画演示 —— 见光盘中的 "12-5.avi" 文件

1. 打开附盘文件 "12-5.dwg"、"12-A2.dwg" 及 "12-A3.dwg"。

2. 单击 布局1 按钮切换至图纸空间，系统将显示出一张虚拟图纸。利用 Windows 的复制/粘贴功能将文件 "12-A2.dwg" 中 A2 幅面的图框拷贝到虚拟图纸上，再调整其位置，结果如图 12-24 所示。

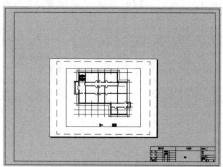

图12-24　插入图框

3. 将光标放在 布局1 按钮上，单击鼠标右键，弹出快捷菜单，选取【页面设置管理器】选项，打开【页面设置管理器】对话框，单击 修改(M)... 按钮，弹出【页面设置—布局 1】对话框，如图 12-25 所示，在该对话框中完成以下设置。

- 在【打印机/绘图仪】分组框的【名称（M）】下拉列表中选择打印设备【DesignJet 450C C4716A.pc3】。

- 在【图纸尺寸】下拉列表中选择 A2 幅面的图纸。

- 在【打印范围】下拉列表中选取【范围】选项。
- 在【打印比例】分组框中选取【布满图纸】复选项。
- 在【打印偏移】分组框中指定打印原点为（0,0）。
- 在【图形方向】分组框中设定打印方向为【横向】。
- 在【打印样式表】分组框里的下拉列表中选择打印样式【monochrome.ctb】
  （将所有颜色打印为黑色）。

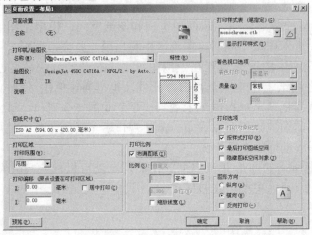

图12-25　【页面设置—布局1】对话框

4. 单击 确定 按钮，关闭【页面设置管理器】对话框，此时在屏幕上将出现一张 A2 幅面的图纸，图纸上的虚线代表可打印的区域，A2 图框被布置在此区域中，如图 12-26 所示。图框内部的小矩形是系统自动创建的浮动视口，通过此视口显示模型空间中的图形，用户可复制或移动该视口，还可以利用编辑命令调整其大小。

5. 创建"视口"层，将矩形视口修改到该层上，然后利用关键点编辑方式调整视口的大小。选中视口，在【视口】工具栏上的【视口缩放比例】下拉列表中设定视口缩放比例为 1：100，如图 12-27 所示。视口缩放比例就是图形布置在图纸上的缩放比例，即绘图比例。

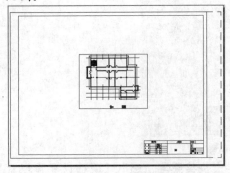

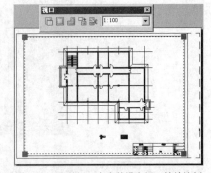

图12-26　指定 A2 幅面的图纸　　　　　　图12-27　调整视口大小并设定视口缩放比例

6. 锁定视口的缩放比例。选中视口，单击鼠标右键，弹出快捷菜单，通过此菜单将【显示锁定】设置为【是】。

7. 单击 图纸 按钮激活浮动视口，用 MOVE 命令将建筑平面图下边的图形移动到视口边界外，使其不可见，然后用 XLINE 命令绘制标注尺寸的辅助线，如图 12-28 所示。

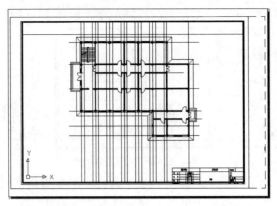

图12-28 调整视口中的图形并绘制辅助线

8. 单击 模型 按钮返回图纸空间，使"工程标注"成为当前样式，再设定全局比例因子为 1，然后标注尺寸，结果如图 12-29 所示。

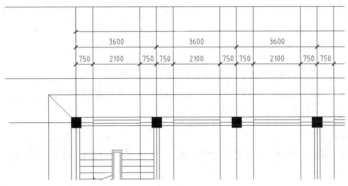

图12-29 在图纸上标注尺寸

要点提示 不能在图纸空间绘制辅助线，因为画在图纸上的竖直辅助线间的间距比模型空间中竖直辅助线间的间距缩小了 100 倍。

9. 单击 图纸 按钮激活浮动视口，删除辅助线。再单击 模型 按钮返回图纸空间。

10. 设定全局线型比例因子为"0.5"，然后关闭"视口"层，结果如图 12-30 所示。

11. 用与第 2、3、4 步相同的方法建立 A3 幅面的图纸，如图 12-31 所示。

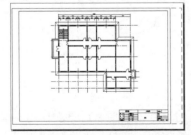

图12-30 设定线型比例因子并关闭"视口"层

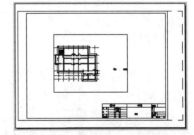

图12-31 建立 A3 幅面的图纸

12. 调整视口位置，再复制视口并修改其大小，如图 12-32 所示。

13. 分别激活两个视口，使各视口显示所需的图形，然后返回图纸空间，设定右上视口的缩放比例为 1：10，左下视口的缩放比例为 1：20，如图 12-33 所示。选中这两个视口，单击鼠标右键，弹出快捷菜单，通过此菜单将【显示锁定】设置为【是】。

14. 将两个视口修改到"视口"层上，然后标注尺寸，如图 12-34 所示，设置标注为 1。

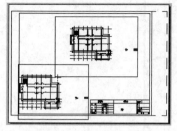
图12-32　复制视口并修改其大小

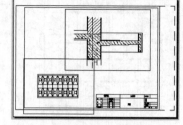
图12-33　设置视口的缩放比例

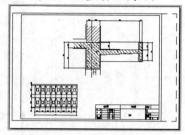
图12-34　标注尺寸

15. 到现在为止已经创建了两张虚拟图纸，接下来就可以从图纸空间打印出图了。打印的效果与虚拟图纸上显示的效果是一样的。分别进入"布局 1"和"布局 2"，单击【标准】工具栏上的 按钮，打开【打印—模型】对话框，该对话框中列出了新建图纸时已经设定好的打印参数，单击 确定 按钮开始打印。

12.6　小结

本章主要内容总结如下。

1. 打印图形时用户一般需要进行以下设置：

- 选择打印设备，包括 Windows 系统打印机或 AutoCAD 内部打印机；
- 指定图幅大小、图纸单位及图形放置方向；
- 设定打印比例；
- 设置打印范围，用户可指定图形界限、所有图形对象、某一矩形区域及显示窗口等作为输出区域；
- 调整图形在图纸上的位置，通过修改打印原点可使图形沿 x、y 轴移动；
- 选择打印样式；
- 预览打印效果。

2. AutoCAD 提供了两种图形环境，即模型空间和图纸空间。用户一般是在模型空间中按 1∶1 的比例绘图，绘制完成后，再以放大或缩小的比例打印图形。图纸空间提供了虚拟图纸，设计人员可以在图纸上布置模型空间中的图形，并设定缩放比例。出图时，将虚拟图纸用 1∶1 的比例打印出来。

12.7　习题

1. 打印图形时，一般应设置哪些打印参数？如何设置？
2. 打印图形的主要过程是什么？
3. 当设置完打印参数后，应如何保存对这些参数的设置，以便以后再次使用？
4. 从模型空间出图时，怎样将不同绘图比例的图纸放在一起打印？
5. 有哪两种类型的打印样式？它们的作用是什么？
6. 怎样生成电子图纸？
7. 从图纸空间打印图形的主要过程是什么？

第13章 三维绘图

在 AutoCAD 中，用户可以创建以下 3 种类型的三维模型：

- 线框模型；
- 曲面模型；
- 实体模型。

线框模型没有面、体特征，它仅是三维对象的轮廓，由点、直线、曲线等对象组成，不能对其进行消隐、渲染等操作。创建对象的三维线框模型，实际上是在空间的不同平面上绘制二维对象。由于构成此种模型的每个对象都必须单独绘制出来，因而这种建模方式很耗时。

曲面模型既定义了三维对象的边界，又定义了其表面。创建曲面模型时，需先绘制三维线框，然后在线框上"蒙面"。此种模型不具有体积、质心等特征，但可对其进行消隐、渲染等操作。

三维实体具有线、面、体等特征，可对其进行消隐、渲染等操作，它包含体积、质心、转动惯量等质量特性。用户能直接创建长方体、球体、锥体等基本立体，还可旋转、拉伸二维对象形成三维实体。三维实体间可进行布尔运算，通过将简单立体合并、求交或差集就能生成更复杂的立体模型。

本章主要介绍创建简单立体曲面及实体模型的方法。

13.1 三维建模空间

创建三维模型时，用户可切换至 AutoCAD 三维工作空间，在【工作空间】工具栏的下拉列表中选取【三维建模】选项或选取菜单命令【工具】/【工作空间】/【三维建模】，即可切换至该空间。默认情况下，三维建模空间包含【标准】工具栏、【图层】工具栏、【工作空间】工具栏及三维建模【面板】。【面板】是一种特殊形式的选项板，选取菜单命令【工具】/【选项板】/【面板】就可打开或关闭它，它由二维绘制控制台（三维工作空间中隐藏）、三维制作控制台、三维导航控制台、视觉样式控制台、材质控制台、光源控制台及渲染控制台组成，如图 13-1 所示。这些控制台提供了三维建模常用的工具按钮及相关控件，使用户可以方便地进行建模、观察及渲染等工作。

每个控制台左侧的大图标称为控制台图标，将光标移动到它附近，就会显示出控制台的名称及箭头 ≫，单击该图标或箭头可展开控制台面板，每次仅显示一个滑出面板，已打开的滑出面板将自动关闭。单击控制台图

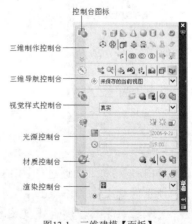

图13-1 三维建模【面板】

标时，系统除展开面板外，还将弹出与控制台关联的工具选项板组，如三维制作或材质选项板组等。这些选项板组是可以设定的，用鼠标右键单击控制台，弹出快捷菜单，利用【工具选项板组】选项指定与控制台关联的选项板组或设定为【无】。

用户可以改变面板中控制台的数量，用鼠标右键单击面板，弹出快捷菜单，通过该菜单中的【控制台】选项即可打开或关闭某一控制台。

13.2 观察三维模型

绘制三维图形的过程中，常需要从不同方向观察图形。当用户设定某个查看方向后，AutoCAD 就会显示出对应的 3D 视图，具有立体感的 3D 图将有助于正确理解模型的空间结构。二维绘图时，AutoCAD 的默认视图是 xy 平面视图，这时观察点位于 z 轴上，观察方向与 z 轴重合，因而用户看不见物体的高度，所见的视图是模型在 xy 平面内的视图。

三维建模【面板】的三维导航控制台及视觉样式控制台提供了观察模型的命令按钮及控件，前一个控制台主要用于设定观察方向，后一个控制台用于指定模型的显示方式。下面分别介绍这两个控制台的主要功能。

13.2.1 用标准视点观察 3D 模型

任何三维模型都可以从任意一个方向观察，三维导航控制台的视图控制下拉列表提供了10 种标准视点，如图 13-2 所示，通过这些视点就能获得 3D 对象的 10 种视图，如前视图、后视图、左视图和东南轴测图等。

标准视点是相对于某个基准坐标系（世界坐标系或用户创建的坐标系）设定的，基准坐标系不同，则所得视图不同。

用户可在【视图管理器】对话框中指定基准坐标系。选取菜单命令【视图】/【命名视图】，打开【视图管理器】对话框，该对话框左边的列表框中列出了预设的标准正交视图名称，这些视图所采用的基准坐标系可在【设定相对于】下拉列表中选定，如图 13-3 所示。

图13-2 标准视点

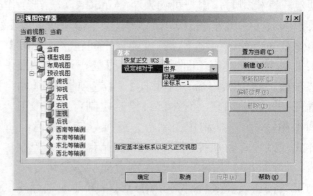

图13-3 【视图管理器】对话框

【练习13-1】：下面通过如图 13-4 所示的三维模型来演示标准视点生成的视图。

1. 打开附盘文件 "13-1.dwg"。
2. 选取三维导航控制台【视图控制】下拉列表中的【主视】选项，结果如图 13-5 所示，此图是三维模型的前视图。

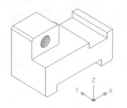

图13-4　用标准视点观察模型

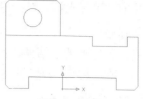

图13-5　前视图

3. 选取【视图控制】下拉列表中的【左视】选项，再发出消隐命令 HIDE，结果如图 13-6 所示，此图是三维模型的左视图。
4. 选取【视图控制】下拉列表中的【东南等轴测】选项，然后发出消隐命令 HIDE，结果如图 13-7 所示，此图是三维模型的东南轴测视图。

图13-6　左视图

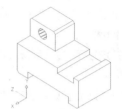

图13-7　东南轴测视图

13.2.2　三维动态观察

　　3DFORBIT 命令将激活交互式的动态视图，用户通过单击并拖动鼠标光标的方法来改变观察方向，从而能够非常方便地获得不同方向的 3D 视图。使用此命令时，用户可以选择观察全部的或模型中的一部分对象，AutoCAD 围绕待观察的对象形成一个辅助圆，该圆被 4 个小圆分成 4 等份，如图 13-8 所示。辅助圆的圆心是观察目标点，当用户按住鼠标左键并拖动时，待观察的对象（或目标点）静止不动，而视点绕着 3D 对象旋转，显示结果是视图在不断地转动。

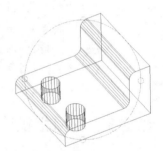

图13-8　3D 动态视图

　　当用户想观察整个模型的部分对象时，应先选择这些对象，然后启动 3DFORBIT 命令，此时仅所选对象显示在屏幕上。若其没有处在动态观察器的大圆内，可单击鼠标右键，选取【范围缩放】选项。

命令启动方法
- 下拉菜单：【视图】/【动态观察】/【自由动态观察】。
- 工具栏：【动态观察】工具栏上的 按钮。
- 命令：3DFORBIT。

　　启动 3DFORBIT 命令，AutoCAD 窗口中就会出现一个大圆和 4 个均布的小圆，如图 13-8 所示。当将鼠标光标移至圆的不同位置时，其形状将发生变化，不同形状的光标表明了当前视图的旋转方向。

一、　球形光标
光标位于辅助圆内时，就变为该形状，此时可假想一个球体将目标对象包裹起来。单击鼠标左键并拖动鼠标光标，就会使球体沿鼠标光标拖动的方向旋转，模型视图也随之旋转。

二、 圆形光标 ⊙

移动鼠标光标到辅助圆外，光标就变为该形状，按住鼠标左键并将鼠标光标沿辅助圆拖动，可使 3D 视图旋转，旋转轴垂直于屏幕并通过辅助圆心。

三、 水平椭圆形光标 ⊕

当把鼠标光标移动到左、右小圆的位置时，其形状就变为水平椭圆，单击鼠标左键并拖动鼠标光标，就会使视图绕着一个铅垂轴线转动，此旋转轴线经过辅助圆心。

四、 竖直椭圆形光标 ⊕

将鼠标光标移动到上、下两个小圆的位置时，光标就变为该形状，单击鼠标左键并拖动鼠标光标将使视图绕着一个水平轴线转动，此旋转轴线经过辅助圆心。

当 3DFORBIT 命令被激活时，单击鼠标右键，将弹出快捷菜单，如图 13-9 所示。

此菜单中常用选项的功能如下。

- 【其他导航模式】：对三维视图执行平移、缩放操作。
- 【平行】：激活平行投影模式。
- 【透视】：激活透视投影模式，透视图与眼睛观察到的图像极为接近。
- 【视觉样式】：提供了以下几种模型显示方式。

【三维隐藏】：用三维线框表示模型并隐藏不可见线条。

【三维线框】：用直线和曲线表示模型。

【概念】：为对象着色，效果缺乏真实感，但可以清晰地显示模型细节。

【真实】：对模型表面进行着色，显示已附着于对象的材质。

图13-9 快捷菜单

13.2.3 利用相机观察模型

用户可以将虚拟相机放置在三维空间中创建相机视图。单击三维导航控制台上的 ▦ 按钮，启动创建相机视图命令，首先设定相机的位置，再指定观察点的位置，就会生成相机视图。默认视图名称为"相机 1"，该名称显示在三维导航控制台的【视图控制】下拉列表中，选中它就可切换到相机视图。

若要修改相机特性，如焦距、视野等，可单击三维导航控制台上的 ▣ 按钮，使相机轮廓变为可见。选择它，显示相机关键点及【相机预览】对话框，如图13-10 所示。选中并拖动关键点，就可改变相机视野或目标点位置，与此同时对应的相机视图将出现在【相机预览】对话框中。

图13-10 修改相机特性

13.2.4 视觉样式

视觉样式用于改变模型在视口中的显示外观，它是一组控制模型显示方式的设置，这些设置包括面设置、环境设置及边设置等。面设置控制视口中面的外观，环境设置控制阴影和背景，边设置控制如何显示边。当选中一种视觉样式时，AutoCAD 在视口中将会按样式规定的形式显示模型。

AutoCAD 提供了以下 5 种缺省视觉样式，用户可在三维建模【面板】中三维导航控制台的【视觉样式】下拉列表里进行选择。

- 二维线框：以线框形式显示对象，光栅图像、线型及线宽均可见，如图 13-11 所示。
- 三维线框：以线框形式显示对象，同时显示着色的 UCS 图标，光栅图像、线型及线宽均可见，如图 13-11 所示。
- 三维隐藏：以线框形式显示对象并隐藏不可见直线，光栅图像及线宽可见，线型不可见，如图 13-11 所示。
- 概念：对模型表面进行着色，着色时采用从冷色到暖色的过渡而不是从深色到浅色的过渡，效果缺乏真实感，但可以很清晰地显示模型细节，如图 13-11 所示。
- 真实：对模型表面进行着色，显示已附着于对象的材质，光栅图像、线型及线宽均可见，如图 13-11 所示。

用户可以修改已有视觉样式或创建新的视觉样式。单击【视觉样式】控制台上的 按钮，打开【视觉样式管理器】对话框，如图 13-12 所示，通过该对话框用户可以更改视觉样式的设置或新建视觉样式。该对话框上部列出了所有视觉样式的效果图片，选择其中之一，对话框下部就会列出所选样式的面设置、环境设置及边设置等参数，用户可对其进行修改。

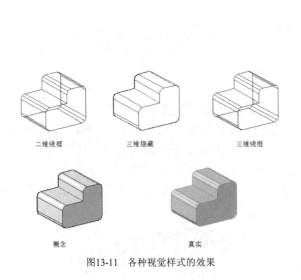

二维线框　　　　三维隐藏　　　　三维线框

概念　　　　　　　真实

图13-11　各种视觉样式的效果

图13-12　【视觉样式管理器】对话框

13.2.5　快速建立平面视图

使用 PLAN 命令可以生成坐标系的 xy 平面视图，即视点位于坐标系的 z 轴上。该命令在三维建模过程中非常有用，例如当用户想在 3D 空间的某个平面上绘图时，可先以该平面为 xy 坐标面创建新坐标系，然后使用 PLAN 命令使坐标系的 xy 平面视图显示在屏幕上，这样在三维空间的某一平面上绘图就如同画一般的二维图一样。

【练习13-2】： 下面练习用 PLAN 命令建立 3D 对象的平面视图。

1. 打开附盘文件 "13-2.dwg"。

2. 利用 UCS 命令建立用户坐标系，关于此命令的用法详见 12.3 节。键入 UCS 命令，
   AutoCAD 提示：

   命令：`ucs`

   指定 UCS 的原点或 [面(F)/命名(NA)/对象(OB)/上一个(P)/视图(V)/世界(W)/X/Y/Z/Z
   轴(ZA)] <世界>：　　　　　　　　　　　　//捕捉端点 A，如图 13-13 所示

   指定 X 轴上的点或 <接受>：　　　　　　　//捕捉端点 B

   指定 XY 平面上的点或 <接受>：　　　　　　//捕捉端点 C

   结果如图 13-13 所示。

3. 创建平面视图。

   命令：`plan`

   输入选项 [当前 UCS(C)/UCS(U)/世界(W)] <当前 UCS>：　　　//按 Enter 键

   结果如图 13-14 所示。

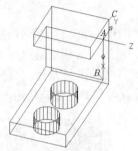

图13-13　建立坐标系

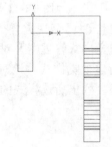

图13-14　生成平面视图

13.2.6　平行投影模式及透视投影模式

AutoCAD 图形窗口中的投影模式有平行投影模式和透视投影模式两种，前者投影线相
互平行，后者投影线相交于投射中心。平行投影视图能反映出物体主要部分的真实大小和比
例关系；透视模式与眼睛观察物体的方式类似，此时物体显示的特点是近大远小，视图具有
较强的深度感和距离感，当观察点与目标距离接近时，这种效果更明显。

图 13-15 所示是平行投影图及透视投影图。单击三维导航控制台上的按钮可切换到平
行投影模式，单击按钮可切换到透视投影模式。

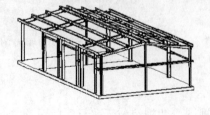

平行投影图

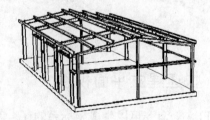

透视投影图

图13-15　平行投影图及透视投影图

13.3 用户坐标系及动态用户坐标系

缺省情况下，AutoCAD 坐标系是世界坐标系，该坐标系是一个固定坐标系。用户也可在三维空间中建立自己的坐标系（UCS），该坐标系是一个可变动的坐标系，坐标轴正向按右手螺旋法则确定。三维绘图时，UCS 坐标系特别有用，因为用户可以在任意位置、沿任何方向建立 UCS，从而使得三维绘图变得更加容易。

除可用 UCS 命令改变坐标系外，用户也可打开动态 UCS 功能，使 UCS 坐标系的 xy 平面在绘图过程中自动与某一平面对齐。按 F6 键或按下状态栏上的 DUCS 按钮，可打开动态 UCS 功能。启动二维或三维绘图命令，将鼠标光标移动到要绘图的实体面上，该实体面亮显，表明坐标系的 xy 平面临时与实体面对齐，绘制的对象将处于此面内，绘图完成后，UCS 坐标系又返回原来状态。

AutoCAD 多数 2D 命令只能在当前坐标系的 xy 平面或与 xy 平面平行的平面内执行，若用户想在空间的某一平面内使用 2D 命令，则应沿此平面位置创建新的 UCS。

【练习13-3】：在三维空间中创建坐标系。

1. 打开附盘文件 "13-3.dwg"。
2. 改变坐标原点。键入 UCS 命令，AutoCAD 提示：

   命令: ucs
   指定 UCS 的原点或 [面(F)/命名(NA)/对象(OB)/上一个(P)/视图(V)/世界(W)/X/Y/Z/Z 轴(ZA)] <世界>:   //捕捉 A 点，如图 13-16 所示
   指定 X 轴上的点或 <接受>:   //按 Enter 键
   结果如图 13-16 所示。

3. 将 UCS 坐标系绕 x 轴旋转 90°。

   命令: ucs
   指定 UCS 的原点或 [面(F)/X/Y/Z/Z 轴(ZA)] <世界>: x   //使用 "X" 选项
   指定绕 X 轴的旋转角度 <90>: 90   //输入旋转角度
   结果如图 13-17 所示。

4. 利用 3 点定义新坐标系。

   命令: ucs
   指定 UCS 的原点或 <世界>:   //捕捉 B 点
   指定 X 轴上的点或 <接受>:   //捕捉 C 点
   指定 XY 平面上的点或 <接受>:   //捕捉 D 点
   结果如图 13-18 所示。

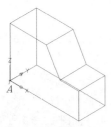 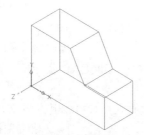 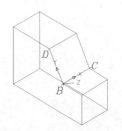

图13-16 改变坐标原点   图13-17 旋转坐标系   图13-18 用 3 点定义新坐标系

13.4　创建三维实体和曲面

创建三维实体和曲面的主要工具都包含在三维制作控制台上，用户利用此控制台可以创建圆柱体、球体及锥体等基本立体，此外，还可通过拉伸、旋转、扫掠及放样 2D 对象形成三维实体和曲面。

13.4.1　三维基本立体

AutoCAD 能生成长方体、球体、圆柱体、圆锥体、楔形体以及圆环体等基本立体，【实体】工具栏及三维制作控制台包含了创建这些立体的命令按钮，表 13-1 列出了这些按钮的功能及操作时要输入的主要参数。

表 13-1 　　　　　　　　　　　　　　创建基本立体的命令按钮

按　钮	功　能	输入参数
	创建长方体	指定长方体的一个角点，再输入另一角点的相对坐标
	创建球体	指定球心，输入球半径
	创建圆柱体	指定圆柱体底面的中心点，输入圆柱体半径及高度
	创建圆锥体	指定圆锥体底面的中心点，输入锥体底面半径及锥体高度
	创建楔形体	指定楔形体的一个角点，再输入另一对角点的相对坐标
	创建圆环	指定圆环中心点，输入圆环体半径及圆管半径

创建长方体或其他基本立体时，用户也可通过单击一点设定参数的方式进行绘制。当 AutoCAD 提示输入相关数据时，用户移动鼠标光标到适当位置，然后单击一点，在此过程中立体的外观将显示出来，便于用户初步确定立体形状。绘制完成后，可用 PROPERTIES 命令显示立体尺寸，并对其进行修改。

【练习13-4】：创建长方体及圆柱体。

1. 进入三维建模工作空间。选取三维导航控制台【视图控制】下拉列表中的【东南等轴测】选项，切换到东南等轴测视图，再通过视觉样式控制台【视觉样式】下拉列表设定当前模型显示方式为【二维线框】。

2. 单击三维制作控制台上的 ▣ 按钮，AutoCAD 提示：

   命令: _box
   指定第一个角点或 [中心(C)]: 　　　　　　　//指定长方体角点 A，如图 13-19 所示
   指定其他角点或 [立方体(C)/长度(L)]: @100,200,300
   　　　　　　　　　　　　　　　　　//输入另一角点 B 的相对坐标，如图 13-19 所示

3. 单击三维制作控制台上的 ▣ 按钮，AutoCAD 提示：

   命令: _cylinder
   指定底面的中心点或 [三点(3P)/两点(2P)/相切、相切、半径(T)/椭圆(E)]:
   　　　　　　　　　　　　　　　　　//指定圆柱体底圆中心，如图 13-19 所示
   指定底面半径或 [直径(D)] <80.0000>: 80　　　　　　//输入圆柱体半径

指定高度或 [两点(2P)/轴端点(A)] <300.0000>: 300　　　//输入圆柱体高度

结果如图 13-19 所示。

4. 改变实体表面网格线的密度。

命令: isolines

输入 ISOLINES 的新值 <4>: 40　　　//设置实体表面网格线的数量，详见 12.4.12 小节

选取菜单命令【视图】/【重生成】，重新生成模型，实体表面网格线变得更加密集。

5. 控制实体消隐后表面网格线的密度。

命令: facetres

输入 FACETRES 的新值 <0.5000>: 5　　//设置实体消隐后的网格线密度，详见 12.4.12 小节

启动 HIDE 命令，结果如图 13-19 所示。

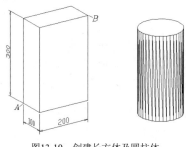

图13-19　创建长方体及圆柱体

13.4.2　多段体

使用 POLYSOLID 命令可以像绘制连续折线或画多段线一样创建实体，该实体称为多段体，它看起来是由矩形薄板及圆弧形薄板组成的，板的高度和厚度可以设定。此外，用户还可利用该命令将已有的直线、圆弧及二维多段线等对象创建成多段体。

一、命令启动方法

- 下拉菜单:【绘图】/【建模】/【多段体】。
- 工具栏:【建模】工具栏或三维制作控制台上的 按钮。
- 命令: POLYSOLID 或简写 PSOLID。

【练习13-5】: 练习使用 POLYSOLID 命令。

1. 打开附盘文件 "13-5.dwg"。
2. 将坐标系绕 x 轴旋转 90°，打开极轴追踪、对象捕捉及自动追踪功能，用 POLYSOLID 命令创建实体。

命令: _Polysolid 指定起点或 [对象(O)/高度(H)/宽度(W)/对正(J)] <对象>: h
　　　　　　　　　　　　　　　　　　　　//使用"高度(H)"选项

指定高度 <260.0000>: 260　　　　　　　//输入多段体的高度

指定起点或 [对象(O)/高度(H)/宽度(W)/对正(J)] <对象>: w　//使用"宽度(W)"选项

指定宽度 <30.0000>: 30　　　　　　　　//输入多段体的宽度

指定起点或 [对象(O)/高度(H)/宽度(W)/对正(J)] <对象>: j　//使用"对正(J)"选项

输入对正方式 [左对正(L)/居中(C)/右对正(R)] <居中>: c　//使用"居中(C)"选项

指定起点或 [对象(O)/高度(H)/宽度(W)/对正(J)] <对象>: mid于

　　　　　　　　　　　　　　　　　　　　　//捕捉中点 A，如图 13-20 所示

　　指定下一个点或 [圆弧(A)/放弃(U)]：100　　　//向下追踪并输入追踪距离

　　指定下一个点或 [圆弧(A)/放弃(U)]：a　　　　//切换到圆弧模式

　　指定圆弧的端点或 [闭合(C)/方向(D)/直线(L)/第二个点(S)/放弃(U)]：220

　　　　　　　　　　　　　　　　　　　　　//沿 x 轴方向追踪并输入追踪距离

　　指定圆弧的端点或 [闭合(C)/方向(D)/直线(L)/第二个点(S)/放弃(U)]：l

　　　　　　　　　　　　　　　　　　　　　//切换到直线模式

　　指定下一个点或 [圆弧(A)/闭合(C)/放弃(U)]：150

　　　　　　　　　　　　　　　　　　　　　//向上追踪并输入追踪距离

　　指定下一个点或 [圆弧(A)/闭合(C)/放弃(U)]：　//按 Enter 键结束

结果如图 13-20 所示。

图13-20　创建多段体

二、　命令选项

- 对象：将直线、圆弧、圆及二维多段线转化为实体。
- 高度：设定实体沿当前坐标系 z 轴的高度。
- 宽度：指定实体宽度。
- 对正：设定光标在实体宽度方向的位置。该选项包含"圆弧"子选项，可用于创建圆弧形多段体。

13.4.3　将二维对象拉伸成实体或曲面

　　使用 EXTRUDE 命令可以拉伸二维对象生成 3D 实体或曲面，若拉伸闭合对象，则生成实体，否则生成曲面。操作时，用户可指定拉伸高度值及拉伸对象的锥角，还可沿某一直线或曲线路径进行拉伸。

　　EXTRUDE 命令能拉伸的对象及路径参见表 13-2。

表 13-2　　　　　　　　　　　　　　　拉伸对象及路径

拉伸对象	拉伸路径
直线、圆弧、椭圆弧	直线、圆弧、椭圆弧
二维多段线	二维及三维多段线
二维样条曲线	二维及三维样条曲线
面域	螺旋线
实体上的平面	实体及曲面的边

实体的面、边及顶点是实体的子对象，按住 Ctrl 键就能选择这些子对象。

一、命令启动方法

- 下拉菜单：【绘图】/【建模】/【拉伸】。
- 工具栏：【建模】工具栏或三维制作控制台上的 ⬚ 按钮。
- 命令：EXTRUDE 或简写 EXT。

【练习13-6】：练习使用 EXTRUDE 命令。

1. 打开附盘文件"13-6.dwg"，用 EXTRUDE 命令创建实体。
2. 将图形 A 创建成面域，再将连续线 B 编辑成一条多段线，如图 13-21 所示。
3. 用 EXTRUDE 命令拉伸面域及多段线，形成实体和曲面。

```
命令: _extrude
选择要拉伸的对象: 找到 1 个              //选择面域
选择要拉伸的对象:                       //按 Enter 键
指定拉伸的高度或 [方向(D)/路径(P)/倾斜角(T)] <262.2213>: 260
                                       //输入拉伸高度

命令: EXTRUDE                          //重复命令
选择要拉伸的对象: 找到 1 个              //选择多段线
选择要拉伸的对象:                       //按 Enter 键
指定拉伸的高度或 [方向(D)/路径(P)/倾斜角(T)] <260.0000>: p
                                       //使用"路径(P)"选项
选择拉伸路径或 [倾斜角]:                //选择样条曲线 C
```

结果如图 13-21 右图所示。

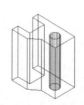

图13-21　拉伸面域及多段线

 系统变量 SURFU 和 SURFV 控制曲面上素线的密度。选中曲面，启动 PROPERTIES 命令，该命令将列出这两个系统变量的值。修改它们，曲面上素线的数量就会发生变化。

二、命令选项

- 指定拉伸的高度：如果输入正的拉伸高度，则使对象沿 z 轴正向拉伸。若输入负值，则使对象沿 z 轴负向拉伸。当对象不在坐标系 xy 平面内时，将沿该对象所在平面的法线方向拉伸对象。
- 方向：指定两点，两点的连线表明了拉伸方向和距离。
- 路径：沿指定路径拉伸对象形成实体或曲面。拉伸时，路径被移动到轮廓的形心位置。路径不能与拉伸对象在同一个平面内，也不能是具有较大曲率的区域，否则有可能在拉伸过程中产生自相交情况。

- 倾斜角：当 AutoCAD 提示"指定拉伸的倾斜角
  度<0>:"时，输入正的拉伸倾角表示从基准对象
  逐渐变细地拉伸，而负角度值则表示从基准对象
  逐渐变粗地拉伸，如图 13-22 所示。用户要注意
  拉伸斜角不能太大，若拉伸实体截面在到达拉伸
  高度前已经变成一个点，那么 AutoCAD 将提示
  不能进行拉伸。

拉伸斜角为5°　　　　拉伸斜角为-5°

图13-22　指定拉伸倾斜角

13.4.4　旋转二维对象形成实体或曲面

使用 REVOLVE 命令可以旋转二维对象生成 3D 实体，若二维对象是闭合的，则生成实体，否则生成曲面。用户通过选择直线、指定两点或 *x*、*y* 轴来确定旋转轴。

使用 REVCLVE 命令可以旋转以下二维对象：

- 直线、圆弧、椭圆弧；
- 二维多段线、二维样条曲线；
- 面域、实体上的平面。

一、　命令启动方法

- 下拉菜单：【绘图】/【建模】/【旋转】。
- 工具栏：【建模】工具栏或三维制作控制台上的 ⟳ 按钮。
- 命令：REVOLVE 或简写 REV。

【练习13-7】：　练习使用 REVOLVE 命令。

打开附盘文件 "13-7.dwg"，用 REVOLVE 命令创建实体。

```
命令: _revolve
选择要旋转的对象: 找到 1 个                    //选择要旋转的对象，该对象是面域，如图 13-23 左图所示
选择要旋转的对象:                              //按 Enter 键
指定轴起点或根据以下选项之一定义轴 [对象(O)/X/Y/Z] <对象>: //捕捉端点 A
指定轴端点:                                    //捕捉端点 B
指定旋转角度或 [起点角度(ST)] <360>: st        //使用"起点角度(ST)"选项
指定起点角度 <0.0>: -30                        //输入回转起始角度
指定旋转角度 <360>: 210                        //输入回转角度
```

启动 HIDE 命令，结果如图 13-23 右图所示。

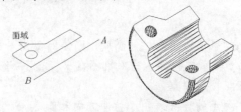

图13-23　将二维对象旋转成 3D 实体

若拾取两点指定旋转轴，则轴的正向是从第一点指向第二点，旋转角的正方向按右手螺旋法则确定。

二、 命令选项

- 对象：选择直线或实体的线性边作为旋转轴，轴的正方向是从拾取点指向最远端点。
- X、Y、Z：使用当前坐标系的 x、y、z 轴作为旋转轴。
- 起点角度：指定旋转起始位置与旋转对象所在平面的夹角，角度的正向以右手螺旋法则确定。

 使用 EXTRUDE、REVOLVE 命令时，如果要保留原始的线框对象，就需设置系统变量 DELOBJ 等于 "0"。

13.4.5 通过扫掠创建实体或曲面

使用 SWEEP 命令可以将平面轮廓沿二维或三维路径进行扫掠形成实体或曲面，若二维轮廓是闭合的，则生成实体，否则生成曲面。扫掠时，轮廓一般会被移动并被调整到与路径垂直的方向。缺省情况下，轮廓形心与路径起始点对齐，但也可指定轮廓的其他点作为扫掠对齐点。

扫掠时可选择的轮廓对象及路径参见表 13-3。

表 13-3 扫掠轮廓及路径

轮廓对象	扫掠路径
直线、圆弧、椭圆弧	直线、圆弧、椭圆弧
二维多段线	二维及三维多段线
二维样条曲线	二维及三维样条曲线
面域	螺旋线
实体上的平面	实体及曲面的边

一、 命令启动方法

- 下拉菜单：【绘图】/【建模】/【扫掠】。
- 工具栏：【建模】工具栏或三维制作控制台上的 按钮。
- 命令：SWEEP。

【练习13-8】： 练习使用 SWEEP 命令。

1. 打开附盘文件 "13-8.dwg"。
2. 利用 PEDIT 命令将路径曲线 A 编辑成一条多段线，PEDIT 命令的用法参见 3.3.4 小节。
3. 用 SWEEP 命令将面域沿路径扫掠。

```
命令: _sweep
选择要扫掠的对象: 找到 1 个                  //选择轮廓面域，如图 13-24 左图所示
选择要扫掠的对象:                           //按 Enter 键
选择扫掠路径或 [对齐(A)/基点(B)/比例(S)/扭曲(T)]: b  //使用 "基点(B)" 选项
指定基点:  end 于                          //捕捉 B 点
选择扫掠路径或 [对齐(A)/基点(B)/比例(S)/扭曲(T)]:    //选择路径曲线 A
```

启动 HIDE 命令，结果如图 13-24 右图所示。

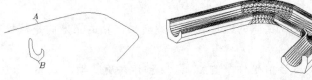

图13-24 扫掠

二、 命令选项

- 对齐：指定是否将轮廓调整到与路径垂直的方向或保持原有方向。缺省情况下，AutoCAD 将使轮廓与路径垂直。
- 基点：指定扫掠时的基点，该点将与路径起始点对齐。
- 比例：路径起始点处轮廓缩放比例为 1，路径结束处缩放比例为输入值，中间轮廓沿路径连续变化。与选择点靠近的路径端点是路径的起始点。
- 扭曲：设定轮廓沿路径扫掠时的扭转角度，角度值小于 360°。该选项包含"倾斜"子选项，可使轮廓随三维路径自然倾斜。

13.4.6 通过放样创建实体或曲面

使用 LOFT 命令可对一组平面轮廓曲线进行放样形成实体或曲面，若所有轮廓是闭合的，则生成实体，否则生成曲面，如图 13-25 所示。注意，放样时，轮廓线或全部闭合或全部开放，不能使用既包含开放轮廓又包含闭合轮廓的选择集。

放样实体或曲面中间轮廓的形状可利用放样路径控制，如图 13-25 左图所示，放样路径始于第一个轮廓所在的平面，终于最后一个轮廓所在的平面。导向曲线是另一种控制放样形状的方法，将轮廓上对应的点通过导向曲线连接起来，使轮廓按预定方式进行变化，如图 13-25 右图所示。轮廓的导向曲线可以有多条，不过每条导向曲线必须与各轮廓相交，始于第一个轮廓，止于最后一个轮廓。

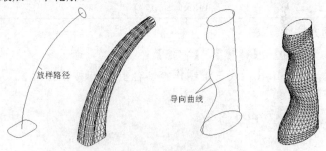

放样路径 导向曲线

图13-25 通过放样创建三维对象

放样时可选择的轮廓对象、路径及导向曲线参见表 13-4。

表 13-4 放样轮廓、路径及导向曲线

轮廓对象	路径及导向曲线
直线、圆弧、椭圆弧	直线、圆弧、椭圆弧
二维多段线、二维样条曲线	二维及三维多段线
点对象，仅第一或最后一个放样截面可以是点	二维及三维样条曲线

一、 命令启动方法

- 下拉菜单:【绘图】/【建模】/【放样】。
- 工具栏:【建模】工具栏或三维制作控制台上的 ![按钮] 按钮。
- 命令: LOFT。

【练习13-9】: 练习使用 LOFT 命令。

1. 打开附盘文件 "13-9.dwg"。
2. 利用 PEDIT 命令将线条 A、D、E 编辑成多段线,如图 13-26 所示。
3. 用 LOFT 命令在轮廓 B、C 间放样,路径曲线是 A。

> 命令: _loft
> 按放样次序选择横截面:总计 2 个   //选择轮廓 B、C,如图 13-26 所示
> 按放样次序选择横截面: //按 Enter 键
> 输入选项 [导向(G)/路径(P)/仅横截面(C)] <仅横截面>: P
> 　　　　　　　　　　　　　　//使用 "路径(P)" 选项
> 选择路径曲线: //选择路径曲线 A

结果如图 13-26 右图所示。

4. 用 LOFT 命令在轮廓 F、G、H、I 和 J 间放样,导向曲线是 D、E。

> 命令: _loft
> 按放样次序选择横截面:总计 5 个   //选择轮廓 F、G、H、I 和 J
> 按放样次序选择横截面: //按 Enter 键
> 输入选项 [导向(G)/路径(P)/仅横截面(C)] <仅横截面>: G
> 　　　　　　　　　　　　　　//使用 "导向(G)" 选项
> 选择导向曲线:总计 2 个   //导向曲线是 D、E

结果如图 13-26 右图所示。

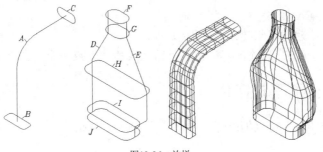

图13-26 放样

二、 命令选项

- 导向:利用连接各个轮廓的导向曲线控制放样实体或曲面的截面形状。
- 路径:指定放样实体或曲面的路径,路径要与各个轮廓截面相交。
- 仅横截面:选取此选项打开【放样设置】对话框,如图 13-27 所示,通过该对话框控制放样对象表面的变化。

对话框中各选项功能如下。

- 直纹:各轮廓线间是直纹面。
- 平滑拟合:用平滑曲面连接各轮廓线。

- 法线指向：下拉列表中的选项用于设定放样对象表面与各轮廓截面是否垂直。
- 拔模斜度：设定放样对象表面在起始及终止位置处的切线方向与轮廓所在截面的夹角，该角度对放样对象的影响范围由【幅值】文本框中的数值决定，数值的有效范围为 1～10。

图13-27 【放样设置】对话框

13.4.7 创建平面

用户使用 PLANESURF 命令可以创建矩形平面或将闭合线框、面域等对象转化为平面，操作时，可一次选取多个对象。

命令启动方法

- 下拉菜单：【绘图】/【建模】/【平面曲面】。
- 工具栏：【建模】工具栏或三维制作控制台上的 按钮。
- 命令：PLANESURF。

启动 PLANESURF 命令，当 AutoCAD 提示"指定第一个角点或 [对象(O)] <对象>："时，采取以下方式响应提示：

- 指定矩形的对角点创建矩形平面；
- 使用"对象(O)"选项，选择构成封闭区域的一个或多个对象生成平面。

13.4.8 加厚曲面形成实体

使用 THICKEN 命令可以加厚任何类型的曲面形成实体。

命令启动方法

- 下拉菜单：【修改】/【三维操作】/【加厚】。
- 工具栏：三维制作控制台上的 按钮。
- 命令：THICKEN。

启动 THICKEN 命令，选择要加厚的曲面，再输入厚度值，曲面就会转化为实体。

13.4.9 将对象转化为曲面或实体

单击三维制作控制台上的 按钮，启动 CONVTOSURFACE 命令，该命令可以将以下对象转化为曲面。

- 具有厚度的直线、圆、多段线等。二维对象的厚度可利用 PROPERTIES 命令设定。
- 面域、实心多边形。

单击三维制作控制台上的 按钮，启动 CONVTOSOLID 命令，该命令可以将以下对象转化为实体：

- 具有厚度的圆；
- 闭合的、具有厚度的零宽度多段线；
- 具有厚度的、统一宽度的多段线。

13.4.10 利用平面或曲面切割实体

使用 SLICE 命令可以根据平面或曲面切开实体模型，被剖切的实体可保留一半或两半都保留，保留部分将保持原实体的图层和颜色特性。剖切方法是先定义切割平面，然后选定需要的部分。用户可通过 3 点来定义切割平面，也可指定当前坐标系 *xy*、*yz*、*zx* 平面作为切割平面。

一、 命令启动方法

- 下拉菜单：【修改】/【三维操作】/【剖切】。
- 工具栏：三维制作控制台上的 按钮。
- 命令：SLICE 或简写 SL。

【练习13-10】： 练习使用 SLICE 命令。

打开附盘文件 "13-10.dwg"，用 SLICE 命令切割实体。

```
命令: _slice
选择要剖切的对象: 找到 1 个                    //选择实体
选择要剖切的对象:                             //按 Enter 键
指定 切面 的起点或 [平面对象(O)/曲面(S)/Z 轴(Z)/视图(V)/XY/YZ/ZX/三点(3)] <三
点>:                                        //按 Enter 键，利用 3 点定义剖切平面
指定平面上的第一个点: end 于                  //捕捉端点 A
指定平面上的第二个点: mid 于                  //捕捉中点 B
指定平面上的第三个点: mid 于                  //捕捉中点 C
在所需的侧面上指定点或 [保留两个侧面(B)] <保留两个侧面>: //在要保留的那边单击一点
命令:SLICE                                   //重复命令
选择要剖切的对象: 找到 1 个                    //选择实体
选择要剖切的对象:                             //按 Enter 键
指定 切面 的起点或 [平面对象(O)/曲面(S)/Z 轴(Z)/视图(V)/XY/YZ/ZX/三点(3)] <三
点>: s                                      //使用 "曲面(S)" 选项
选择曲面:                                    //选择曲面
选择要保留的实体或 [保留两个侧面(B)] <保留两个侧面>: //在要保留的那边单击一点
```

结果如图 13-28 右图所示。

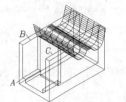

图13-28 切割实体

二、 命令选项

- 平面对象：将圆、椭圆、圆弧或椭圆弧及二维样条曲线、二维多段线等对象所在的平面作为剖切平面。
- 曲面：指定曲面作为剖切面。
- Z 轴：通过指定剖切平面的法线方向来确定剖切平面。
- 视图：剖切平面与当前视图平面平行。
- XY、YZ、ZX：用坐标平面 *xy*、*yz*、*zx* 剖切实体。

13.4.11 与实体显示有关的系统变量

与实体显示有关的系统变量有 ISOLINES、FACETRES、DISPSILH 3 个，以下分别对其进行介绍。

- 系统变量 ISOLINES：此变量用于设定实体表面网格线的数量，如图 13-29 所示。
- 系统变量 FACETRES：用于设置实体消隐或渲染后表面网格密度，此变量值的范围为 0.01～10.0，值越大表明网格越密，消隐或渲染后表面越光滑，如图 13-30 所示。
- 系统变量 DISPSILH：用于控制消隐时是否显示出实体表面的网格线，若此变量值为 0，则显示网格线，为 1，则不显示网格线，如图 13-31 所示。

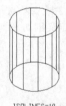

ISOLINES=10   ISOLINES=30   FACETRES=1.0   FACETRES=10.0   DISPSILH=0   DISPSILH=1

图13-29 ISOLINES 变量   图13-30 FACETRES 变量   图13-31 DISPSILH 变量

13.5 利用布尔运算构建复杂实体模型

前面已经介绍了生成基本三维实体及由二维对象转换得到三维实体的方法，若将这些简单实体放在一起，然后进行布尔运算，就能构建复杂的三维模型。

布尔运算包括并集、差集和交集运算。

- 并集操作：使用 UNION 命令可以将两个或多个实体合并在一起形成新的单一实体，操作对象既可以是相交的，也可以是分离开的。

【练习13-11】：并集操作。

打开附盘文件 "13-11.dwg"，用 UNION 命令进行并运算。单击三维制作控制台上的  按钮或选取菜单命令【修改】/【实体编辑】/【并集】，AutoCAD 提示：

命令：_union

选择对象：找到 2 个　　　　　//选择圆柱体及长方体，如图 13-32 左图所示

选择对象：　　　　　　　　　//按 Enter 键结束

结果如图 13-32 右图所示。

图13-32　并集操作

- 差集操作：使用 SUBTRACT 命令可以将实体构成的一个选择集从另一选择集中减去。操作时，用户首先选择被减对象，构成第一选择集，然后选择要减去的对象，构成第二选择集，操作结果是第一选择集减去第二选择集后形成的新对象。

【练习13-12】：　差集操作。

打开附盘文件 "13-12.dwg"，用 SUBTRACT 命令进行差运算。单击三维制作控制台上的 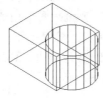 按钮或选取菜单命令【修改】/【实体编辑】/【差集】，AutoCAD 提示：

命令：_subtract 选择要从中减去的实体或面域...

选择对象：找到 1 个　　　　　//选择长方体，如图 13-33 左图所示

选择对象：　　　　　　　　　//按 Enter 键

选择要减去的实体或面域 ..

选择对象：找到 1 个　　　　　//选择圆柱体

选择对象：　　　　　　　　　//按 Enter 键结束

结果如图 13-33 右图所示。

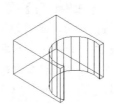

图13-33　差集操作

- 交集操作：使用 INTERSECT 命令可创建由两个或多个实体重叠部分构成的新实体。

【练习13-13】：　交集操作。

打开附盘文件 "13-13.dwg"，用 INTERSECT 命令进行交运算。单击三维制作控制台上的  按钮或选取菜单命令【修改】/【实体编辑】/【交集】，AutoCAD 提示：

命令：_intersect

选择对象：　　　　　　　　　　　　//选择圆柱体和长方体，如图 13-34 左图所示

选择对象：　　　　　　　　　　　　//按 Enter 键

结果如图 13-34 右图所示。

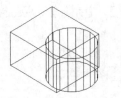

图13-34 交集操作

【练习13-14】： 下面绘制如图 13-35 所示组合体的实体模型，通过该例子向读者演示三维建模的过程。

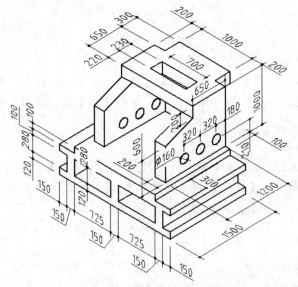

图13-35 创建实体模型

1. 创建一个新图形文件。

2. 选取菜单命令【视图】/【三维视图】/【东南等轴测】，切换到东南轴测视图。将坐标系绕 x 轴旋转 90°，在 xy 平面内画二维图形，再把此图形创建成面域，如图 13-36 左图所示，拉伸面域形成立体，如图 13-36 右图所示。

3. 将坐标系绕 y 轴旋转 90°，在 xy 平面画二维图形，再把此图形创建成面域，如图 13-37 左图所示，拉伸面域形成立体，如图 13-37 右图所示。

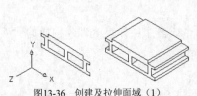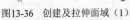

图13-36 创建及拉伸面域（1）

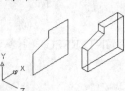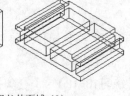

图13-37 创建及拉伸面域（2）

4. 用 MOVE 命令将新建立体移动到正确位置，再复制它，然后对所有立体执行"并"运算，如图 13-38 所示。

5. 创建 3 个圆柱体，圆柱体高度为 1600，如图 13-39 左图所示，利用"差"运算将圆柱体从模型中去除，如图 13-39 右图所示。

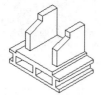
图13-38　执行"并"运算

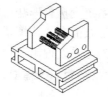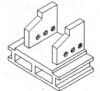
图13-39　创建圆柱体及执行"差"运算

6.　返回世界坐标系，在 xy 平面内画二维图形，再把此图形创建成面域，如图 13-40 左图所示，拉伸面域形成立体，如图 13-40 右图所示。

7.　用 MOVE 命令将新建立体移动到正确的位置，再对所有立体执行"并"运算，如图 13-41 所示。

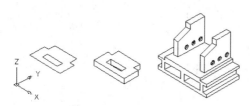
图13-40　创建及拉伸面域

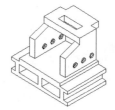
图13-41　移动立体及执行"并"运算

13.6　小结

本章着重介绍了如何创建简单立体的表面及实体模型，并通过实例说明了三维建模的方法，具体内容如下。

(1)　创建长方体、圆柱体、球体和锥体等基本实体。

(2)　拉伸或旋转二维对象生成三维实体或曲面。

(3)　扫掠或放样二维对象生成三维实体或曲面。

(4)　通过实体间的布尔运算构建复杂三维模型。

(5)　控制实体显示的变量：ISOLENES、FACETRES、DISPSILH。

AutoCAD 的三维模型分成线框、曲面、实体 3 类。曲面及实体模型比线框模型具有更多的优点，它们包含了面的信息，可以消隐及渲染，实体模型还具有体积、转动惯量等质量特性。

读者应熟练掌握本章所讲的 3D 绘图命令，并了解用户坐标系及利用布尔运算构建实体模型的方法，这些是创建复杂 3D 模型的基础。

13.7　习题

一、思考题

(1)　在 AutoCAD 中可创建哪几种类型的三维模型？

(2)　用 REVSURF 命令创建回转表面时，旋转角的正方向应如何确定？

(3)　使用 TABSURF 命令可以将曲线沿某一路径拉伸成网格表面吗？

(4)　表面模型的网格密度由哪些系统变量控制？

(5)　可以拉伸或旋转面域形成 3D 实体吗？

(6) 与实体显示有关的系统变量有哪些？它们的作用是什么？

(7) 常用何种方法构建复杂的实心体模型？

(8) 如何创建新的用户坐标系？说出 3 种常用的方法。

二、 绘制如图 13-42 所示的实心体模型

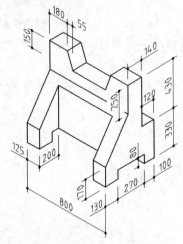

图13-42　创建实心体模型（1）

三、 绘制如图 13-43 所示的实心体模型

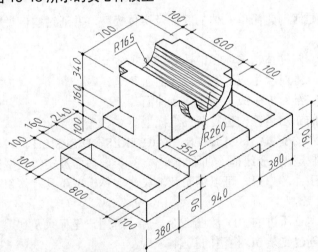

图13-43　创建实心体模型（2）

第14章 编辑三维图形

丰富且功能强大的编辑命令使 AutoCAD 的设计能力变得更强，对于二维平面绘图，常用的编辑命令有 MOVE、COPY、MIRROR、ARRAY、ROTATE、OFFSET、TRIM、FILLET、CHAMFER 和 LENGTHEN 等。这些命令当中有一些适用于所有三维对象，如 MOVE、COPY 等，而另一些则仅限于编辑某些类型的三维模型，如 OFFSET、TRIM 等只能修改 3D 线框，不能用于实体及表面模型。还有其他一些命令，如 MIRROR、ARRAY 等，其编辑结果与当前的 UCS 平面有关系。对于三维建模，AutoCAD 提供了专门用于在三维空间中旋转、镜像、阵列及对齐 3D 对象的命令，它们是 3DROTATE、MIRROR3D、3DARRAY 及 3DALIGN，这些命令使用户可以灵活地在三维空间中定位及复制图形元素。

在 AutoCAD 中，用户能够编辑实心体模型的面、边、体，例如，可以对实体的表面进行拉伸、偏移、倾斜等处理，也可对实体本身进行压印、抽壳等操作。利用这些编辑功能，设计人员就能很方便地修改实体及孔、槽等结构特征的尺寸，还能改变实体的外观及调整结构特征的位置。

本章主要介绍编辑实心体模型的方法。

14.1 三维移动

用户可以使用 MOVE 命令在三维空间中移动对象，操作方式与在二维空间中一样，只不过当通过输入距离来移动对象时，必须输入沿 x、y、z 轴的距离值。

AutoCAD 提供了专门用来在三维空间中移动对象的 3DMOVE 命令，该命令还能移动实体的面、边及顶点等子对象（按 Ctrl 键可选择子对象）。3DMOVE 命令的操作方式与 MOVE 命令类似，但前者使用起来更形象、更直观。

命令启动方法

- 下拉菜单：【修改】/【三维操作】/【三维移动】。
- 工具栏：【建模】工具栏或三维制作控制台上的 按钮。
- 命令：3DMOVE 或简写 3M。

【练习14-1】：练习使用 3DMOVE 命令。

1. 打开附盘文件"14-1.dwg"。
2. 启动 3DMOVE 命令，将对象 A 由基点 B 移动到第二点 C，再通过输入距离的方式移动对象 D，移动距离为"40,-50"，结果如图 14-1 所示。
3. 重复命令，选择对象 E，按 Enter 键，AutoCAD 显示附着在光标上的移动工具，该工具 3 个轴的方向与当前坐标轴的方向一致，如图 14-2 左图所示。
4. 移动鼠标光标到 F 点，并捕捉该点，移动工具就会被放置在该点处，如图 14-2 右图所示。

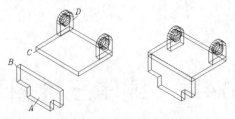

图14-1　指定两点或距离移动对象

5. 移动鼠标光标到 G 轴上，停留一会儿，显示出移动辅助线，单击鼠标左键确认，物体的移动方向被约束到与轴的方向一致处。

6. 若将鼠标光标移动到两轴间的短线处停住，直至两条短线变成黄色，则表明移动被限制在两条短线构成的平面内。

7. 移动方向确定后，输入移动距离 50，结果如图 14-2 右图所示，也可通过单击一点移动对象。

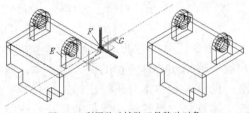

图14-2　利用移动辅助工具移动对象

14.2　三维旋转

使用 ROTATE 命令仅能使对象在 xy 平面内旋转，即旋转轴只能是 z 轴。ROTATE3D 及 3DROTATE 命令是 ROTATE 的 3D 版本，这两个命令能使对象绕 3D 空间中的任意轴旋转。此外，ROTATE3D 命令还能旋转实体的表面（按住 Ctrl 键选择实体表面）。下面分别介绍这两个命令的用法。

一、命令启动方法

- 下拉菜单：【修改】/【三维操作】/【三维旋转】。
- 工具栏：【建模】工具栏或三维制作控制台上的 ⊕ 按钮。
- 命令：3DROTATE 或简写 3R。

【练习14-2】：练习使用 3DROTATE 命令。

1. 打开附盘文件 "14-2.dwg"。

2. 启动 3DROTATE 命令，选择要移动的对象，按 Enter 键，AutoCAD 显示附着在光标上的旋转工具，如图 14-3 左图所示，该工具包含表示旋转方向的 3 个辅助圆。

3. 移动鼠标光标到 A 点处，并捕捉该点，旋转工具就会被放置在此点，如图 14-3 左图所示。

4. 将鼠标光标移动到圆 B 处，停住光标直至圆变为黄色，同时出现以圆为回转方向的回转轴，单击鼠标左键确认。回转轴与当前坐标系的坐标轴平行，且轴的正方向与坐标轴正向一致。

5. 输入回转角度值 "-90"，如图 14-3 右图所示。角度正方向按右手螺旋法则确定，也可单击一点指定回转起点，然后再单击一点指定回转终点。

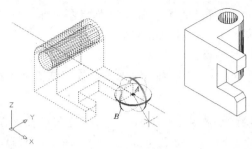

图14-3　旋转对象（1）

ROTATE3D 命令没有提供指示回转方向的辅助工具，但使用此命令时，用户可通过拾取两点来设置回转轴。在这一点上，3DROTATE 命令没有此便利，它只能沿与当前坐标轴平行的方向来设置回转轴。

【练习14-3】：　练习使用 ROTATE3D 命令。

打开附盘文件 "14-3.dwg"，用 ROTATE3D 命令旋转 3D 对象。

```
命令: _rotate3d
选择对象: 找到 1 个              //选择要旋转的对象
选择对象:                       //按 Enter 键
```

指定轴上的第一个点或定义轴依据[对象(O)/最近的(L)/视图(V)/X 轴(X)/Y 轴(Y)/Z 轴(Z)/两点(2)]:　　　　　　　　　//指定旋转轴上的第一点 A，如图 14-4 右图所示

```
指定轴上的第二点:               //指定旋转轴上的第二点 B
指定旋转角度或 [参照(R)]: 60     //输入旋转的角度值
```

结果如图 14-4 右图所示。

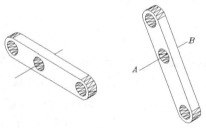

图14-4　旋转对象（2）

二、命令选项

- 对象：AutoCAD 根据选择的对象来设置旋转轴。如果用户选择直线，则该直线就是旋转轴，而且旋转轴的正方向是从选择点开始指向远离选择点的那一端。若选择了圆或圆弧，则旋转轴通过圆心并与圆或圆弧所在的平面垂直。
- 最近的：该选项将上一次使用 ROTATE3D 命令时定义的轴作为当前旋转轴。
- 视图：旋转轴垂直于当前视图，并通过用户的选取点。
- X 轴：旋转轴平行于 x 轴，并通过用户的选取点。
- Y 轴：旋转轴平行于 y 轴，并通过用户的选取点。
- Z 轴：旋转轴平行于 z 轴，并通过用户的选取点。
- 两点：通过指定两点来设置旋转轴。
- 指定旋转角度：输入正的或负的旋转角，角度正方向由右手螺旋法则确定。

- 参照：选取该选项，AutoCAD 将提示"指定参照角 <0>:"，输入参考角度值或拾取两点指定参考角度，当 AutoCAD 继续提示"指定新角度:"时，再输入新的角度值或拾取另外两点指定新参考角，新角度减去初始参考角就是实际旋转角度。常用"参照(R)"选项将 3D 对象从最初位置旋转到与某一方向对齐的另一位置。

 使用 ROTATE3D 命令的"参照(R)"选项时，如果是通过拾取两点来指定参考角度，一般要使 UCS 平面垂直于旋转轴，并且应在 xy 平面或与 xy 平面平行的平面内选择点。

使用 ROTATE3D 命令时，用户应注意确定旋转轴的正方向。当旋转轴平行于坐标轴时，坐标轴的方向就是旋转轴的正方向，若用户通过两点来指定旋转轴，那么轴的正方向是从第一个选取点指向第二个选取点。

14.3 3D 阵列

3DARRAY 命令是二维 ARRAY 命令的 3D 版本。通过该命令，用户可以在三维空间中创建对象的矩形或环形阵列。

命令启动方法

- 下拉菜单：【修改】/【三维操作】/【三维阵列】。
- 命令：3DARRAY。

【练习14-4】： 练习使用 3DARRAY 命令。

打开附盘文件"14-4.dwg"，用 3DARRAY 命令创建矩形及环形阵列。

命令: _3darray	
选择对象: 找到 1 个	//选择要阵列的对象，如图 14-5 所示
选择对象:	//按 Enter 键
输入阵列类型 [矩形(R)/环形(P)] <矩形>:	//按 Enter 键指定矩形阵列
输入行数 (---) <1>: 2	//输入行数，行的方向平行于 x 轴
输入列数 (||||) <1>: 3	//输入列数，列的方向平行于 y 轴
输入层数 (...) <1>: 2	//指定层数，层数表示沿 z 轴方向的分布数目
指定行间距 (---): 300	//输入行间距，如果输入负值，阵列方向将沿 x 轴反方向
指定列间距 (||||): 400	//输入列间距，如果输入负值，阵列方向将沿 y 轴反方向
指定层间距 (...): 800	//输入层间距，如果输入负值，阵列方向将沿 z 轴反方向
命令: _3DARRAY	//重复命令
选择对象: 找到 1 个	//选择要阵列的对象
选择对象:	//按 Enter 键
输入阵列类型 [矩形(R)/环形(P)] <矩形>: p	//指定环形阵列
输入阵列中的项目数目: 6	//输入环形阵列的数目
指定要填充的角度 (+=逆时针, -=顺时针) <360>:	
//输入环行阵列的角度值，可以输入正值或负值，角度正方向由右手螺旋法则确定	
旋转阵列对象? [是(Y)/否(N)]<是>:	//按 Enter 键，则阵列的同时还将旋转对象
指定阵列的中心点: end 于	//指定阵列轴的第一点 A

指定旋转轴上的第二点：end 于　　　　　　　//指定阵列轴的第二点 *B*

再启动 HIDE 命令，结果如图 14-5 所示。

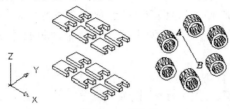

图14-5　三维阵列

旋转轴的正方向是从第一个指定点指向第二个指定点，沿该方向伸出大拇指，则其他 4 个手指的弯曲方向就是旋转角的正方向。

14.4　3D 镜像

如果镜像线是当前 UCS 平面内的直线，则使用常见的 MIRROR 命令就可进行 3D 对象的镜像复制。但若想以某个平面作为镜像平面来创建 3D 对象的镜像拷贝，就必须使用 MIRROR3D 命令。如图 14-6 所示，把 *A*、*B*、*C* 点定义的平面作为镜像平面，对实体进行镜像。

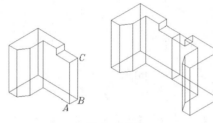

图14-6　镜像

一、命令启动方法

- 下拉菜单：【修改】/【三维操作】/【三维镜像】。
- 命令：MIRROR3D。

【练习14-5】：练习使用 MIRROR3D 命令。

打开附盘文件"14-5.dwg"，用 MIRROR3D 命令创建对象的三维镜像。

命令：_mirror3d

选择对象：找到 1 个　　　　　　　　　　//选择要镜像的对象

选择对象：　　　　　　　　　　　　//按 Enter 键

指定镜像平面（三点）的第一个点或[对象(O)/最近的(L)/Z 轴(Z)/视图(V)/XY 平面(XY)/YZ 平面(YZ)/ZX 平面(ZX)/三点(3)]<三点>：

　　　　　　　　//利用 3 点指定镜像平面，捕捉第一点 *A*，如图 14-6 左图所示

在镜像平面上指定第二点：　　　　//捕捉第二点 *B*

在镜像平面上指定第三点：　　　　//捕捉第三点 *C*

是否删除源对象？[是(Y)/否(N)] <否>：　　//按 Enter 键不删除源对象

结果如图 14-6 右图所示。

二、 命令选项

- 对象：以圆、圆弧、椭圆和 2D 多段线等二维对象所在的平面作为镜像平面。
- 最近的：该选项指定上一次 MIRROR3D 命令使用的镜像平面作为当前镜像面。
- Z 轴：用户在三维空间中指定两个点，镜像平面将垂直于两点的连线，并通过第一个选取点。
- 视图：镜像平面平行于当前视图，并通过用户的拾取点。
- XY 平面、YZ 平面、ZX 平面：镜像平面平行于 xy、yz 或 zx 平面，并通过用户的拾取点。

14.5 3D 对齐

3DALIGN 命令在 3D 建模中非常有用，通过该命令，用户可以指定源对象与目标对象的对齐点，从而使源对象的位置与目标对象的位置对齐。例如，用户利用 3DALIGN 命令让对象 M（源对象）的某一平面上的 3 点与对象 N（目标对象）某一平面上的 3 点对齐，操作完成后，M、N 两对象将重合在一起，如图 14-7 所示。

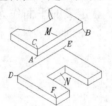 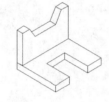

图14-7 3D 对齐

命令启动方法

- 下拉菜单：【修改】/【三维操作】/【三维对齐】。
- 工具栏：【建模】工具栏上的 按钮。
- 命令：3DALIGN 或简写 3AL。

【练习14-6】： 在 3D 空间应用 3DALIGN 命令。

打开附盘文件 "14-6.dwg"，用 3DALIGN 命令对齐 3D 对象。

```
命令: _3dalign
选择对象:找到 1 个                    //选择要对齐的对象
选择对象:                            //按 Enter 键
指定基点或 [复制(C)]:                 //捕捉源对象上的第一点 A，如图 14-7 左图所示
指定第二个点或 [继续(C)] <C>:        //捕捉源对象上的第二点 B
指定第三个点或 [继续(C)] <C>:        //捕捉源对象上的第三点 C
指定第一个目标点:                     //捕捉目标对象上的第一点 D
指定第二个目标点或 [退出(X)] <X>:    //捕捉目标对象上的第二点 E
指定第三个目标点或 [退出(X)] <X>:    //捕捉目标对象上的第三点 F
```

结果如图 14-7 右图所示。

使用 3DALIGN 命令时，用户不必指定所有的对齐点。以下说明提供不同数量的对齐点时，AutoCAD 如何移动源对象。

- 如果仅指定一对对齐点，AutoCAD 就会把源对象由第一个源点移动到第一个目标点处。
- 若指定两对对齐点，则 AutoCAD 移动源对象后，将使两个源点的连线与两个目标点的连线重合，并让第一个源点与第一个目标点也重合。
- 如果用户指定 3 对对齐点，那么命令结束后，3 个源点定义的平面将与 3 个目标点定义的平面重合在一起。选择的第一个源点要移动到第一个目标点的位置，前两个源点的连线与前两个目标点的连线重合。第三个目标点的选取顺序若与第三个源点的选取顺序一致，则两个对象平行对齐，否则是相对对齐。

14.6　3D 倒圆角

应用 FILLET 命令可以给实心体的棱边倒圆角，该命令对表面模型不适用。在 3D 空间中使用此命令时与在 2D 中有所不同，用户不必事先设定倒角的半径值，AutoCAD 会提示用户进行设定。

一、命令启动方法

- 下拉菜单：【修改】/【圆角】。
- 工具栏：【修改】工具栏上的 按钮。
- 命令：FILLET 或简写 F。

【练习14-7】：　在 3D 空间使用 FILLET 命令。

打开附盘文件 "14-7.dwg"，用 FILLET 命令给 3D 对象倒圆角。

```
命令: _fillet
选择第一个对象或 [放弃(U)/多段线(P)/半径(R)/修剪(T)/多个(M)]:
                                    //选择棱边 A，如图 14-8 左图所示
输入圆角半径<10.0000>:15             //输入圆角半径
选择边或 [链(C)/半径(R)]:            //选择棱边 B
选择边或 [链(C)/半径(R)]:            //选择棱边 C
选择边或 [链(C)/半径(R)]:            //按 Enter 键结束
```

结果如图 14-8 右图所示。

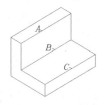

图14-8　倒圆角

要点提示　对交于一点的几条棱边倒圆角时，若各边圆角半径相等，则在交点处产生光滑的球面过渡。

二、命令选项

- 选择边：可以连续选择实体的倒角边。
- 链(C)：如果各棱边是相切的关系，则选择其中一个边，所有这些棱边都将被

选中。

- 半径(R)：该选项使用户可以为随后选择的棱边重新设定圆角半径。

14.7　3D 倒斜角

倒斜角命令 CHAMFER 只能用于实体，对表面模型不适用。在对 3D 对象应用此命令时，AutoCAD 的提示顺序与二维对象倒斜角时不同。

一、命令启动方法

- 下拉菜单：【修改】/【倒角】。
- 工具栏：【修改】工具栏上的 █ 按钮。
- 命令：CHAMFER 或简写 CHA。

【练习14-8】：　在 3D 空间应用 CHAMFER 命令。

打开附盘文件 "14-8.dwg"，用 CHAMFER 命令给 3D 对象倒斜角。

```
命令: _chamfer
选择第一条直线或 [放弃(U)/多段线(P)/距离(D)/角度(A)/修剪(T)/方式(E)/多个(M)]:
                                        //选择棱边 E，如图14-9 左图所示
基面选择...                              //平面 A 高亮显示
输入曲面选择选项 [下一个(N)/当前(OK)] <当前>: n
                                        //利用"下一个(N)"选项指定平面 B 为倒角基面
输入曲面选择选项 [下一个(N)/当前(OK)] <当前>:  //按 Enter 键
指定基面的倒角距离 <12.0000>: 15           //输入基面内的倒角距离
指定其他曲面的倒角距离 <15.0000>: 10        //输入另一平面内的倒角距离
选择边或[环(L)]:                          //选择棱边 E
选择边或[环(L)]:                          //选择棱边 F
选择边或[环(L)]:                          //选择棱边 G
选择边或[环(L)]:                          //选择棱边 H
选择边或[环(L)]:                          //按 Enter 键结束
```

结果如图 14-9 右图所示。

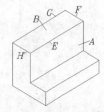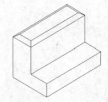

图14-9　3D 倒斜角

实体的棱边是两个面的交线，当第一次选择棱边时，AutoCAD 将高亮显示其中一个面，这个面代表倒角基面，用户也可以通过"下一个(N)"选项使另一个表面成为倒角基面。

二、命令选项

- 选择边：选择基面内要倒角的棱边。
- 环(L)：该选项使用户可以一次选中基面内的所有棱边。

14.8 利用关键点及 PROPERTIES 命令编辑 3D 对象

选中三维实体或曲面，3D 对象上将出现关键点，关键点的形状有实心矩形及实心箭头两种，如图 14-10 所示。实心矩形一般位于 3D 对象的顶点处，实心箭头出现在面上或棱边上。选中箭头并移动鼠标光标可调整对象的尺寸，选中实心矩形并移动鼠标光标可改变顶点的位置。

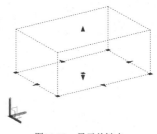

图14-10 显示关键点

若当前视觉样式不是【二维线框】模式，则显示对象关键点的同时，AutoCAD 还将显示移动辅助工具，如图 14-10 所示。该工具有 3 个轴，各轴与当前坐标系 x、y、z 轴方向一致，可将其移动到三维空间的任何位置，形象地表明移动方向。单击工具中心框，将其放置在要编辑的关键点处，再单击辅助工具的某一轴，指定要移动的方向，输入移动距离或指定移动的终点，完成操作。在移动过程中，按空格键或 Enter 键可切换到旋转模式，同时显现旋转辅助工具。有关移动及旋转辅助工具的用法，详见 14.1 和 14.2 节。

对于实体和曲面，PROPERTIES 命令一般可以显示这些对象的重要几何尺寸，修改这些尺寸，就可使 3D 对象的形状按尺寸数值改变。因此，在三维建模过程中，用户可先利用关键点对三维对象的形状进行粗略修改，使其与预想形状大致符合，最后再用 PROPERTIES 命令将主要尺寸调整成精确值。

利用 PROPERTIES 命令可以显示复合实体所包含的原始实体，如图 14-11 所示。复合实体是由两个或多个实体通过布尔运算形成的，其包含的原始实体常称为子对象。启动 PROPERTIES 命令，选择复合实体，设定【显示历史记录】为【是】，使复合实

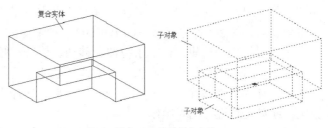

图14-11 编辑复合实体

体中的子对象成为可见，之后按住 Ctrl 键选择其中之一，再利用关键点或 PROPERTIES 命令编辑子对象，复合实体的形状就会随之发生变化。

14.9 编辑三维实体的子对象

子对象是指实体的面、边及顶点，对于由布尔运算形成的复合实体，构成它的每个原始实体也是子对象。按住 Ctrl 键选择面、边或顶点，就能选取它们，被选择的子对象上将出现相应的关键点，关键点的形状随所选对象的不同而不同，如图 14-12 左图所示。用户可以在同一实体或几个实体上选取多个子对象构成选择集，若要将某一子对象从选择集中去除，可按住 Shift 和 Ctrl 键并选择该子对象。

两个长方体进行差运算形成的复合实体如图 14-12 中图所示，按住 Ctrl 键选择 A 边将显示复合实体中的一个原始实体，按住 Ctrl 键利用交叉窗口选中 B 边，则构成复合实体的所有原始实体都被选中并显示出来，如图 14-12 右图所示。选中子对象后，子对象上将出现关键点，再选中关键点，进入拉伸模式，移动鼠标光标就可以改变子对象的位置。

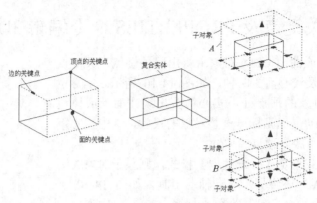

图14-12　利用关键点编辑子对象

此外，也可以使用 3DMOVE、3DROTATE、MOVE、ROTATE 及 SCALE 等命令编辑子对象，操作方式与编辑其他图形对象时相同。在移动及旋转实体表面时，默认情况下，面的大小保持不变，若在此编辑过程中按 1 次 Ctrl 键，则与被编辑面相邻的实体面的倾斜角度保持不变，而面的大小往往要发生变化。比如，旋转长方体的顶面时，按 1 次 Ctrl 键，旋转后，顶面的大小发生变化，但顶面仍与 4 个侧面垂直。

14.10　编辑实心体的面、边、体

除了可对实体进行倒角、阵列、镜像及旋转等操作外，AutoCAD 还专门提供了编辑实体模型表面、棱边及体的命令 SOLIDEDIT，该命令的编辑功能概括如下：

(1)　对于面的编辑，提供了拉伸、移动、旋转、倾斜、复制和改变颜色等选项；

(2)　边编辑选项使用户可以改变实体棱边的颜色，或复制棱边以形成新的线框对象；

(3)　体编辑选项允许用户把一个几何对象"压印"在三维实体上，另外，用户还可以拆分实体或对实体进行抽壳操作。

SOLIDEDIT 命令的所有编辑功能都包含在【实体编辑】工具栏上，表 14-1 中列出了工具栏上各按钮的功能。

表 14-1　　　　　　　　　　　【实体编辑】工具栏上各按钮的功能

按　钮	按钮功能	按　钮	按钮功能
⊚	"并" 运算	🖼	将实体的表面复制成新的图形对象
⊚	"差" 运算	🖼	将实体的某个面修改为特殊的颜色，以增强着色效果或是便于根据颜色附着材质
⊚	"交" 运算	🖼	把实体的棱边复制成直线、圆、圆弧及样条线等
🖼	根据指定的距离拉伸实体表面或将面沿某条路径进行拉伸	🖼	改变实体棱边的颜色。将棱边改变为特殊的颜色后就能增强着色效果
🖼	移动实体表面。例如，可以将孔从一个位置移到另一个位置	🖼	把圆、直线、多段线及样条曲线等对象压印在三维实体上，使其成为实体的一部分，被压印的对象将分割实体表面
🖼	偏移实体表面。例如，可以将孔表面向内偏移以减小孔的尺寸	🖼	将实体中多余的棱边、顶点等对象去除。例如，可通过此按钮清除实体上压印的几何对象

按 钮	按钮功能	按 钮	按钮功能
	删除实体表面。例如，可以删除实体上的孔或圆角		将体积不连续的单一实体分成几个相互独立的三维实体
	将实体表面绕指定轴旋转		将一个实心体模型创建成一个空心的薄壳体
	沿指定的矢量方向使实体表面产生锥度		检查对象是否是有效的三维实体对象

14.10.1 拉伸面

AutoCAD 可以根据指定的距离拉伸面或将面沿某条路径进行拉伸。拉伸时，如果是输入拉伸距离值，那么还可输入锥角，这样将使拉伸所形成的实体锥化。图 14-13 所示是将实体面按指定的距离、锥角及沿路径进行拉伸后的结果。

当用户输入距离值来拉伸面时，面将沿着其法线方向移动。若指定路径进行拉伸，则 AutoCAD 形成拉伸实体的方式会依据不同性质的路径（如直线、多段线、圆弧和样条线等）而各有特点。

【练习14-9】： 拉伸面。

打开附盘文件 "14-9.dwg"，利用 SOLIDEDIT 命令拉伸实体表面。

单击【实体编辑】工具栏上的 按钮，AutoCAD 主要提示如下。

```
命令: _solidedit
选择面或 [放弃(U)/删除(R)]: 找到一个面。    //选择实体表面 A，如图 14-13 左上图所示
选择面或 [放弃(U)/删除(R)/全部(ALL)]:          //按 Enter 键
指定拉伸高度或 [路径(P)]: 50                //输入拉伸的距离
指定拉伸的倾斜角度 <0>: 5                    //指定拉伸的锥角
```

结果如图 14-13 右上图所示。

选择要拉伸的实体表面后，AutoCAD 提示 "指定拉伸高度或 [路径(P)]:"，各选项功能如下。

- 指定拉伸高度：输入拉伸距离及锥角来拉伸面。对于每个面规定其外法线方向是正方向，当输入的拉伸距离是正值时，面将沿其外法线方向移动，否则将向相反方向移动。在指定拉伸距离后，AutoCAD 会提示输入锥角，若输入正的锥角值，则将使面向实体内部锥化，否则将使面向实体外部锥化，如图 14-14 所示。

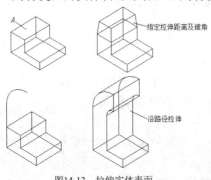

图14-13 拉伸实体表面

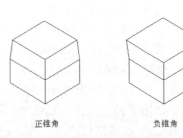

图14-14 拉伸并锥化面

> **要点提示** 如果用户指定的拉伸距离及锥角都较大，可能使面在到达指定的高度前已缩小成为一个点，这时 AutoCAD 将提示拉伸操作失败。

- 路径：沿着一条指定的路径拉伸实体表面。拉伸路径可以是直线、圆弧、多段线及 2D 样条线等，作为路径的对象不能与要拉伸的表面共面，也应避免路径曲线的某些局部区域有较高的曲率，否则可能使新形成的实体在路径曲率较高处出现自相交的情况，从而导致拉伸失败。

拉伸路径的一个端点一般应在要拉伸的面内，如果不是这样，AutoCAD 将把路径移动到面轮廓的中心。拉伸面时，面从初始位置开始沿路径运动，直至路径终点结束，在终点位置，被拉伸的面与路径是垂直的。

如果拉伸的路径是 2D 样条曲线，拉伸完成后，在路径起始点和终止点处，被拉伸的面都将与路径垂直。若路径中相邻两条直线是非平滑过渡的，则 AutoCAD 沿着每一直线拉伸面后，将把相邻两段实体缝合在其交角的平分处。

> **要点提示** 用户可用 PEDIT 命令的"合并(J)"选项将当前 UCS 平面内的连续几段线条连接成多段线，这样就可以将其定义为拉伸路径了。

14.10.2 移动面

用户可以通过移动面来修改实体的尺寸或改变某些特征（如孔、槽等）的位置。如图 14-15 所示，将实体的顶面 A 向上移动，并把孔 B 移动到新的地方。用户可以通过对象捕捉或输入位移值的方式来精确地调整面的位置，AutoCAD 在移动面的过程中将保持面的法线方向不变。

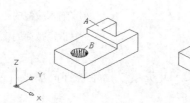

图14-15　移动面

【练习14-10】：移动面。

打开附盘文件"14-10.dwg"，利用 SOLIDEDIT 命令移动实体表面。

单击【实体编辑】工具栏上的 按钮，AutoCAD 主要提示如下。

```
命令: _solidedit
选择面或 [放弃(U)/删除(R)]: 找到一个面     //选择孔的表面 B，如图 14-15 左图所示
选择面或 [放弃(U)/删除(R)/全部(ALL)]:        //按 Enter 键
指定基点或位移: 0,70,0                        //输入沿坐标轴移动的距离
指定位移的第二点:                            //按 Enter 键
```

结果如图 14-15 右图所示。

如果指定了两点，AutoCAD 就会根据两点定义的矢量来确定移动的距离和方向。若在提示"指定基点或位移:"时，输入一个点的坐标，当提示"指定位移的第二点:"时，按 Enter 键，AutoCAD 就会根据输入的坐标值把选定的面沿着面法线方向移动。

14.10.3 偏移面

对于三维实体，用户可通过偏移面来改变实体及孔、槽等特征的大小。进行偏移操作时，用户可以直接输入数值或拾取两点来指定偏移的距离，随后 AutoCAD 根据偏移距离沿表面的法线方向移动面。如图 14-16 所示，把顶面 A 向下偏移，再将孔的表面向外偏移。输入正的偏移距离，将使表面向其外法线方向移动，否则被编辑的面将向相反的方向移动。

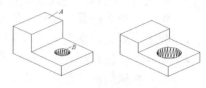

图14-16　偏移面

【练习14-11】：　偏移面。

打开附盘文件 "14-11.dwg"，利用 SOLIDEDIT 命令偏移实体表面。

单击【实体编辑】工具栏上的 按钮，AutoCAD 主要提示如下。

```
命令: _solidedit
选择面或 [放弃(U)/删除(R)]: 找到一个面。 //选择圆孔表面 B, 如图 14-16 左图所示
选择面或 [放弃(U)/删除(R)/全部(ALL)]:         //按 Enter 键
指定偏移距离: -20                            //输入偏移距离
```

结果如图 14-16 右图所示。

14.10.4 旋转面

通过旋转实体的表面就可改变面的倾斜角度，或将一些结构特征（如孔、槽等）旋转到新的方位。如图 14-17 所示，将面 A 的倾斜角修改为 120°，并把槽旋转 90°。

在旋转面时，用户可通过拾取两点、选择某条直线或设定旋转轴平行于坐标轴等方法来指定旋转轴，另外，还应注意确定旋转轴的正方向。

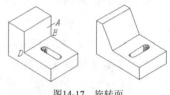

图14-17　旋转面

【练习14-12】：　旋转面。

打开附盘文件 "14-12.dwg"，利用 SOLIDEDIT 命令旋转实体表面。

单击【实体编辑】工具栏上的 按钮，AutoCAD 主要提示如下。

```
命令: _solidedit
选择面或 [放弃(U)/删除(R)]: 找到一个面。 //选择表面 A
选择面或 [放弃(U)/删除(R)/全部(ALL)]:  //按 Enter 键
指定轴点或 [经过对象的轴(A)/视图(V)/X 轴(X)/Y 轴(Y)/Z 轴(Z)] <两点>:
                                //捕捉旋转轴上的第一点 D, 如图 14-17 左图所示
在旋转轴上指定第二个点:              //捕捉旋转轴上的第二点 E
指定旋转角度或 [参照(R)]: -30        //输入旋转角度
```

结果如图 14-17 右图所示。

选择要旋转的实体表面后，AutoCAD 提示 "指定轴点或 [经过对象的轴(A)/视图(V)/X 轴(X)/Y 轴(Y)/Z 轴(Z)] <两点>:"，各选项功能如下。

- 两点：指定两点来确定旋转轴，轴的正方向是由第一个选择点指向第二个选择点。
- 经过对象的轴：通过图形对象来定义旋转轴。若选择直线，则所选直线就是旋转轴。若选择圆或圆弧，则旋转轴通过圆心且垂直于圆或圆弧所在的平面。
- 视图：旋转轴垂直于当前视图，并通过拾取点。
- X 轴、Y 轴、Z 轴：旋转轴平行于 x、y 或 z 轴，并通过拾取点。旋转轴的正方向与坐标轴的正方向一致。
- 指定旋转角度：输入正的或负的旋转角。旋转角的正方向由右手螺旋法则确定。
- 参照：该选项允许用户指定旋转的起始参考角和终止参考角，这两个角度的差值就是实际的旋转角，此选项常用来使表面从当前位置旋转到另一指定位置。

14.10.5 锥化面

用户可以沿指定的矢量方向使实体表面产生锥度。如图 14-18 所示，选择圆柱表面 A 使其沿矢量 EF 方向锥化，结果圆柱面变为圆锥面。如果选择实体的某一平面进行锥化操作，则将使该平面倾斜一个角度，如图 14-18 所示。

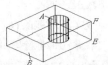

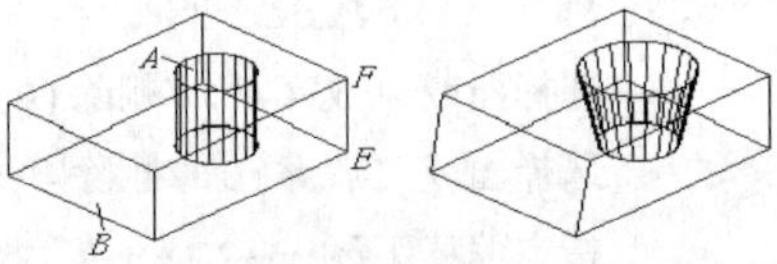

图14-18 锥化面

进行面的锥化操作时，其倾斜方向由锥角的正负号及定义矢量时的基点决定。若输入正的锥度值，则将已定义的矢量绕基点向实体内部倾斜，否则向实体外部倾斜。矢量的倾斜方式表明了被编辑表面的倾斜方式。

【练习14-13】： 锥化面。

打开附盘文件 "14-13.dwg"，利用 SOLIDEDIT 命令使实体表面锥化。

单击【实体编辑】工具栏上的 按钮，AutoCAD 主要提示如下。

选择面或 [放弃(U)/删除(R)]：找到一个面。　　　 //选择圆柱面 A，如图 14-18 左图所示

选择面或 [放弃(U)/删除(R)/全部(ALL)]：找到一个面 //选择平面 B

选择面或 [放弃(U)/删除(R)/全部(ALL)]：　　　　 //按 Enter 键

指定基点：　　　　　　　　　　　　　　　　　 //捕捉端点 E

指定沿倾斜轴的另一个点：　　　　　　　　　 //捕捉端点 F

指定倾斜角度：10　　　　　　　　　　　　　 //输入倾斜角度

结果如图 14-18 右图所示。

14.10.6 复制面

利用 按钮可以将实体的表面复制成新的图形对象，该对象是面域或体。如图 14-19 所示，复制圆柱的顶面及侧面，生成的新对象 A 是面域，对象 B 是曲面。复制实体表面的操作过程与移动面类似。

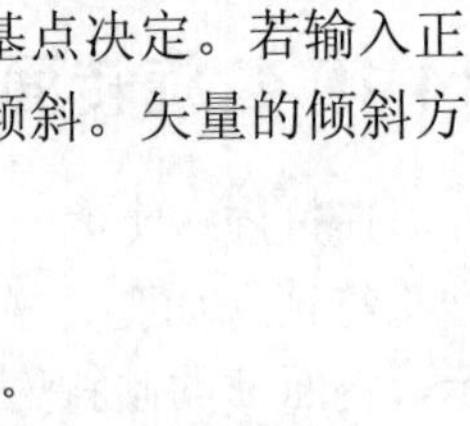

要点提示 若把实体表面复制成面域，就可拉伸面域形成新的实体。

图14-19 复制表面

14.10.7 删除面及改变面的颜色

用户可删除实体表面及改变面的颜色。

- 按钮：删除实体上的表面，包括倒圆角和倒斜角时形成的面。
- 按钮：将实体的某个面修改为特殊的颜色，以增强着色效果。

14.10.8 编辑实心体的棱边

对于实心体模型，用户可以复制其棱边或改变某一棱边的颜色。

- 按钮：把实心体的棱边复制成直线、圆、圆弧及样条线等。如图 14-20 所示，将实体的棱边 A 复制成圆，复制棱边时，操作方法与常用的 COPY 命令类似。
- 按钮：利用此按钮用户可以改变棱边的颜色。将棱边改变为特殊的颜色后，就能增强着色效果。

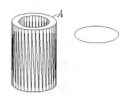

图14-20 复制棱边

通过复制棱边的功能，用户就能获得实体的结构特征信息（如孔、槽等特征的轮廓线框），然后可利用这些信息生成新实体。

14.10.9 抽壳

用户可以利用抽壳的方法将一个实心体模型创建成一个空心的薄壳体。在使用抽壳功能时，用户要先指定壳体的厚度，然后 AutoCAD 把现有的实体表面偏移指定的厚度值以形成新的表面，这样，原来的实体就变为一个薄壳体。如果指定正的厚度值，AutoCAD 就会在实体内部创建新面，否则将在实体的外部创建新面。另外，在抽壳操作过程中还能将实体的某些面去除，以形成薄壳体的开口，图 14-21 所示是把实体进行抽壳并去除顶面的结果。

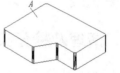

图14-21 抽壳

【练习14-14】： 抽壳。

打开附盘文件"14-14.dwg"，利用 SOLIDEDIT 命令创建一个薄壳体。

单击【实体编辑】工具栏上的 按钮，AutoCAD 主要提示如下。

```
选择三维实体：                        //选择要抽壳的对象
删除面或 [放弃(U)/添加(A)/全部(ALL)]：找到一个面，已删除 1 个
                                      //选择要删除的表面 A，如图 14-21 左图所示
删除面或 [放弃(U)/添加(A)/全部(ALL)]：//按 Enter 键
输入抽壳偏移距离：10                   //输入壳体厚度
```

结果如图 14-21 右图所示。

14.10.10 压印

压印（Imprint）可以把圆、直线、多段线、样条曲线、面域和实心体等对象压印到三维实体上，使其成为实体的一部分。用户必须使被压印的几何对象在实体表面内或与实体表面相

交，压印操作才能成功。压印时，AutoCAD 将创建新的表面，该表面以被压印的几何图形及实体的棱边作为边界，用户可以对生成的新面进行拉伸、复制、锥化等操作。如图 14-22 所示，将圆压印在实体上，并将新生成的面向上拉伸。

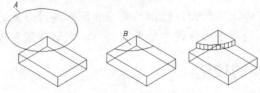

图14-22　压印

【练习14-15】： 压印。

1. 打开附盘文件 "14-15.dwg"。

2. 单击【实体编辑】工具栏上的 ⬦ 按钮，AutoCAD 主要提示如下。

选择三维实体：	//选择实体模型
选择要压印的对象：	//选择圆 A，如图 14-22 左图所示
是否删除源对象 [是(Y)/否(N)] <N>: y	//删除圆 A
选择要压印的对象：	//按 Enter 键结束命令

结果如图 14-22 中图所示。

3. 再单击 🗐 按钮，AutoCAD 主要提示如下。

选择面或 [放弃(U)/删除(R)]: 找到一个面。	//选择表面 B
选择面或 [放弃(U)/删除(R)/全部(ALL)]:	//按 Enter 键
指定拉伸高度或 [路径(P)]: 10	//输入拉伸高度
指定拉伸的倾斜角度 <0>:	//按 Enter 键结束命令

结果如图 14-22 右图所示。

14.10.11 拆分、清理及检查实体

AutoCAD 的体编辑功能中提供了拆分不连续实体及清除实体中多余对象的选项。

- 🔲🔲 按钮：将体积不连续的完整实体分成几个相互独立的三维实体。例如，在进行 "差" 类型的布尔运算时，常常将一个实体变成不连续的几块，但此时这几块实体仍是一个单一实体，利用此按钮就可以把不连续的实体分割成几个单独的实体块。
- 🏛 按钮：在对实体执行各种编辑操作后，用户可能得到奇怪的新实体，单击此按钮可将实体中多余的棱边、顶点等对象去除。
- 🗗 按钮：校验实体对象是否是有效的三维实体，从而保证对其编辑时不会出现 ACIS 错误信息。

14.11 利用 "选择并拖动" 方式创建及修改实体

PRESSPULL 命令允许用户以 "选择并拖动" 的方式创建或修改实体，启动该命令后，选择一平面封闭区域，然后移动鼠标光标或输入距离值即可。

PRESSPULL 命令能操作的对象如下：

- 面域、圆、椭圆及闭合多段线；
- 由直线、曲线等对象围成的闭合区域；
- 实体表面和压印操作产生的面。

14.12　实体建模综合练习

【练习14-16】：　绘制如图 14-23 所示组合体的实体模型。

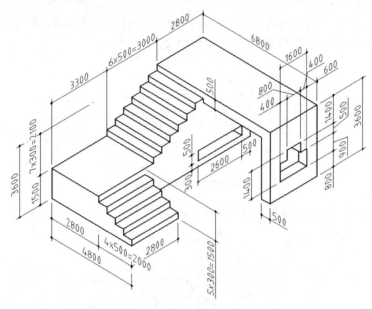

图14-23　创建实体模型（1）

请读者先观看附盘动画文件"14-16.avi"，然后跟随以下操作步骤练习。

1. 创建一个新图形文件。
2. 选取菜单命令【视图】/【三维视图】/【东南等轴测】，切换到东南轴测视图。将坐标系绕 x 轴旋转 90°，在 xy 平面内画二维图形，再把此图形创建成面域，如图 14-24 左图所示，拉伸面域形成立体，如图 14-24 右图所示。
3. 将坐标系绕 y 轴旋转 90°，在 xy 平面内画二维图形，再把此图形创建成面域，如图 14-25 左图所示，拉伸面域形成立体，如图 14-25 右图所示。

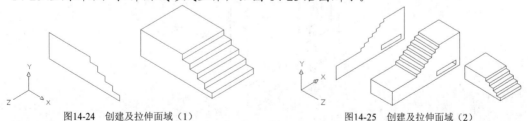

图14-24　创建及拉伸面域（1）　　　　　　　图14-25　创建及拉伸面域（2）

4. 用 MOVE 命令把新建立体移动到正确位置，将坐标系绕 y 轴旋转-90°，在 xy 平面内画二维图形，再把此图形创建成面域，如图 14-26 左图所示，拉伸面域形成立体，如图 14-26 右图所示。
5. 用 MOVE 命令将新建立体移动到正确位置，然后对所有立体执行"并"运算，如图 14-27

所示。

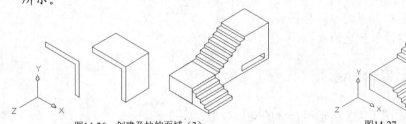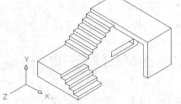

图14-26 创建及拉伸面域（3） 图14-27 执行"并"运算

6. 利用 3 点创建新坐标系，然后在 *xy* 面内绘制平面图形，如图 14-28 左图所示，再利用编辑实体表面的功能形成模型中的孔，如图 14-28 右图所示。

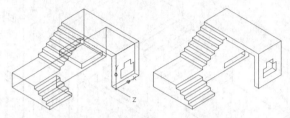

图14-28 利用编辑实体表面的功能形成孔

【练习14-17】： 绘制如图 14-29 所示组合体的实体模型。

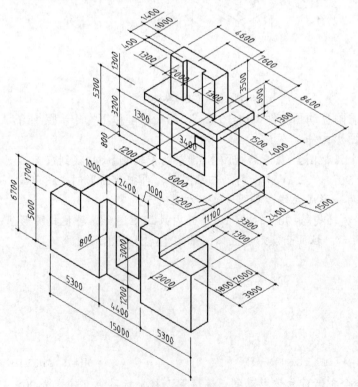

图14-29 创建实体模型（2）

主要作图步骤如图 14-30 所示，详细绘图过程请参见附盘动画文件"14-17.avi"。

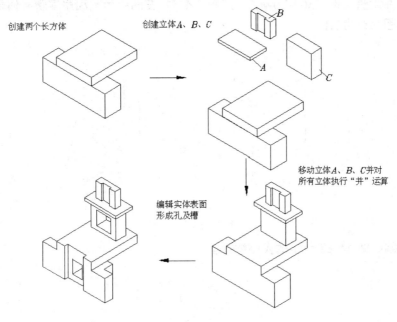

创建两个长方体

创建立体A、B、C

移动立体A、B、C并对
所有立体执行"并"运算

编辑实体表面
形成孔及槽

图14-30 主要建模过程

14.13 小结

本章介绍了有关 3D 对象阵列、旋转、镜像及对齐等编辑命令，并介绍了如何编辑实心体的表面、棱边及体。

AutoCAD 提供了专门用于编辑 3D 对象的命令，如 3DARRAY、3DROTATE、MIRROR3D、3DALIGN 和 SOLIDEDIT 等，其中前 4 个命令是用于改变 3D 模型的位置及在三维空间中复制对象，而 SOLIDEIT 命令包含了编辑实心体模型面、边、体的功能，该命令的面编辑功能使用户可以对实体表面进行拉伸、偏移、锥化及旋转等操作，边编辑选项允许用户复制棱边及改变棱边的颜色，体编辑功能允许用户将几何对象压印在实体上或对实体进行拆分、抽壳等处理。

14.14 习题

一、思考题

(1) ARRAY、ROTATE 及 MIRROR 命令的操作结果与当前的 UCS 坐标有关吗？

(2) 使用 ROTATE3D 命令时，如果拾取两点来指定旋转轴，则旋转轴的正方向应如何确定？

(3) 进行三维镜像时，定义镜像平面的方法有哪些？

(4) 拉伸实心体表面时，可以输入负的拉伸距离吗？若指定了拉伸锥角，则正、负锥角的拉伸结果将是怎样的？

(5) 在三维建模过程中，拉伸、移动及偏移实体表面各有何作用？

(6) AutoCAD 的压印功能在三维建模中有何作用？

二、 打开附盘文件"xt-10.dwg",如图 14-31 左图所示,利用编辑实体表面的功能将左图修改为右图

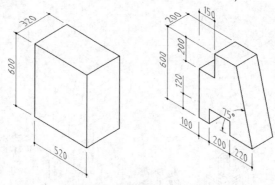

图14-31 编辑实体表面

三、 绘制如图 14-32 所示的实心体模型

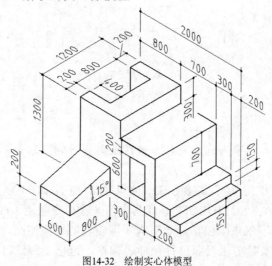

图14-32 绘制实心体模型

第15章 渲染模型

三维实体的显示方式有三维线框图、三维消隐图、着色图和渲染图 4 种，其中渲染图最具真实感，能清晰地反映产品的结构形状。用户只需一条简单的 RENDER 命令就能创建渲染图，模型经渲染处理后，其表面就会显示出明暗色彩和光照效果，因而形成了非常逼真的图像，此时，它仍然保持 3D 对象的特性，读者可以调整视点，以便从不同的方向观察它。

AutoCAD 提供了很强的渲染功能，用户能在模型中添加多种类型的光源，如模拟太阳光或在室内设置一盏灯，也可给三维模型附加材质特性，如钢、塑料、玻璃等，并能在场景中加入背景图片及各种风景实体（树木、人物等），此外还可把渲染图像以多种文件格式输出。

本章将介绍有关渲染处理的基本概念，并通过实例演示如何对 3D 模型进行渲染。

15.1 创建渲染图像的过程

创建渲染图像的一般过程是添加光源，设定光源特性，给模型附着材质，指定渲染背景，最后设置渲染器并渲染模型。下面通过实例演示这一过程。

15.1.1 添加光源

给模型添加点光源，点光源的特性类似于普通照明使用的"灯泡"。

【练习15-1】： 创建渲染图像。

添加点光源

1. 打开附盘文件 "15-1.dwg"。
2. 选取菜单命令【工具】/【选项板】/【面板】，打开三维建模【面板】，展开光源控制台，单击该控制台上的 ❻ 按钮，AutoCAD 提示 "指定源位置"，捕捉 A 点，如图 15-1 所示，按 Enter 键结束命令。

图15-1　指定光源位置

> **要点提示** 用户可以使用 MOVE 及 COPY 命令移动和复制光源。

3. 修改光源特性。单击光源控制台上的 ▦ 按钮，打开【模型中的光源】对话框，在该对话框中选取【点光源 1】，单击鼠标右键，选取【特性】选项，打开【特性】对话框，如图 15-2 所示。在【强度因子】文本框中设定光强的比例因子为 "0.8"，在【颜色】下拉列表中设定光源的颜色为【黄】。

图15-2　【特性】对话框

15.1.2 打开阴影

在真实世界中光线照射物体会投射阴影，使用 AutoCAD 的渲染功能也能形成光照阴影。

打开光源阴影

继续前面的练习，在视口中选中点光源图标，单击鼠标右键，选取【特性】选项，打开【特性】对话框，在该对话框的【阴影】下拉列表中选取【开】选项。

15.1.3 指定材质

通过【材质】管理器或【材质】选项板组给对象附着材质，如给对象分配金属、木材、织物或混凝土等材质。【材质】管理器可以显示出材质的属性信息，用户可利用该管理器修改或新建材质。材质控制台一般与【材质】选项板组相关联，单击材质控制台图标时，【材质】选项板组会自动打开，若没有打开，可用鼠标右键单击材质控制台图标，在弹出的快捷菜单中选取【工具选项板组】/【材质】选项，然后单击控制台图标即可。

为对象指定材质

1. 接上例，单击材质控制台图标，打开【材质】选项板组，切换到【门和窗】选项板，如图 15-3 所示。

2. 单击选项板上的【门-窗.玻璃镶嵌.玻璃.透明】材质，AutoCAD 提示"选择对象"，选择玻璃瓶模型，则模型附着了该种材质。

3. 在材质控制台上按住 按钮向下移动鼠标光标，选择 按钮，视口中将显示出材质的效果。

4. 修改材质特性。单击材质控制台上的 按钮，打开【材质】管理器，如图 15-4 所示。该管理器上部显示了材质的样例，带黄色边框的材质是当前材质，下部显示了材质属性，向右拖动【不透明度】滑块，使【不透明度】值为 6。

图15-3 【门和窗】选项板

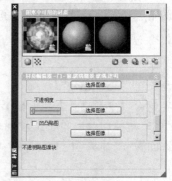

图15-4 【材质】管理器

5. 单击 按钮，将已修改的【门-窗.玻璃镶嵌.玻璃.透明】材质重新指定给玻璃瓶。

15.1.4 设定背景

背景可以是一种颜色、渐变色或一幅图像，下面设定模型的背景颜色。

设置背景

1. 接上例，打开三维导航控制台上的【视图控制】下拉列表，选取【新建视图】选项，打开【新建视图】对话框，在【视图名称】文本框中输入视图名称"背景"，如图 15-5 所示。

2. 选取【新建视图】对话框下部的【替代默认背景】复选项，弹出【背景】对话框，如图 15-6 所示，单击【颜色】选项，设定背景颜色为白色。对话框上部的下拉列表中还包括【图像】和【渐变色】选项，用于将视口背景设置为图像或渐变色形式。

图15-5 【新建视图】对话框   图15-6 【背景】对话框

3. 打开三维导航控制台上的【视图控制】下拉列表，选取【背景】选项，使【背景】视图成为当前视图。

15.1.5 渲染场景

前面已在三维场景中加入了光源、背景并给模型附着了材质，下面渲染场景以形成具有真实感的图像。

形成渲染图像

1. 接上例，在渲染控制台的【渲染设置】下拉列表中指定渲染质量为【草稿】，展开渲染控制台，在【输出尺寸】下拉列表中设定输出图像的分辨率为【800×600】，如图 15-7 所示。

2. 单击 按钮，渲染三维模型。在【渲染设置】下拉列表中指定渲染质量为【中】，再次渲染模型，结果如图 15-8 所示。

图15-7 指定渲染质量及设置分辨率

图15-8 渲染三维模型

15.2 创建及设置光源

正确地设置光源对创建逼真的渲染图像非常重要，AutoCAD 的光源类型有以下几种。

- 默认光源。

默认光源是两个平行光源，视口中模型的所有表面均被其照亮，用户可以控制默认光源的亮度和对比度。只有关闭默认光源，用户创建的光源和太阳光才有效。

在光源控制台上单击 💡 按钮切换到默认光源模式，按钮变为 🔆 ，再次单击该按钮，切换到用户光源及太阳光模式。

- 太阳光。

AutoCAD 为模型提供了太阳光，当设定模型的地理位置及日期和时间后，太阳光的角度就确定了。用户可以打开或关闭太阳光，还可以修改太阳光的强度和颜色。

- 用户创建的光源。

用户可创建的光源种类有点光源、聚光灯和平行光。用户可调整光源的位置及光线照射的方向，还能修改光源的属性，如光强、颜色以及打开或关闭光源。

AutoCAD 将点光源及聚光灯光源用图标表示出来，单击光源控制台上的 🔆 按钮，将关闭光源图标，再次单击该按钮，光源图标又会显示出来。

光源控制台集成了创建及编辑光源特性的工具按钮和控件，如图 15-9 所示，这些按钮及控件的功能参见表 15-1。

图15-9 光源控制台

表 15-1 工具按钮及控件的功能

按钮及控件	功 能
💡	切换到用户光源或默认光源
⚙	打开或关闭太阳光
📋	打开【模型中的光源】对话框，该对话框列出了模型中所有的用户光源
▦ 2007-1-7	拖动滑块或在滑动条上单击以改变日期
⊙ 4:35	拖动滑块或在滑动条上单击以改变时间
💡	创建点光源
🔦	创建聚光灯光源
✳	创建平行光
⚫	设定模型所在的地理位置
⚙	显示或关闭光源图形
📷	打开【阳光特性】对话框，利用该对话框编辑阳光的特性
💡 0	拖动滑块或在滑动条上单击以改变场景亮度
◑ 0	拖动滑块或在滑动条上单击以调整场景对比度

15.2.1　太阳光

AutoCAD 提供的太阳光可模拟阳光照射的效果，该光源沿某个方向发出均匀的平行光线，这些光线从光源位置向两侧无限扩展。阳光照射的角度由日期、时间及模型所处的地理位置决定。用户设定这些参数后，AutoCAD 就能自动算出太阳的位置，从而确定光线的方向。

在建筑设计中，太阳光特别有用，设计师在建筑模型中设置此种光源，并在渲染时打开阴影选项，这样就能获得太阳照射建筑物并投射阴影的效果，因而可以很方便地查看新建项目遮挡邻近建筑的情况。

【练习15-2】：打开太阳光，设定日期、时间及模型所处的地理位置。

1. 打开附盘文件 "15-2.dwg"。
2. 添加太阳光，指定日期和时间。单击光源控制台上的 ※ 按钮，打开太阳光，再单击 ▤ 按钮，打开【阳光特性】对话框，如图 15-10 所示。在【日期】栏中设定日期为【2006-10-21】，在【时间】下拉列表中设定时间为【14:30】，也可通过光源控制台上的日期及时间滑块进行调整。
3. 确定模型所处的地理位置。单击 ◉ 按钮，打开【地理位置】对话框，如图 15-11 所示。在【地区】下拉列表中选取【亚洲】，在【最近的城市】下拉列表中选取【北京，中国】，【时区】下拉列表自动显示指定城市的时区。

图15-10　【阳光特性】对话框

图15-11　【地理位置】对话框

4. 设定正北方向。缺省情况下，正北方向与世界坐标系的 y 轴指向一致。用户可在【地理位置】对话框【北向】分组框的【角度】文本框中输入正北方向与 y 轴的夹角，与此同时，预览图片中将显示正北方向的指向。
5. 在渲染控制台的【渲染设置】下拉列表中选取【中】选项，单击 ▦ 按钮，渲染模型，结果如图 15-12 所示。
6. 关闭阳光阴影。单击光源控制台上的 ▤ 按钮，打开【阳光特性】对话框，在【阴影】下拉列表中选取【关】选项，在【强度因子】文本框中输入光强的比例因子为 "0.8"，重新渲染模型，图像变得较暗且不显示出阳光的阴影，如图 15-13 所示。

图15-12　渲染结果（1）

图15-13　渲染结果（2）

15.2.2　点光源及聚光灯光源

AutoCAD 在视口中将点光源及聚光灯光源用图标表示出来，这两种光源的特性如下。

- 点光源：点光源从其所在位置处向四周发射光线，如图 15-14 左图所示。用户可以控制光的强度，使其随距离的增加而衰减，它可用来模拟灯泡发出的光。
- 聚光灯光源：按设定的方向发出圆锥形光束，如图 15-14 右图所示。圆锥光束有聚光角和衰减角，调整这两个角度就改变了锥形光束的大小，同时光照区域也随之变化。与点光源类似，用户可以使聚光灯的光强随距离增加而衰减。

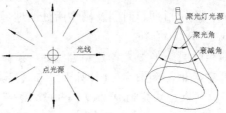

图15-14　点光源及聚光灯光源

【练习15-3】：　创建点光源及聚光灯光源。

1. 打开附盘文件 "15-3.dwg"。
2. 创建点光源。单击光源控制台上的 按钮，AutoCAD 提示 "指定源位置"，捕捉 *A* 点，如图 15-15 所示，按 Enter 键结束。
3. 创建聚光灯光源。单击光源控制台上的 按钮，AutoCAD 提示 "指定源位置"，捕捉 *B* 点，如图 15-15 所示，AutoCAD 继续提示 "指定目标位置"，捕捉 *C* 点，按 Enter 键结束。

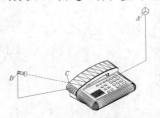

图15-15　创建点光源及聚光灯光源

4. 修改光源特性。单击光源控制台上的 按钮，打开【模型中的光源】对话框，该对话框列出了已创建的点光源及聚光灯光源，如图 15-16 所示。选取【点光源 1】，单击鼠标右键，弹出快捷菜单，选取【特性】选项，打开【特性】对话框，如图 15-17 所示。在【强度因子】文本框中设定光强比例因子为 "0.8"，在【阴影】下拉列表中选取【开】选项。

图15-16　【模型中的光源】对话框

图15-17　【特性】对话框

5. 用同样的方法将聚光灯光源的【聚光角】和【衰减角度】分别设置为 "20" 及 "50"，并打开光源阴影。

要点提示 在视口中选中聚光灯，出现关键点，利用关键点也可调整聚光角及衰减角度的大小。

6. 在渲染控制台的【渲染设置】下拉列表中设定渲染质量为【中】，在输出尺寸下拉列表中设定图像分辨率为【800×600】，单击 ✦ 按钮，渲染模型，结果如图 15-18 所示。

图15-18　渲染结果

15.2.3　平行光

平行光是沿某一方向照射的平行光线，光线方向可通过两点指定。平行光强度不随距离增加而衰减，对于每个被照射的面，其亮度都与光源处相同，一般可采用平行光照亮场景中的所有对象及背景。AutoCAD 没有为平行光光源提供图标。

15.2.4　光线阴影

要产生阴影，首先要打开光源的阴影功能，在视口或【模型中的光源】对话框（单击 ▦ 按钮）中选中光源，单击鼠标右键，选取【特性】选项，打开【特性】对话框，在该对话框中设定【阴影】选项为【开】，即可打开光线阴影。AutoCAD 能产生下列两种形式的阴影。

- 阴影贴图。
  渲染器根据设定的贴图尺寸产生阴影贴图，其大小从 64×64 像素到 4096×4096 像素，阴影贴图越大，其精度越高。这种形式的阴影边界柔和且较模糊，用户能调节边界的柔和度。此外，阴影贴图的颜色还不受透明或半透明对象颜色的影响。
  阴影贴图尺寸通过光源的【特性】对话框进行设置，在该对话框中的【渲染着色细节】区域中设定【类型】选项为【柔和】，然后在【贴图尺寸】下拉列表中指定贴图的大小，如图 15-19 所示。
- 光线跟踪阴影。
  渲染器根据光线路径来产生阴影，阴影具有清晰的实边缘，其颜色受透明或半透明对象颜色的影响。与阴影贴图相比，光线跟踪阴影更加精确，但耗费的计算时间也较多。

在【高级渲染设置】对话框中可指定要生成的阴影形式。展开渲染控制台，单击控制台上的 ▦ 按钮，打开该对话框，如图 15-20 所示。在该对话框中，若设定【阴影贴图】选项为【开】，则渲染时生成阴影贴图；否则生成光线跟踪阴影（【光线跟踪】对应的 ▯ 按钮必须按下）。

图15-19　设定贴图大小

图15-20　【高级渲染设置】对话框

15.3　将材质及纹理应用于对象

3D 对象都是由具体材料构成的，要获得具有良好真实感的渲染图像，就要给模型分配材质，合适的材质在渲染处理中起着重要作用，对渲染效果有很大影响。

材质的纹理，如木纹、地面瓷砖、墙纸和岩石表面等，可通过材质贴图实现。贴图是二维图像文件，将它们与材质结合在一起，投射到实体表面，就可形成纹理、凹凸及反射等效果。因此，利用贴图可有效地扩展材质属性。

给模型附着材质、修改材质及调整贴图形式都可通过材质控制台完成，如图 15-21 所示。单击控制台左边的图标可展开或收缩控制台，同时打开【材质】选项板组。若没有弹出此选项板组，可用鼠标右键单击材质控制台，然后指定与控制台关联的选项板组——【材质】选项板组。

图15-21　材质控制台

控制台中各按钮功能参见表 15-2。

表 15-2　　　　　　　　　　　工具按钮的功能

按　钮	功　能
	设定是否在视口中显示材质及纹理
	调整贴图的形式，可指定平面贴图、长方体贴图、球面贴图或柱面贴图等形式
	根据图层附着材质
	单击此按钮，打开【材质】管理器，利用该管理器可附着材质及修改材质属性
	复制贴图形式，将平面贴图、长方体贴图等形式复制给其他对象
	恢复默认的贴图形式

15.3.1　附着及修改材质

用户可以给三维对象及其表面应用材质，操作时直接选择要附着材质的对象或通过图层指定对象。

【练习15-4】：附着材质，修改材质属性。

1. 打开附盘文件 "15-4.dwg"。
2. 单击材质控制台图标，弹出【材质】选项板组，切换到【金属–材质样例】选项板，如图 15-22 所示。

3. 单击选项板上的第一种材料，AutoCAD 提示 "选择对象:"，选择实体模型。

修改材质属性。单击材质控制台上的 🔲 按钮，打开【材质】管理器，如图 15-23 所示。该管理器上部区域中显示了当前图形中所有材质的样例，刚才指定给模型的材质目前处于选中状态，对应样例图片的边框是黄色的。管理器下部显示了材质的各种属性。下面完成以下操作，改变材质属性。

- 单击【漫射】选项后面的漫射颜色，设定漫反射颜色为 RGB 色 "160,160,160"。
- 拖动【反光度】滑块，设定反光度值为 15。
- 取消对【漫射贴图】复选项的选取。
- 单击 🔲 按钮，将修改的材质重新分配给实体模型。

图15-22　【材质】选项板组

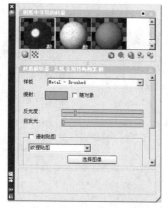

图15-23　【材质】管理器

4. 在渲染控制台的【渲染设置】下拉列表中设定渲染质量为【中】，单击 🔲 按钮，渲染模型，结果如图 15-24 所示。

图15-24　渲染结果

【材质】管理器中常用按钮及主要选项的功能参见表 15-3。

表 15-3　　　　　　　　　　　　　　常用按钮及选项的功能

按钮及选项	功能
■	此按钮位于【材质】管理器右上角，单击它可切换样例显示模式
●	指定显示材质采用的几何体，如长方体、圆柱体等
✖	显示彩色背景图以帮助用户查看材质的不透明度
●	创建新材质
●	删除没有使用的材质

按钮及选项	功能
	更新正在使用的材质图标。图形中正在使用的材质其样例右下角有一个图标
	将选定的材质指定给对象或面
	将选定对象或面的材质删除
选择应用了材质的对象（材质样例快捷菜单）	显示出图形中附着了选定材质的所有对象
样板	通过此下拉列表设定或修改材质类型。指定材质类型后，【材质】管理器将显示与该类型材质对应的属性项目，如环境光、漫射、镜面和自发光等
漫射	设定漫反射色。光源照射材质时材质表现的主要颜色称为漫反射色，如图 15-25 所示
环境光	设定环境反射色。材质反射环境光的颜色常称为环境反射色，如图 15-25 所示
镜面	设定镜面反射色。光线照射材质时，亮显区域反射的颜色称为镜面反射色，如图 15-25 所示
反光度	控制亮显区域的大小，该值越高，亮显区越小，说明模型表面越光洁
折射率	设定半透明或透明材料的折射系数
半透明度	设定材料的半透明度。半透明值为 0 时，材料不透明，为 100 时，材料透明
自发光	使材质本身发光，光线不会投射到其他对象上，利用自发光属性可以模拟没有光源情况下的霓虹灯

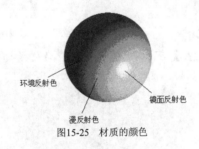

图15-25 材质的颜色

15.3.2 使用贴图

材质贴图是指三维对象表面投射的二维图像，如图 15-26 所示。材质属性一般包括漫反射色、环境反射色、反光度及透明度等，此外，用户还可利用贴图给材质增加其他一些属性，如表面纹理、浮雕效果、模拟光洁表面的反射等。

用户可使用的贴图包括以下几类。

* 漫射贴图：材质的漫反射将体现贴图的图案，图 15-26 左上图所示为墙体采用漫反射贴图的情况。
* 不透明贴图：控制表面透明或不透明区域。对于二维贴图，纯白色区域是不透明的，而纯黑区域则是透明的。若图像是彩色的，则透明程度以每种颜色的灰度值表示。
* 反射贴图：使用反射贴图模拟光洁表面的反射情况，它具有较高的分辨率。
* 凹凸贴图：凹凸贴图用于创建浮雕或凹凸不平的效果。图像中黑色区域表示凹下，浅色区域表示凸起。如果图像是彩色的，那么每种颜色的灰度值代表凹凸

的程度，如图 15-26 右下图所示。常将漫反射贴图与凹凸贴图配合起来使用，这样既有纹理效果，又有凹凸效果。图 15-26 右下图所示的地板就是这种情况。

图15-26 使用贴图

【练习15-5】：创建新材质及使用材质贴图。

1. 打开附盘文件 "15-5.dwg"。

2. 创建新材质。单击材质控制台上的 按钮，打开【材质】管理器，再单击 按钮，打开【创建新材质】对话框，在【名称】文本框中输入新材质的名称"砖墙"，如图 15-27 所示。

图15-27 【创建新材质】对话框

3. 在【材质】管理器中完成以下操作，设定材质属性。

   - 单击【漫射】选项后面的漫射颜色，设定漫反射颜色为 RGB 色 "202,150,129"。
   - 将【自发光】滑块拖动到滑动条中间的位置。
   - 在【漫射贴图】分组框中单击 选择图像 按钮，随后选取附盘文件"砖墙贴图.jpg"。

4. 单击 按钮，AutoCAD 提示"选择对象:"，按住 Ctrl 键选择实体表面 A。

5. 单击渲染控制台上的 按钮，渲染模型，结果如图 15-28 左图所示。

6. 在【材质】管理器的【漫射贴图】分组框中单击 按钮，打开【调整位图】对话框，如图 15-29 所示，选取【适合对象尺寸】单选项，然后重新渲染模型，结果如图 15-28 右图所示。

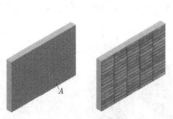

图15-28 渲染结果

图15-29 【调整位图】对话框

7. 给场景中的圆柱体附着新材质"砖墙"，然后渲染模型，结果如图 15-30 左图所示。

8. 由渲染图可以看出，二维贴图将圆柱体全部包裹起来。若想将图像只投影在柱体的圆柱面上，可通过改变投影方式实现。单击材质控制台上的▣按钮，将圆柱贴图方式指定给圆柱体，从而使贴图的放置形式适应圆柱的形状，渲染模型，结果如图 15-30 中图所示。

9. 进入【调整位图】对话框，在【U 平铺】文本框中输入数值"2"，再次渲染模型，结果如图 15-30 右图所示。由渲染图可以看出二维贴图在圆周方向重复的次数增加了 1 倍。

图15-30　渲染结果

用户可以通过【调整位图】对话框修改贴图的大小、偏移贴图或使贴图重复使用等。该对话框常用选项的功能如下。

- 【比例】：通过输入贴图的长宽尺寸调整贴图大小，从而使图像细节放大或缩小。选取该单选项，显示【单位】下拉列表，在该列表中指定要使用的单位，则列表下方出现【高度】文本框和【宽度】文本框，在这两个文本框中可输入位图的高度和宽度值。

- 【适合对象尺寸】：使贴图大小与实体表面的尺寸相一致。选取该单选项，显示【U 平铺】及【V 平铺】文本框，在这两个文本框中输入沿 U、V 方向重复的次数，字母 U、V 表示贴图沿两个正交方向的坐标，与 x、y 坐标类似。

- 【U 偏移】及【V 偏移】：输入贴图沿 U、V 方向的偏移值，该值是移动距离与贴图边长的百分比。

贴图是二维图像，当将它们投射到三维对象上时，对象的形状常常会引起图像的扭曲，此时，要调整贴图投射到三维对象的方式，使之适合对象的几何形状。在材质控制台上提供了设定投射方式的工具按钮，下面介绍这些按钮的功能。

- ◀按钮：平面贴图方式，如图 15-31 所示。将图像投射到对象上，就如同将幻灯片投影到平面上一样，图像不会失真，但会被缩放以适应对象。这种贴图常用于面。

- 圛按钮：长方体贴图方式，如图 15-31 所示。二维图像投射到长方体的每一个面上。

- ◉按钮：球面贴图方式，如图 15-31 所示。二维图像完全包裹住球体。

- 圛按钮：柱面贴图方式，如图 15-31 所示。二维图像包裹圆柱表面，图像在高度方向沿圆柱体轴线缩放。

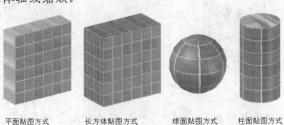

平面贴图方式　　　长方体贴图方式　　　球面贴图方式　　　柱面贴图方式

图15-31　调整贴图方式

15.4　设置模型背景

用户可将模型和二维图像放在一起进行渲染，这样就能生成模型的背景。例如，设置一张天空或风景图片作为三维模型的背景图。

【**练习15-6**】：给三维模型加入背景。

1. 打开附盘文件 "15-6.dwg"。
2. 创建一个命名的视图，给该视图添加背景图像。选择菜单命令【视图】/【命名视图】，打开【视图管理器】对话框，单击 新建(N)... 按钮，打开【新建视图】对话框，如图 15-32 所示，在【视图名称】文本框中输入新建视图的名称 "背景图像"。
3. 在对话框下部的【背景】分组框中选取【替代默认背景】复选项，弹出【背景】对话框，如图 15-33 所示。在【类型】下拉列表中选取【图像】选项，再单击 浏览... 按钮，选取附盘文件 "clouds.bmp"。

图15-32　【新建视图】对话框

图15-33　【背景】对话框

4. 单击 调整图像... 按钮，打开【调整背景图像】对话框，如图 15-34 所示，在【图像位置】下拉列表中选取【拉伸】选项，使背景图像充满整个视口。
5. 返回【视图管理器】对话框，单击 置为当前(C) 按钮，使【背景图像】视图成为当前视图。
6. 在渲染控制台的【渲染设置】下拉列表中设定渲染质量为【中】，单击 按钮，渲染模型，结果如图 15-35 所示。

图15-34　【调整背景图像】对话框

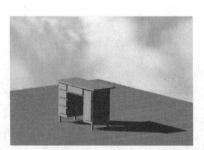

图15-35　渲染结果

15.5　雾化背景

通过给三维场景添加雾化效果，使近处的对象清晰，远处的对象模糊，这样就增加了场景的距离感，从而使渲染图像更逼真。用户可设定"雾"的颜色、雾化起点和终点的位置以及近处和远处雾的浓淡程度。

展开渲染控制台，单击控制台上的  按钮，打开【渲染环境】对话框，如图 15-36 所示，用户可在该对话框中对雾化效果进行设置。

图15-36　【渲染环境】对话框

15.6　创建逼真的渲染图像

渲染控制台如图 15-37 所示，通过该控制台用户可以很方便地调整各种渲染参数，从而获得所需的渲染效果。

图15-37　渲染控制台

渲染控制台面板上的工具按钮及控件的功能参见表 15-4。

表 15-4　　　　　　　　　　工具按钮及控件的功能

按钮及控件	功　能
	启动渲染命令
	利用矩形窗口设定要渲染的区域
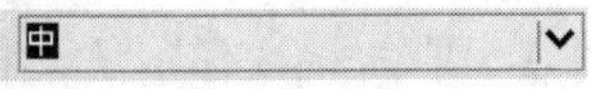 中	利用预定义渲染设置渲染模型。该下拉列表包含【草稿】、【低】、【中】、【高】及【演示】等选项，对应的渲染质量由低到高。此外，用户还可管理渲染预设，选择下拉列表中的【管理渲染预设】选项，打开【渲染预设管理器】对话框，利用该对话框可修改预设渲染参数或创建新的渲染预设
	显示渲染进程，单击 ✕ 按钮终止渲染
	设置雾化参数
	打开【高级渲染设置】对话框，用户在该对话框中可修改基本渲染参数或高级渲染参数
	打开【渲染】窗口，该窗口中显示了渲染图像、渲染历史条目及渲染参数等。选择以前的条目可查看先前创建的图像
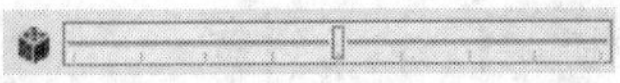	调整渲染图像质量。向右移动滑块，将提高采样率，获得更精确的图像
	单击 按钮，则 AutoCAD 在渲染模型后，自动将渲染图像存为文件。单击 ... 按钮，设定图像文件存储位置、文件名称及格式
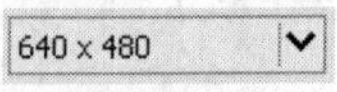 640 × 480	设置图像分辨率

15.6.1　设置渲染目标

默认情况下，AutoCAD 将渲染图形窗口中的所有对象。在创建渲染图像的初期，每调整一次渲染参数，就会将全部模型渲染一次，很耗费时间。此时，用户可单击渲染控制台上的 按钮，打开【高级渲染设置】对话框，如图 15-38 所示，在【渲染描述】区域的【过程】下拉列表中可设定渲染参数，使用户仅渲染模型的局部区域或某一对象。该列表有以下3 个选项。

- 【视图】：渲染图形窗口中的所有对象。
- 【修剪】：利用矩形窗口指定要渲染的区域。
- 【选定的】：渲染时，AutoCAD 提示用户选择要渲染的对象。

图15-38　【高级渲染设置】对话框

15.6.2　设置渲染图像分辨率

默认渲染图像分辨率为 640×480 像素，最高可设定为 4096×4096 像素。在渲染控制台上的【输出尺寸】下拉列表中指定图像分辨率或选取【指定输出尺寸】选项，若选后者，则打开【输出尺寸】对话框，如图 15-39 所示，利用该对话框用户可指定图像分辨率及宽高比。

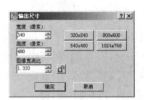

图15-39　【输出尺寸】对话框

15.6.3　消除渲染锯齿效果

有时，渲染模型后模型的斜边、曲线边及阴影边缘会出现不同程度的锯齿效果，影响渲染图像的质量。一般来讲，图像分辨率越高，锯齿形程度越小，但这样做会大大增加渲染时间。另一种减轻锯齿效果的方法是增大渲染器的采样率。

单击渲染控制台上的 按钮，打开【高级渲染设置】对话框，如图 15-40 所示。在【采样】区域的【最小样例数】和【最大样例数】下拉列表中可设定渲染器的最小和最大采样率，增加两者的值，将提高渲染质量，使模型边界平滑。

图15-40　【高级渲染设置】对话框

15.6.4 采用光线跟踪阴影

AutoCAD 能产生阴影贴图和光线跟踪阴影两种形式的阴影，详见 15.2.4 小节。阴影贴图边界比较柔和、模糊，而光线跟踪阴影比阴影贴图精确，阴影边界很清晰，一般形成光线跟踪阴影的时间要比形成阴影贴图的时间长。

单击渲染控制台上的  按钮，打开【高级渲染设置】对话框，如图 15-41 所示。在【阴影贴图】下拉列表中选取【关】选项，关闭阴影贴图，再按下【光线跟踪】旁边的 按钮，则渲染时将生成光线跟踪阴影。

图15-41 【高级渲染设置】对话框

【光线跟踪】区域包含以下 3 个选项。

- 【最大深度】：当光线反射和折射的总次数达到【最大深度】值时，光线追踪将停止。
- 【最大反射】：设定光线可以反射的次数。该值为 0 时，不发生反射。
- 【最大折射】：设定光线可以折射的次数。该值为 0 时，不发生折射。

15.7 模型渲染综合实例——渲染建筑物

前面几节介绍了在三维场景中添加光照、附着材质、形成阴影及加入背景的方法，下面给出一个渲染建筑物的练习，读者通过此练习可以综合演练所学的基础知识，掌握渲染三维模型的方法及技巧。

【练习15-7】： 渲染建筑物。

1. 打开附盘文件 "15-7.dwg"。
2. 在场景中设置 "太阳光"，指定时间是 8 月 16 日下午 14 点 30 分，地点在北京，阳光强度因子为 1.8。
3. 利用【材质】管理器创建 3 种材质，材质属性参见表 15-5。

表 15-5 新建材质的属性

名　称	样　板	漫　色	反光度	漫色贴图及强度	反射贴图及强度	凹凸贴图及强度
混凝土	Stone	244，188，169	缺省			
不锈钢	高级金属	缺省	缺省	不锈钢贴图，100	不锈钢贴图，80	
地面材料	Stone	114，107，101	缺省			长方块贴图,160

4. 在【调整位图】对话框中设定 "长方块贴图" 的使用方式为【适合对象尺寸】，再输入 "U"、"V" 方向的平铺数为 "10"。
5. 将【门和窗】选项板中的【玻璃镶嵌.玻璃.透明】材质复制到【材质】管理器中，将该材质名称修改为 "玻璃"，再将【不透明度】值改为 10。
6. 根据图层附着材质。

　　墙体　　　　　混凝土

雨篷	混凝土
柱	混凝土
楼梯	不锈钢
门框	不锈钢
楼梯玻璃	玻璃
窗户玻璃	玻璃
地面	地面材料

7. 修改"user-1"视图，给该视图加入背景图像，图像保存在附盘文件"Clouds.bmp"中。

8. 切换到"user-1"视图，并指定为透视投影模式。

9. 通过光源控制台的对比度滑块 ▭▭▭▭▭▭▭▭ -4 调整场景的对比度为-4。

10. 在渲染控制台的【渲染设置】下拉列表中设定渲染质量为【中】，再将采样率滑块 ▭▭▭▭▭▭▭▭ 的值调整为2，单击 ● 按钮，渲染模型，结果如图15-42所示。

11. 模拟建筑物的夜景。关闭太阳光，添加点光源及聚光灯光源，点光源强度因子为0.5，聚光灯光源强度因子为1.2，聚光角及衰减角分别为35°和40°。

12. 切换到东南等轴测视图，关闭除"光源位置"层以外的所有图层，只显示出确定光源位置的辅助线，利用这些辅助线放置7个点光源和5个聚光灯光源，点光源都位于线段的中点处，如图15-43所示。

13. 修改"user-1"视图，设定该视图的背景为某种颜色，RGB值为"104,102,94"。

14. 打开所有关闭的图层，切换到"user-1"视图，并指定为透视投影模式。

15. 通过光源控制台的对比度滑块 ▭▭▭▭▭▭▭▭ -2 调整场景的对比度为-2。

16. 在渲染控制台的【渲染设置】下拉列表中设定渲染质量为【中】，再将采样率滑块 ▭▭▭▭▭▭▭▭ 的值调整为2，单击 ● 按钮，渲染模型，结果如图15-44所示。

图15-42　渲染模型

图15-43　添加点光源及聚光灯光源

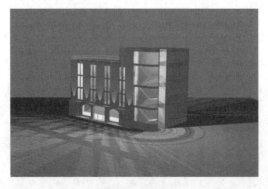

图15-44　渲染效果

15.8   小结

本章简要介绍了有关光源、阴影及材质等的基本概念，并通过对三维模型的渲染向读者演示了创建渲染图像的过程及技巧。

生成渲染图的一般步骤如下：

(1)   照明布置，包括设置光源、调整光强、加入阴影等；

(2)   给模型表面附着合适的材质；

(3)   添加背景图像；

(4)   渲染对象，并检查照明、颜色等是否正确。

15.9   习题

1.   AutoCAD 提供了哪 3 种渲染方式？

2.   如何形成阴影？有哪几种形式的阴影？

3.   怎样设置阴影贴图的大小？如何调整阴影贴图边缘的柔和度？

4.   太阳光及灯泡发出的光线应分别用何种类型的光源模拟？可以使光的强度随距离的增加而衰减吗？

5.   如何附着材质？材质一般包含哪些属性项目？

6.   创建渲染图像的步骤是什么？

7.   渲染后，若模型轮廓边缘变成了锯齿形状，此时该如何调整？

读者信息反馈表

亲爱的读者：

　　首先感谢您对人民邮电出版社的关心与爱护。"从零开始"系列图书自我社出版以来，一直受到广大读者的厚爱，为了今后能够为您提供更多、更好的服务，希望您能在百忙之中填写该问卷并邮寄或发送传真给我们。对于您提出的建设性意见，我们会在后续的出版中认真吸纳。谢谢！

　　通信地址：北京市崇文区夕照寺街 14 号 A 座 410 室　刘莎莎收，邮编 100061。

　　E-mail：liushasha@ptpress.com.cn。

　　传真：010-67132692。

1. 您对本套图书的了解：
　　□曾经购买过　　□一直使用　　□没有购买但见到过　　□听说过
2. 您购买本套图书的目的（没有购买过本套图书的读者可不填写此项）：
　　□自学　　　　　　□学校使用
3. 您购买本书的因素是（没有购买过本套图书的读者可不填写此项）：
　　□内容　　□价格　　□书名　　□多媒体光盘　　□出版社
4. 您是如何得知本书的：
　　□书店　　□广告　　□网上　　□别人推荐　　□课堂
5. 您学习电脑的目的：
　　□兴趣　　□适应社会　　□作为谋生技能　　□工作需要
6. 您在初学电脑时遇到哪些方面的难题（可多选）：
　　□书不够浅显易懂　　□没有安装软件　　□不懂基本常识
　　□没有老师指导，有教学多媒体光盘就好了
7. 您喜欢的图书风格：
　　图文比例：□文字多　　□插图多
　　叙述方式：□精炼简洁　　□详细全面
8. 您对本套图书的总体感觉：
　　□对图书满意　　□对光盘满意　　□一般　　□都不满意
9. 您认为本套图书每本最适宜的厚度：
　　□200 页以下　　□200～300 页　　□300 页以上
　　□只要内容好，无所谓
10. 您认为本书是否应该附带光盘：
　　□是　　　理由：_____
　　□否　　　理由：_____
11. 您对配多媒体光盘的建议（认为不需要附带多媒体光盘的读者可不填写此项）：
　　□可多配几张　　□内容越多越好　　□只讲书上没有的知识
　　□讲书上知识并适当扩充　　　□基础知识加实例及素材

12. 您认为本套图书的合理价位是：
    □20 元以下　　　□20～30 元　　　□30 元以上　　□内容好无所谓
13. 您认为本套图书最令您满意的是（可多选）：
    □内容　　　　　□语言　　　　　□讲述方式　　　□配多媒体光盘
    □版式设计　　　□封面设计　　　□价格
14. 您认为本套图书最令您不满意的地方是（可多选）：
    □内容　　　　　□语言　　　　　□讲述方式　　　□配多媒体光盘
    □版式设计　　　□封面设计　　　□价格
15. 您感兴趣或今后希望学习的领域（可多选）：
    □操作系统　　　□办公软件　　　□图形图像　　　□程序语言
    □硬件与网络　　□多媒体　　　　□计算机辅助设计与制造
16. 您对本书内文用色的建议：
    □黑白　　　　　□双色　　　　　□彩色　　　　　□无所谓
17. 您更喜欢使用中文版软件还是英文版软件：
    □中文版　　　□英文版　　　□无所谓
    □建议 _____
18. 您对书中使用的软件版本是否介意，是否要求使用最新版本：
    □是，要求是最新版本　　　□无所谓
    □不，我的硬件跟不上　　　□建议_____
19. 您认为本套图书可以作哪些改进 _____
    _____
20. 您现在最希望学习的电脑软件是 _____
    _____
21. 您买过的计算机书哪些非常好，为什么 _____
    _____
22. 您希望这套书可以增加哪些图书
    （1）_____　　（2）_____
    （3）_____　　（4）_____
    （5）_____　　（6）_____
    （7）_____　　（8）_____
23. 您的其他意见和建议 _____
    _____

　　再次感谢您填写此问卷，您的意见将对我们的工作非常有益。为感谢您的支持，
我们会定期从回收到的有效问卷中抽出若干名幸运读者，并根据读者的需要赠送同
类图书。